Daniel M. Davis

HEILEN AUS EIGENER KRAFT

Daniel M. Davis

HEILEN AUS EIGENER KRAFT

Wie ein neues Verständnis unseres Immunsystems die Medizin revolutioniert

Aus dem Englischen von
Susanne Kuhlmann-Krieg

Deutsche Verlags-Anstalt

Die englische Originalausgabe erschien 2018 unter dem Titel *The Beautiful Cure. Harnessing Your Body's Natural Defences* bei The Bodley Head, London, einem Imprint von Vintage Publishing, in der Verlagsgruppe Penguin Random House UK.

FSC
www.fsc.org
MIX
Papier aus verantwortungsvollen Quellen
FSC® C014496

Verlagsgruppe Random House FSC® N001967

1. Auflage

Lektorat: Christina Kruschwitz, Berlin
Umschlaggestaltung und -abbildung: Büro Jorge Schmidt, München
Typografie: DVA / Andrea Mogwitz
Satz: GGP Media GmbH, Pößneck
Gesetzt aus der Dante
Druck und Bindung: GGP Media GmbH, Pößneck
Printed in Germany
ISBN 978-3-421-04740-3

www.dva.de

Dieses Buch ist auch als E-Book erhältlich

In Erinnerung an Jack und Ruby Faulkner

INHALT

Es gibt Geheimnisse, die Menschen nur erraten können, die nur Jahrhundert nach Jahrhundert allmählich aufklären kann. Glauben Sie mir, wir sind einem solchen auf der Spur.

Bram Stoker, Dracula (1897)

EIN WORT AN LESER MIT WISSENSCHAFTLICHEM HINTERGRUND

Die Immunologie ist ein außerordentlich weites Feld, und ich kann mich nur bei allen Wissenschaftlern entschuldigen, deren Beiträge ich nicht berücksichtigt oder nur allzu kurz gestreift habe. Wie P. G. Woodhouse in *Summer Moonshine* (1937) so treffend schreibt: »Es ist einer der unausweichlichen Nachteile einer Erzählung wie dieser, dass der Chronist, um das Geschick gewisser Personen nachzuzeichnen, gezwungen ist, seine Aufmerksamkeit auf sie zu konzentrieren und andere zu vernachlässigen, die ihrer nicht minder würdig wären.« Ich habe versucht, anhand von Gesprächen mit den beteiligten Wissenschaftlern und der Lektüre der Originalveröffentlichungen zu beschreiben, wie es zu einzelnen Fortschritten kam, aber jedes Buch wird immer nur einen Teil der Geschichte erzählen können.

ÜBERBLICK

»Schau dir diese Blüte an; sieh nur, wie wunderschön sie ist«, sagte einmal ein Künstler zu seinem Freund. »Die Kunst ehrt und würdigt solche Schönheit, die Naturwissenschaft dagegen zerpflückt sie einfach nur. Wissenschaft nimmt der Blüte allen Reiz.«

Der Freund, an den diese Worte gerichtet waren, war der Physiker und Nobelpreisträger Richard Feynman, und er fand den Standpunkt des Künstlers »ein bisschen hirnrissig«. Feynman konterte, auch er vermöge durchaus die Schönheit der Blüte zu würdigen, wisse aber als Wissenschaftler, dass die ihr innewohnende Struktur mit all ihren Zellen, dem ganzen chemischen und biologischen Geschehen, den vielen ineinander verzahnten Systemen nicht minder wunderbar sei. Hinzu komme, erklärte Feynman, dass der Umstand, dass die Blüte Insekten anzieht, den Eindruck erwecke, auch Insekten fänden sie ästhetisch ansprechend, was nun wieder alle möglichen Fragen zu Evolution, Wahrnehmung und Licht aufwerfe. »Naturwissenschaft«, so Feynman, »stimuliert und begeistert, vertieft das Mysterium und die Ehrfurcht vor einer Blüte nur noch mehr. Sie wirkt als Verstärker.«[1]

Feynman berichtete 1981 in einem Fernsehinterview der BBC über den inzwischen berühmt gewordenen Wortwechsel, ich war damals elf. Ich wusste bereits, dass ich Naturwissenschaftler werden wollte, aber Feynman mit seinem ausgeprägten New Yorker Akzent und den sich im Wind wiegenden Rosen vor dem Fenster in seinem Rücken fasste den Grund dafür weit besser in Worte, als ich es je vermocht hätte. Heute, an der Spitze eines Teams aus Wissenschaftlern, die menschliche Immunzellen bis ins kleinste

Detail erforschen, erlebe ich immer wieder aus erster Hand, in welchem Maße die Wissenschaft Schönheit offenzulegen vermag, Schönheit, die andernfalls womöglich verborgen geblieben wäre. Das Innere des menschlichen Körpers ist im Laufe der Evolution vielleicht nicht so ästhetisch ansprechend geworden wie eine Blüte, aber in seinen Details offenbart sich wahre Pracht.

Zu den am intensivsten untersuchten und in ihren Einzelheiten am akribischsten charakterisierten Aspekten der Biologie des Menschen zählt die Reaktion des Körpers auf eine Verletzung oder Infektion. Die Vertrautheit der Symptome – Rötung, Berührungsempfindlichkeit und Entzündung – täuscht über die Wunder hinweg, die sich unter der Hautoberfläche entfalten, wo Schwärme unterschiedlicher Zellarten ausziehen, um Erreger abzuwehren, Schäden zu reparieren und Müll beiseitezuschaffen. Dieser Automatismus jenseits aller Kontrolle durch unser Bewusstsein ist für unser Überleben unerlässlich.

Eine stark vereinfachte Sicht auf das, was hier passiert, wäre, dass unser Körper Keime, die in eine Wunde eindringen, angreift, weil unser Immunsystem darauf programmiert ist, gegen alles vorzugehen, was nicht Teil von uns ist. Aber wenn man einmal kurz darüber nachdenkt, erkennt man, dass das nicht alles sein kann. Essen ist nicht Teil unseres Körpers, und doch darf das Immunsystem nicht auf alles reagieren, was wir zu uns nehmen. Mehr noch, das Immunsystem muss in der Lage sein, den Unterschied zu erkennen zwischen braven Bakterien, die in unserem Darm leben und in Ruhe gelassen werden sollten, und gefährlichen Erregern, die uns krank machen können und die wir in den Griff bekommen müssen.

Diese entscheidende Erkenntnis – dass nämlich eine Immunreaktion nicht einfach durch alles beliebige Fremde ausgelöst werden kann – wurde erst 1989 gewonnen, und es sollte noch viele Jahre dauern, bis ihr ein umfassenderes Verstehen folgte. In der Zwischenzeit nahm ein wissenschaftliches Abenteuer voller Mühsal seinen Lauf, dessen bahnbrechende Erkenntnisse uns das Tor zur Welt der Immunität auftun sollte, die sich nun als das offenbarte, was sie in Wahrheit ist: kein einfacher Schaltkreis, an dem ein paar Arten von Immunzellen beteiligt sind, sondern ein vielschichtiges, dynamisches Geflecht aus vielen ineinandergreifenden Untersystemen. Sie ist eines der komplexesten und wichtigsten uns bekannten Pioniergebiete der wissenschaftlichen Forschung. Wie dieses Buch zeigen wird, addieren sich die vielen Entdeckungen, die sich aus diesem Abenteuer ergeben haben, zu einer echten wissenschaftlichen Revolution in Bezug auf unser Verständnis vom menschlichen Körper, und diese ist im Begriff, die Medizin des 21. Jahrhunderts umzukrempeln.

Zunächst einmal ist uns klargeworden, dass sich die Fähigkeit unseres Körpers, sich gegen Krankheiten zu wehren, unablässig verändert. Die Stärke unseres Immunsystems schwankt unter dem Einfluss von Stress, Alter, Tageszeit und unserer seelischen Verfassung. Unser Immunsystem befindet sich ständig im Fluss; unsere Gesundheit ist ein Balanceakt auf einem Drahtseil. So ist zum Beispiel die Anzahl der Immunzellen in unserem Blut am Abend am höchsten und am Morgen am geringsten. Im Verlauf der Nacht, wenn unser Körper einen anderen Aktivitätszustand einnimmt und weniger Energie verbraucht, erfährt auch unser Immunsystem alle möglichen Veränderungen, und wie gut wir schlafen, hat offenbar Einfluss darauf, wie gut es arbeiten kann. Zu wenig Schlaf – weniger als fünf Stunden pro Nacht – geht einher mit einem erhöhten Risiko für Erkältungen und Lungenentzündungen.[2] In diesem Buch sollen daher unter anderem die Auswirkungen von Nachtarbeit untersucht werden und auch, ob Praktiken wie Tai-Chi oder Achtsamkeitsübungen, die Stress zu reduzieren vermögen, uns helfen können, Infektionen zu bekämpfen, oder nicht.

Viele Frage sind noch offen, aber schon diese Entdeckungen bringen unsere lange gehegte, stark vereinfachte Sicht auf den Umgang unseres Körpers mit Infektionen und darauf, wie wir gesund bleiben, ins Wanken. Auch wenn es – sehr grob gesagt – stimmt, dass das Immunsystem angreift, was nicht Teil von uns selbst ist, so hat sich doch gezeigt, dass dieser Prozess auf jeder Stufe durch Kontrollmechanismen reguliert wird, die durch unzählige Zellen und Moleküle gesteuert werden. Je mehr wir den Geheimnissen und der Vielschichtigkeit dieser Abläufe auf den Grund gehen, desto näher kommen wir der Antwort auf Fragen, die von größter Bedeutung für unsere Gesundheit und unser Wohlergehen sind: Warum bekommen manche Menschen Krebs? Und ist unser Immunsystem womöglich in der Lage, ihn zu bekämpfen? Wie wirken Impfstoffe, und wie können wir sie besser machen? Was genau ist eine Autoimmunkrankheit, und was können wir dagegen tun? Das Gros der Leiden, die uns befallen, wird von den natürlichen Verteidigungsmechanismen unseres Körpers geheilt. Diese zu verstehen und zu lernen, wie wir sie uns zunutze machen können, wird womöglich eines der wichtigsten Zukunftsgeschenke der Wissenschaft an den Menschen und seine Gesundheit sein.

Während manche Medikamente, beispielsweise Penicillin, Krankheitserreger direkt durch ihr Wirken zum Absterben bringen, lassen sich viele menschliche Leiden von Krebs bis Diabetes unter Umständen am besten mit ganz neuen Arten von Arzneimitteln behandeln, die die Aktivität des Immunsystems stärken (oder in manchen Fällen auch unterdrücken). Im Unterschied zu Penicillin und ähnlichen Wirkstoffen, die aus natürlicher Quelle stammen – im Falle des Penicillins von einem Pilz – und von Wissenschaftlern lediglich *isoliert* wurden, werden diese neuen Arzneien, die in unser Immunsystem eingreifen, von Wissenschaftlern *designt*. Wissenschaftler, die sich mit dem Immunsystem befassen, können auf Erkenntnisse stoßen, die in Therapien und Präparaten gipfeln, die Milliarden Dollar wert sein können. Aber diese Mittel müssen mit allerhöchster Präzision zum Wirken gebracht werden. Wenn wir das Immunsystem überaktivieren, werden gesunde Zellen und Gewebe zerstört, und wenn wir es ganz ausschalten, werden wir anfällig für alle möglichen Arten von Erregern, mit denen wir normalerweise locker zurechtkämen. Der potentielle Nutzen ist unermesslich, aber wenn die Dinge aus dem Ruder laufen, können die Folgen furchtbar sein.

Das Riesenunterfangen, dem Immunsystem auf den Grund zu gehen, hat auch auf vielen anderen Gebieten der Humanbiologie neue Einsichten befördert, beispielsweise über Alterungsprozesse: 80 bis 90 Prozent aller Menschen, die an Grippeviren sterben, sind über fünfundsechzig Jahre alt.[3] Warum werden unsere Verteidigungsmechanismen bei Infektionen mit zunehmendem Alter schwächer? Warum heilen Blessuren in fortgeschrittenen Jahren schlechter, und warum werden wir anfälliger für Autoimmunkrankheiten? Wir haben gelernt, dass dies damit zu tun hat, dass sich bestimmte Immunzellarten bei älteren Menschen im Blut verringern. Auch sind Immunzellen älterer Menschen nicht mehr so gut in der Lage, Krankheiten zu erkennen. Erschwerend kommt hinzu, dass ältere Menschen neben allen anderen Herausforderungen des Alterns häufig mit Schlafstörungen und Stress zu kämpfen haben, die sich beide auf das Immunsystem auswirken. Herauszufinden, in welchem Maße jeder dieser verschiedenen Faktoren unsere Gesundheit beeinflusst, gestaltet sich extrem schwierig, weil es nahezu unmöglich ist, sie gesondert zu betrachten. Stress wirkt sich negativ auf unser Immunsystem aus, korreliert gleichzeitig aber auch mit Schlaflosigkeit, so dass schwer festzustellen ist, welche Auswirkungen diese Faktoren jeder für sich haben.

Ja, so gut wie alles im Körper ist mit so gut wie allem anderen vernetzt – mehr noch, als Sie es sich vielleicht vorstellen können. Vor kurzem hat sich zum Beispiel gezeigt, dass das Immunsystem in ein Riesenspektrum an Krankheiten verwickelt ist, die mit seiner Rolle bei der Bekämpfung von Krankheitserregern nichts zu tun zu haben scheinen: Herzerkrankungen, neurologische Erkrankungen, sogar Übergewicht. Mein erstes Buch *The Compatibility Gene* (zu Deutsch: »Das Kompatibilitäts-Gen«), in dem es um die Gene des sogenannten Haupthistokompatibilitätskomplexes geht, handelte von einem der Elemente unseres Immunsystems, einer Handvoll Gene, die unsere individuelle Reaktion auf Infektionen beeinflussen. *Heilen aus eigener Kraft* befasst sich mit dem großen Ganzen: wie und warum sich die Aktivität unseres Immunsystems verändert, wie es reguliert und gesteuert wird, welche Bestandteile dazugehören – dem ganzen Drum und Dran eben.

Dies ist außerdem ein Buch darüber, wie wissenschaftliche Ideen sich entwickeln. Das Bemühen, das Wesen der Immunreaktion zu ergründen, gehört zu den größten wissenschaftlichen Abenteuern der Menschheit, und das, was wir heute darüber wissen, verdanken wir unzähligen persönlichen Entbehrungen, Triumphen und Opfern. Viele Männer und Frauen haben ihr Lebenswerk und einen großen Teil ihres Daseins dem Bestreben gewidmet, ein winziges Fragment des großen Ganzen zu verstehen. Dieses gemeinsame Ziel hat viele tiefe Freundschaften hervorgebracht – die Leidenschaft für die Wissenschaft kann ein machtvolles Band sein. Aber ein paar Forscher ertragen es bis heute nicht, sich gemeinsam in einem Raum aufzuhalten. Zahllose kluge Köpfe haben ihren Teil beigetragen, ihnen allen verdanken wir wundersame Erkenntnisse über bestimmte Zellen oder Moleküle unseres Immunsystems, am Ende aber ist der Beitrag jedes Einzelnen ein kleiner – selbst der von ausgemachten Genies –, und die Opfer, die manche Wissenschaftler dafür gebracht haben, sprengen jeden Rahmen und übersteigen alles, was die meisten Menschen zu akzeptieren bereit wären.

Bei meiner eigenen Forschung geht es darum, mit Hilfe spezieller Mikroskope zu beobachten, was an den Kontaktstellen zwischen Immunzellen passiert, wenn diese miteinander wechselwirken, und die Verbindungselemente und -strukturen zu dokumentieren, die Immunzellen untereinander ausbilden, um zu erfassen, wie gesund oder krank sie sind. Meine Erkenntnisse haben dazu beigetragen zu zeigen, wie Immunzellen miteinander kommunizieren und wie sie an anderen Zellen Anzeichen für eine Erkrankung ausmachen, was uns wiederum hilft, genau zu verstehen, wie das Immunsystem reguliert wird. Jeder von uns konzentriert sich auf einen Teil des Systems und trägt sein Scherflein bei.

Wenn wir ein ganzheitliches System auf diese Weise in einzelne Elemente zerlegen, verliert das große Ganze – anders als Richard Feynmans Freund glaubte – dadurch zwar absolut nicht seinen Reiz, aber dieses Vorgehen ist auch nicht ganz und gar zufriedenstellend. Dinge wirken zusammen, und jeder Bestandteil ist nur dann sinnvoll zu erklären, wenn er als Teil des Ganzen gesehen wird. Lehrbücher über das Immunsystem diskutieren meist hübsch hintereinander die Rollen der einzelnen Moleküle und Zellen, aber das ist ungefähr so, als beschriebe man ein Fahrrad, indem man definiert, was ein Rad, dann was ein Lenker und schließlich was eine Bremse ist. Keines dieser Elemente lässt sich ohne die anderen richtig verstehen, ihre Bedeutung erhalten sie durch ihre Beziehungen zueinander. So wie die Teile zusammen ein System ergeben, definiert das System die Teile. Wir staunen über die Details, aber wir müssen auch auf das große Bild schauen, denn nur wenn wir das tun, können wir unser Wissen über die Immunantwort nutzen, um unser Gesundheitsverständnis zu revolutionieren.

Wir werden uns dieser Revolution in der zweiten Hälfte des Buchs widmen. Als Erstes zeichnet *Heilen aus eigener Kraft* das weltumspannende Abenteuer nach, das dorthin geführt hat, es offenbart eine Welt von kaum besungenen Helden und Rebellen, die herausgefunden haben, wie und warum das Immunsystem so und nicht anders arbeitet. Wenn sich aus der Schönheit der Natur Glück und Trost gewinnen lassen, dann ist das, was sie entdeckt haben – die Vielschichtigkeit, Fragilität und Eleganz unseres Immunsystems –, nicht minder beflügelnd als die Erkenntnisse anderer Pioniergebiete der Wissenschaft wie die Feinstruktur von Atomen und die Geburt von Sternen.

TEIL EINS

GEZEITENWECHSEL IN DER IMMUNOLOGIE

1 SCHMUTZIGE KLEINE GEHEIMNISSE

Was braucht man, um etwas Großes zu vollbringen? Im Jahr 2008 fand ein interessantes Experiment statt: Man legte erfahrenen Schachspielern eine Partie vor, die sich in einer allgemein bekannten Abfolge von fünf Zügen gewinnen ließ. Aber es gab auch eine aufregendere, unkonventionelle Art, das Spiel in nur drei Zügen zu gewinnen. Fragte man die Experten nach der schnellsten Möglichkeit, das Spiel zu beenden, verwiesen diese zumeist auf den wohlbekannten Weg in fünf Zügen und übersahen den besseren in drei. Nur die allerbesten Schachspieler – die Großmeister – erkannten, dass der Sieg drei Züge entfernt war, die Normalsterblichen hielten sich an das Vertraute.[1]

Es liegt in unserem Wesen, dass wir versuchen, Problemen mit Strategien beizukommen, die in der Vergangenheit funktioniert haben. Doch zu wissen, was vormals funktioniert hat, kann uns auch blind für Erkenntnisse machen, die nötig sind, um wichtige Schritte vorwärts zu tun.[2] Unsere größten Forscher waren jene, die sich aller Erfahrung zum Trotz die Freiheit vorbehielten, anders zu denken. Gemessen daran war Charles Janeway, ein Immunologe von der Yale University, einer unserer allergrößten Wissenschaftler. Man nannte ihn »einen der aufregendsten, honorigsten und aufmerksamsten Immunologen auf dem Planeten«.[3]

Der 1943 in Boston geborene Janeway studierte an der Harvard University Chemie und Medizin. Dass er den Weg in die Medizin wählte, war sicher seinem Vater geschuldet, einem herausragenden Kinderarzt an der Harvard Medical School und Oberarzt am Boston Children's Hospital, aber Janeway hatte das Gefühl, dass

»die Chirurgie [ihn] zu einem Leben voller Routine verdammen wird«, und verlegte sich auf die Grundlagenforschung.[4,5] Er heiratete in jungen Jahren, trennte sich jedoch mit siebenundzwanzig von seiner Frau Sally, als beider Kind ein Jahr alt war. Die Folge war, dass er »sich viele Jahre einsam fühlte«,[6] aber viel Zeit und Freiheit für seine Forschung hatte. 1977 wurde er Fakultätsmitglied an der Yale University, und dort lernte er seine zweite Frau Kim Bottomly, selbst eine renommierte Immunologin, kennen.

Im Jahr 1989 stolperte Janeway über das, was er das »schmutzige kleine Geheimnis« in unserem Wissen um die Immunreaktion nannte. Es ging um Impfstoffe und die Art und Weise, wie man glaubte, dass sie funktionieren. Das Grundprinzip der Impfung beruht auf der wohlbekannten Vorstellung, dass eine Infektion, verursacht durch ein Virus oder ein Bakterium, vom Organismus sehr viel wirksamer bekämpft wird, wenn dessen Immunsystem zuvor schon einmal mit demselben Virus oder Bakterium Kontakt gehabt hat. Also – so die Lehrmeinung – geht es bei Impfstoffen darum, den Organismus mit einer abgestorbenen oder harmlosen Variante des Erregers bekannt zu machen. Dies bringt das Immunsystem dazu, eine Abwehr gegen diesen Keim aufzubauen, und bereitet es darauf vor, sehr rasch zu reagieren, sollte es mit demselben Erreger erneut in Kontakt kommen. Das funktioniert, weil sich die speziellen Immunzellen, die durch einen bestimmten Erreger aktiviert werden, vermehren und noch lange, nachdem die Ursache beseitigt ist, im Körper verbleiben, das heißt bereit sind, aktiv zu werden, sollten sie erneut auf ihr vormaliges Ziel treffen. Und damit, so will es scheinen, lässt sich einer der größten medizinischen Triumphe der Menschheit in wenigen Zeilen beschreiben.

Aber graben Sie ein Stückchen tiefer, und schon zeigt sich, dass das Impfen nicht ohne einen Hauch Alchemie auskommt. Das »schmutzige kleine Geheimnis« ist, dass Impfstoffe nur dann gut wirken, wenn man ihnen sogenannte »Adjuvantien« beigibt. Adjuvantien (abgeleitet von dem lateinischen Wort *adiuvare* – unterstützen, helfen) sind Chemikalien wie etwa Aluminiumhydroxid, die, wie man mehr oder minder zufällig herausgefunden hat, Impfstoffe deutlich wirksamer machen. Auf einer Ebene scheint das eine technische Kleinigkeit – irgendwie hilft Aluminiumhydroxid dabei, Impfstoffe wirksam zu machen – aber für Janeway offenbarte dieser kleine technische Kniff eine Lücke in unserem prinzipiellen Verständnis von diesen Prozessen, weil niemand sagen konnte, *warum* Adjuvantien so etwas tun. Zu verstehen, wie Immunisierung funktioniert, ist fraglos ungeheuer wichtig – nichts außer sauberem Wasser, nicht einmal der Einsatz von Antibiotika, hat jemals mehr Leben gerettet[7] –, und Janeway war entschlossen, genau zu ergründen, warum Adjuvantien notwendig sind. Er gelangte bei diesem Unterfangen zu einer völlig neuen Vorstellung davon, wie das Immunsystem arbeitet.

*

Das Impfen als medizinische Methode ist sehr viel älter als das Wissen darum, was dabei eigentlich passiert. Die ersten Beschreibungen dieser wichtigen lebensrettenden Prozedur kennen wir aus der Volkskunde.[8] Lange bevor sie als medizinisches Verfahren etabliert war, hat man in China, Indien und manchen afrikanischen Ländern Menschen vorsätzlich Infektionen beigebracht, die den Empfängern Schutz bieten sollten – man nannte diese Praxis »Inokulieren«.[9] Die wissenschaftliche Berichterstattung darüber beginnt allerdings erst im Jahr 1721. Damals versetzte eine Pockenepidemie die königliche Familie Britanniens in Sorge, man fürchtete vor allem um die Sicherheit der Kinder. Die Majestäten hatten von Gerüchten und Überlieferungen aus anderen Ländern gehört, denen zufolge man mit Inokulationen gegen diese Krankheit vorgehen könne, aber darüber, wie genau die Prozedur durchzuführen sei, gab es die unterschiedlichsten Angaben. Ob die Flüssigkeit der Pockenbläschen am besten wirkte? Oder waren von Hand gemahlene Pockenkrusten vorzuziehen? Es war weithin bekannt, dass Menschen Pocken nur einmal bekamen, daher lautete die eigentliche Frage, ob man jemandem eine geringe Dosis Pockenerreger verabreichen konnte, ohne ihn umzubringen. Ein Test musste her, um die Sicherheit und Wirksamkeit einer solchen Inokulation zu prüfen, bevor man sie bei der königlichen Familie riskieren konnte – eine Ehre, die Gefängnisinsassen zukommen sollte.

Die erste protokollierte »klinische Studie« in der Geschichte der Immunologie wurde an »Freiwilligen« durchgeführt, rekrutiert mit dem lukrativen Angebot, entweder an dem potentiell tödlich verlaufenden Experiment teilzunehmen oder aber den sicheren Tod durch die gerichtlich angeordnete Exekution zu sterben.[10] Am 9. August 1721 wurden sechs Probanden kleine Schnitte an Armen und Beinen beigebracht, in die man Haut und Eiter von Pockenkranken rieb. Einer weiteren Frau wurden – unnötig zu sagen, zu deren größtem Unbehagen – Haut- und Eiterproben in die Nase verabreicht. Fünfundzwanzig Angehörige der wissenschaftlichen Elite des Landes verfolgten die Ereignisse als Augenzeugen, unter ihnen etliche Angehörige der Royal Society (die sich ihre Königliche Satzung im Jahr 1662 gegeben hatte, wobei die Aufnahmekriterien seinerzeit noch sehr schwammig waren).[11] Genau wie es die anekdotischen Berichte aus dem Volksmund vorhersagten, zeigten alle Gefangenen ein oder zwei Tage lang Pockensymptome und erholten sich dann. Die Frau, der man die Erreger über die Nase eingegeben hatte, erkrankte schwerer als die anderen, erholte sich aber dennoch.[12] Am 6. September 1721 begnadigte König Georg I. die verurteilten Freiwilligen, und sie wurden auf freien Fuß gesetzt. Ihr Immunsystem hatte sie gleich vor zwei Todesstrafen bewahrt: dem Galgen und den Pocken.

Wenige Monate später – am 17. April 1722 – ließen der Prinz und die Prinzessin von Wales, die fünf Jahre später zu König Georg II. und Königin Caroline gekrönt werden würden, zwei ihrer Töchter impfen.[13] Über das Ereignis wurde von sämtlichen Zeitungen des Landes berichtet, und dies führte zu beträchtlichem Interesse an der Praxis der Inokulation (was einmal mehr zeigt, dass hochgestellte Führungspersönlichkeiten ungeheuren Einfluss auf die öffentliche Haltung zu neuen wissenschaftlichen Erkenntnissen haben).[14] Dennoch blieb das Verfahren umstritten, teilweise weil, wie manche behaupteten, dieser Eingriff gegen die Natur oder Gottes Willen verstoße – ein Londoner Prediger sprach 1722 von der »gefährlichen und sündigen Praxis des Inokulierens« –, aber auch weil rund 2 Prozent der vorsätzlich mit Pocken Infizierten starben.[15]

Achtundvierzig Jahre später begann ein einundzwanzigjähriger Engländer namens Edward Jenner unter John Hunter, einem der prominentesten Chirurgen und Anatomen des Landes, eine dreijährige Ausbildung am St. George's Hospital in London. Hunter half Jenners kritische Beobachtungsgabe zu schulen und bestärkte ihn in seiner Leidenschaft für das Experimentieren, sollte aber nicht mehr erleben, wie sein Schützling zu Ruhm gelangte. Hunter starb 1793, drei Jahre bevor Jenner einen Weg fand, die akute Gefährdung beim Inokulieren zu umgehen, dabei aber dieselbe Wirkung zu erzielen.

Als Landarzt, der die meiste Zeit seines Lebens in seiner kleinen Heimatstadt Berkeley in Gloucestershire verbracht hatte, war Jenner hinlänglich bekannt, dass Milchmägde nie an Pocken erkrankten. Das brachte ihn auf die Jahrhundertidee, sie könnten womöglich dadurch geschützt sein, dass sie sich in aller Regel bei ihren Kühen mit Kuhpocken ansteckten (einer leichten Virusinfektion, die von Kühen auf Menschen übertragen wird), und dass daher statt des Inhalts von Pockenbläschen der Inhalt der nicht tödlichen Kuhpocken-Pusteln zur Inokulation verwendet werden könne, was weit weniger gefährlich wäre. Sein inzwischen legendäres Experiment fand am 14. Mai 1796 statt. Jenner nahm Eiter aus den Pusteln der Melkerin Sarah Nelmes, die sich bei einer ihrer Kühe angesteckt hatte, und übertrug diesen auf James Philipps, den achtjährigen Sohn seines Gärtners. Später wurde James mit Eiter von einem Pockenpatienten infiziert, ohne dass er erkrankte.

Von diesem Experiment sagt man gerne, es markiere den Beginn der Immunologie, aber seinerzeit hatte Jenner Probleme, seine Ergebnisse irgendwo veröffentlicht zu bekommen. Die Royal Society stellte sich auf den Standpunkt, die Beobachtung illustriere lediglich einen Einzelfall – was zutraf –, und schlug vor, er möge erst einmal sehr viel mehr Kinder behandeln, bevor er derlei kühne Behauptungen aufstelle. Jenner wiederholte sein Vorgehen bei anderen, darunter auch seinem eigenen elf Monate alten Sohn, unternahm aber keinerlei Versuch mehr, bei der Royal Society zu publizieren. Vielmehr brachte er sein Werk in Gestalt eines fünfundsiebzigseitigen Bandes im Selbstverlag heraus. Das Buch erschien am 17. September 1798, war zunächst nur in zwei Londoner Buchläden zu haben und wurde ein Riesenerfolg.[16] Der Begriff Vakzination, abgeleitet von dem lateinischen Wort für Kuh – *vacca* –, zur Beschreibung des von ihm erfundenen Verfahrens wurde ein paar Jahre später von einem Freund Jenners geprägt.[17] Pocken waren die erste Krankheit, die im globalen Maßstab bekämpft wurde, und gelten seit 1980 offiziell als ausgerottet.[18]

Jenner glaubte immer daran, dass seine Arbeit eines Tages zum weltweiten Sieg über Pocken würde führen können, aber genau verstanden, wie seine Vakzination im Einzelnen funktionierte, hatte er nicht.[19] Zu dem Zeitpunkt, als Janeway im Jahr 1989 seine Erleuchtung hatte, lautete die allgemein akzeptierte Sicht, dass die Anwesenheit eines Erregers im Körper eine Immunreaktion auslöst, weil der Körper darauf getrimmt ist, Moleküle aufzuspüren, denen er bis dahin nicht begegnet ist. Mit anderen Worten, das Wirken des Immunsystems besteht darin, auf Moleküle zu reagieren, die kein Teil des eigenen Körpers, mithin *körperfremd* oder »nichtselbst« sind.[20] Nach einem ersten Kontakt mit solchen fremden Molekülen ist das Immunsystem in der Lage, künftig sehr rasch zu reagieren, sollte es mit demselben Fremdmolekül noch einmal zu tun haben. Aber ein Experiment, das Anfang der 1920er Jahre (wann genau, ist nicht mehr mit Sicherheit festzustellen) von zwei Wissenschaftlern unabhängig voneinander durchgeführt wurde,[21] passte nicht zu dieser einfachen Erklärung, und das bereitete Janeway großes Kopfzerbrechen.

Durchgeführt wurde es von dem französischen Biologen Gaston Ramon und dem Londoner Arzt Alexander Glenny. Beide stellten fest, dass ein Proteinmolekül, das von Diphtherie-Bakterien hergestellt wird – das sogenannte Diphtherietoxin –, sich durch Hitze und die Einwirkung von Formalin inaktivieren ließ. Dies konnte möglicherweise bedeuten, dass man so einen sicheren Impfstoff gegen die Krankheit in die Hand bekam. Zu beider Überraschung aber hielt die Immunität, die sich ausbildete, wenn man dieses inaktivierte Molekül Tieren injizierte, immer nur sehr kurze Zeit an. Die Beobachtung wurde seinerzeit als ein bisschen kurios empfunden und geriet ziemlich in Vergessenheit, doch Janeway erkannte Jahrzehnte später, dass es der damals aktuellen Sicht der Dinge zufolge keine Erklärung dafür gab, warum das Präparat als Impfstoff unzulänglich sein sollte: Das Protein der Bakterien war für den menschlichen Organismus ein körperfremdes Agens. Wie kam es, dass der Eiter aus den Kuhpocken-Pusteln sehr gut als Vakzin wirkte, ein anderes Proteinmolekül wie das Diphtherietoxin hingegen nicht?

Glenny war ein Workaholic und vermochte, obwohl extrem schüchtern und nicht leicht im Umgang, seine Arbeit überaus effizient zu organisieren und Verfahren so zu verschlanken, dass er und seine Mitarbeiter äußerst ökonomisch Riesenmengen an Experimenten in großem Stil durchführen konnten.[22] Sorgfältige statistische Analysen waren seine Sache nicht, für ihn waren Ergebnisse entweder »klar und nützlich« oder »unklar und wertlos«.[23] Diese Haltung – zupackend und flott voranschreitend – machte es möglich, dass sein Labor bei seinem Versuch, Diphtherietoxin zu einem wirksamen Vakzin zu machen, eine so gigantische Zahl an Versuchsbedingungen austesten konnte.[24] Im Jahr 1926 stellten er und sein Team schließlich fest, dass aus dem Diphtherietoxin ein höchst wirksames Vakzin wurde, sobald man es über ein chemisches Verfahren aufreinigte, an dem Aluminiumsalze beteiligt waren. Glennys Erklärung lautete, dass die Aluminiumsalze dem Diphtherietoxin halfen, lange genug im Körper zu bleiben, damit sich eine hinreichende Immunantwort bilden konnte, aber niemand wusste etwas von einem Mechanismus, der hätte erklären können, wie und warum solches der Fall sein sollte.[25] Im Anschluss an Glennys Arbeiten wurden weitere Substanzen – Paraffinöl zum Beispiel – entdeckt, die genau wie Aluminiumsalze Impfstoffe wirksamer machten, und man gab diesen Hilfsstoffen den Namen Adjuvantien. Doch noch immer kannte man kein gemeinsames Merkmal, das hätte erklären können, *warum* diese wirkten.

Im Januar 1989 diskutierten Janeway und seine Frau und Kollegin Kim Bottomly darüber, was im Körper geschieht, wenn wir uns schneiden oder infizieren. Ihnen ging auf, dass sie nicht so ohne weiteres zu erklären vermochten, wie eine Immunreaktion eigentlich ihren Anfang nimmt: Worin genau bestand der Auslöser? Bottomly erinnert sich, dass sie beide oft im Auto über Wissenschaftsthemen debattierten und später schlicht vergessen hatten, was genau gesagt worden war, aber dieses Mal waren sie auf einer Tagung in Steamboat Springs, Colorado, und hatten ihre Notizbücher bei sich.[26] Die Diskussion ging Janeway nicht aus dem Kopf. Die folgenden Monate hindurch brütete er über der Frage, womit eine Immunreaktion anfängt und was eigentlich die Wirkung von Adjuvantien ausmacht, und beim Zusammendenken dieser beiden Probleme kam ihm schließlich die erlösende Idee.

Ein wichtiger Fingerzeig war für ihn, dass eine Klasse von großen Molekülen, die in der Außenhülle von Bakterien verankert sind (und den etwas sperrigen Namen Lipopolysaccharide tragen) sich als besonders effiziente Adjuvantien erwiesen hatten. Was wäre, überlegte Janeway, wenn das Vorhandensein von etwas, das sich noch nie in unserem Körper befunden hat, als Auslöser einfach nicht ausreicht, um eine Immunreaktion zu provozieren? Was, wenn noch etwas anderes – *ein zweites Signal* – hinzukommen müsste, damit eine Immunreaktion in Gang kommt – ein zweites Signal, das auch durch ein Adjuvans gegeben sein kann, wenn dieses das Vorhandensein eines intakten Erregers vorspiegelt? Das könnte erklären, warum manche Proteinmoleküle als

Vakzine wenig wirksam sind, wenn man sie von ihrem ursprünglichen Erreger getrennt verwendet, und warum Moleküle wie die Lipopolysaccharide aus der äußeren Bakterienhülle so gute Adjuvantien sind.

Mit großem Enthusiasmus stellte Janeway diese Überlegung in einem inzwischen berühmt gewordenen Artikel vor: »Approaching the asymptote? Evolution and Revolution in Immunology« (zu Deutsch: »Annäherung an eine Asymptote? Evolution und Revolution in der Immunologie«), veröffentlicht in den Berichten zu einer hochkarätigen Tagung in Cold Spring Harbor, New York, im Juni 1989.[27] Er bemerkte darin, dass allem Anschein nach jedermann, der sich mit Untersuchungen zum Immunsystem befasse, dies auf eine Weise tue, als nähere sich das Wissen darüber »irgendeiner Form von Asymptote, die künftige, technisch immer schwieriger zu bewerkstelligende Experimente vorzeichnet, und jeder hat nur das Ziel, immer höhere Grade an Genauigkeit auf dem Weg dorthin zu erreichen, statt revolutionäre Umwälzungen in unserem Denken anzustreben«.[28] Die Folge sei, dass sie alle etwas essentiell Wichtiges übersehen hätten, nämlich die »Riesenlücke« im damaligen Wissen zu der Frage, wie Immunreaktionen ihren Anfang nehmen.[29] Er verwies darauf, dass die Unterscheidung in »selbst« und »nichtselbst« beziehungsweise körpereigen und körperfremd nicht hinreiche: Das Immunsystem müsse schließlich imstande sein zu beurteilen, ob etwas eine potentielle Bedrohung für den Körper darstelle, bevor eine Immunreaktion in Gang gesetzt werde, und daher, so sein Argument, muss es imstande sein, Hinweise auf das Vorhandensein von echten Erregern oder infizierten Zellen zu erkennen. Er prophezeite, dass es dafür einen – noch zu entdeckenden – eigenen Zweig unseres Immunsystems geben müsse, der genau dazu da sei, und er sagte sogar voraus, wie dieser funktionieren könnte.

Wie wir gesehen haben – und Janeway ist das als Erstem aufgefallen –, hatte bis zu diesem Zeitpunkt niemand allzu viele Gedanken auf die Frage verschwendet, wie eine Immunreaktion überhaupt beginnt, und die meisten (wenn nicht gar alle) Forscher konzentrierten sich darauf, einen anderen Aspekt der Immunität zu verstehen, der mit Inokulation und Vakzination zu tun hat – namentlich: Wie kommt es, dass das Immunsystem beim zweiten Kontakt mit einem Erreger so viel rascher reagiert als beim ersten Mal? Man wusste, dass im Zentrum dieses Mechanismus zwei Zellarten namens T-Zellen und B-Zellen in unserem Blut stehen. Diese weißen Blutzellen tragen auf ihrer Oberfläche besonders wichtige Rezeptormoleküle, die man nicht allzu phantasiebegabt T-Zell-Rezeptoren und B-Zell-Rezeptoren getauft hat. Diese Rezeptoren gehören zu einer Klasse von biologischen Molekülen, die man Proteine nennt und die im Prinzip aus langen Aneinanderreihungen von Atomen bestehen, die sich zu ausgefuchsten Gebilden falten, deren Form jeweils perfekt auf ganz spezielle Aufgaben angepasst ist. Proteine tun sich, um diese Aufgaben zu erfüllen, meist mit anderen Molekülen – darunter auch anderen Proteinen – zusammen, und ihre Form gibt genau vor, mit welcher anderen Art von Molekül sie zusammenpassen; ein bisschen wie bei Puzzleteilchen, die sich nur ineinanderfügen, wenn ihre Umrisse exakt komplementär zueinander sind. Die Rezeptoren auf den einzelnen T- und B-Zellen unterscheiden sich in ihrer Form jeweils ein wenig, so dass jede davon mit einem etwas anderen Fremdmolekül interagieren kann. Sie ragen von der Oberfläche der Immunzellen nach draußen, und wenn sie in ihrer Umgebung etwas finden, das ihnen bisher nie untergekommen ist, dann binden sie daran und »schalten ihre Immunzelle an«, die daraufhin den Erreger oder die infizierte Zelle entweder auf der Stelle aus dem Verkehr zieht oder andere Zellen zu Hilfe ruft. Entscheidend ist dabei, dass die aktivierte Immunzelle sich außerdem vermehrt und den Körper mit weiteren Zellen bevölkert, die denselben passenden Rezeptor auf ihrer Oberfläche tragen. Manche dieser Zellen verbleiben über sehr lange Zeit im Körper, und so erhält das Immunsystem ein Gedächtnis für Erreger, mit denen es schon einmal Kontakt hatte – und das ist natürlich das Prinzip, das Impfen sinnvoll macht.

Ganz wichtig ist dabei, dass T- und B-Zellen nicht so gebaut sind, dass sie prinzipiell nur an Erreger binden: Ihre Rezeptorenden sind von zufälliger Gestalt, so dass sie an alle möglichen Moleküle andocken können. Die Art und Weise, wie der Körper sicherstellt, dass sie wirklich nur Erreger erwischen, ist eines der größten Wunder des Immunsystems und funktioniert folgendermaßen: Alle T- und B-Zellen werden im Verlauf ihrer Reifung im Knochenmark mit Rezeptoren versehen. Ein bisschen Herumgeschiebe bei den entsprechenden Genen sorgt dafür, dass jede Zelle einen einzigartig geformten Rezeptor bekommt. Bevor sie jedoch ins Blut gelangen und auf den Körper losgelassen werden, wird jede einzelne T- und B-Zelle darauf getestet, ob sie nicht womöglich an gesunde Zellen bindet. Wenn dem so ist, wird diese spezielle Zelle beseitigt, denn es wäre fatal, eine solche Immunzelle im Körper zu belassen. Auf diese Weise wird dafür gesorgt, dass nur T-Zellen und B-Zellen den Körper verteidigen dürfen, die keine gesunden Zellen angreifen, und das bedeutet im Umkehrschluss: Sobald ein Rezeptor auf der Oberfläche von T- oder B-Zellen an etwas bindet, muss dieses Etwas ein Molekül sein, das sich bis dahin nicht in Ihrem Körper befunden hat. Etwas formeller ausgedrückt ist das der Weg, wie das Immunsystem zwischen *körpereigen*, den Bestandteilen Ihres Körpers, und *körperfremd*, allem, was nicht zu Ihnen gehört, unterscheidet.

Janeway befand nun, dass es damit nicht getan sein könne. Er postulierte vielmehr, es müsse spezielle Rezeptoren geben (er nannte sie *pattern recognition receptors* – zu Deutsch »Mustererkennungsrezeptoren«), deren Gestalt nicht vom Zufall bestimmt und anschließend selektioniert werde, sondern die vielmehr bestimmte festgelegte Formen haben müssen, die spezifisch sind für Erreger oder infizierte Zellen (oder eher für *molekulare Muster*, die sich nur auf der Oberfläche von Erregern und infizierten Zellen befinden).[30] Dies wäre eine sehr viel simplere Möglichkeit, wie Immunzellen Erreger unschädlich machen können – verglichen mit dem umständlichen Verfahren, erst Zellen mit vom Zufall bestimmten

Rezeptoren zu produzieren und dann diejenigen aus dem Verkehr zu ziehen, die sich gegen gesunde Zellen richten könnten. Daher mutmaßte Janeway, dass besagte Rezeptoren von festgelegter Gestalt in der Evolution zuerst entstanden sein müssen, um Organismen gegen Krankheitserreger zu verteidigen, und dass sich erst später, als das Leben auf der Erde immer komplexer wurde, ein ausgeklügelteres Immunsystem entwickelt habe, das dann B- und T-Zellen einschloss.

Der von Janeway postulierte einfachere Mechanismus über Mustererkennungsrezeptoren ist Teil eines Systems, das häufig als *angeborene* Immunantwort bezeichnet wird – im Unterschied zu jenem Teil unserer Immunreaktion, der sich auf das systemeigene Gedächtnis vorangegangener Infektionen stützt und den man folglich als *adaptive* Immunantwort bezeichnet. Der Begriff »angeborene Immunität« oder »angeborene Immunantwort« war schon vor Janeway etabliert und beschrieb früh einsetzende Verteidigungsmechanismen von Haut und Schleimhäuten sowie die unmittelbaren Reaktionen von Immunzellen, die in eine Wunde einwandern, aber in den Lehrbüchern wurden dem Thema meist nur wenige Seiten gewidmet, das gilt auch für den von Janeway selbst mitverfassten Bestseller *Immunobiology* von 1994.[31] Was Janeways Überlegungen so revolutionär machte, war, dass er im Grunde Leitbild und Handlungsauftrag des Immunsystems umdeutete. Vor Janeway hatte man den Daseinszweck des Immunsystems darin gesehen, gegen Dinge vorzugehen, mit denen der Körper bis dato keinen Kontakt gehabt hatte. Aber Janeway erklärte nun, das Immunsystem habe auf Dinge zu reagieren, die der Körper nie zuvor gesehen hatte – *die aber gleichzeitig Teil von Erregern waren.*

Rückblickend betrachtet ist es hochnotwendig, dass das Immunsystem zu mehr in der Lage sein muss, als lediglich auf Zeug zu reagieren, mit dem Ihr Körper vorher nicht in Kontakt gekommen ist. Dinge wie Nahrungsmittel, harmlose Darmbakterien oder Staub aus der Luft – allesamt kein Teil des menschlichen

Körpers – stellen keine Gefahr dar und sollten daher keine Immunreaktion auslösen. Aber wie George Bernard Shaw es in den 1930er Jahren so schön formulierte: »Die Wissenschaft vermag niemals ein Problem zu lösen, ohne zehn neue Probleme aufzuwerfen.«[32] Lässt man einmal das größte praktische Problem beiseite, das auf Janeways Ideen lastete – sprich: den Mangel an experimentellen Belegen zu ihrer Unterstützung –, so gab es auch ein handfestes theoretisches: Erreger vermehren sich unglaublich schnell. Es ist schwindelerregend, welch höllisches Tempo sie dabei an den Tag legen. Eine mit Viren infizierte Zelle kann hundert neue Viruspartikel hervorbringen. Das bedeutet, dass nur drei Kopien eines Virus nach vier Replikationsrunden – nach ein paar Tagen also – auf 300 Milliarden Viruspartikel angewachsen sind.[33] Und nicht nur Viren verhalten sich so: Bakterien teilen sich unter optimalen Bedingungen alle zwanzig Minuten, das bedeutet, dass innerhalb eines einzigen Tages aus einem Bakterium 5 Trilliarden werden können – das entspricht größenordnungsmäßig der Anzahl an Sternen im ganzen Universum.[34] In der Praxis können Erreger sich im menschlichen Körper nicht ganz so ungebremst vermehren, denn derartiges Wachstum würde eine unbegrenzte Menge an Ressourcen voraussetzen, aber auch ohne das erreichen Erreger innerhalb kürzester Zeit sehr hohe Zahlen, mit denen wir mit unserem mickrigen Schnitt von zwei Nachkommen pro Lebenszeit eines Elternpaares absolut nicht mithalten können.[35] Das führt zu einem fundamentalen Problem bei Janeways Überlegungen: Jedes Mal, wenn ein Erreger sich teilt, kommt es zu zufälligen Veränderungen – Mutationen – in seinen Genen, und durch diese Veränderungen wird es wahrscheinlich, wenn nicht gar unausweichlich, dass einige Erreger die molekulare Signatur verlieren, auf die das angeborene Immunsystem so zielsicher angesprochen hat. Mit anderen Worten: Bei der Unzahl an Viren oder Bakterien werden genetische Zufallsmutationen bei einigen Exemplaren den Teil des Erregers verändern, auf den die Mustererkennungsrezeptoren eigentlich zugeschnitten waren. Mikroorganismen aber, denen ihr

»molekularer Fingerabdruck« abhandengekommen ist, würden der Entdeckung durch das Immunsystem entkommen und sich bereitwillig vermehren.

Janeway war das klar, und so postulierte er, dass »das erkannte Muster des Mikroorganismus Teil eines komplexen und für den Erreger entscheidend wichtigen Prozesses sein muss«.[36] Mit anderen Worten, die erkannte Erregerstruktur würde etwas für dessen Lebenszyklus so Unentbehrliches sein müssen, dass es für den betreffenden Organismus außerordentlich schwierig, wenn nicht gar unmöglich wäre, diese zu verändern. Janeway wusste, dass Erreger über solche Gegebenheiten verfügen, die einerseits für ihr Überleben unerlässlich sind, andererseits aber eine Angriffsfläche bieten, denn genau so etwas macht die Wirkung von Penicillin möglich: Jedes Mal, wenn ein Bakterium sich teilt, muss es eine neue Zellwand synthetisieren, die die beiden Tochterzellen am Ende umhüllt. Das Gute daran ist, dass der Mechanismus so komplex ist, dass das Bakterium ihn nicht problemlos verändern kann. Penicillin wirkt, indem es in einen der letzten Schritte der Zellwandsynthese eingreift. Es gibt demzufolge keine einfache Genmutation, die es Bakterien möglich machen würde, sich der Wirkung des Penicillins zu entziehen. Es ist richtig, dass Bakterien resistent gegen das Antibiotikum werden können, indem sie ihre Zellwand über einen ganz anderen Weg synthetisieren, aber das ist kein einfacher Weg, weshalb Penicillin noch immer gegen eine Vielzahl an Erregern wirksam ist: Es bindet an Bakterienproteine, die an einem lebenswichtigen und komplexen Prozess beteiligt sind.

Ein Wissenschaftler erinnert sich, dass die Zuhörer bei Janeways Vortrag »fasziniert, aber nicht überzeugt« gewesen seien. Ein anderer, dass die »Forschergemeinde für Charlies Denken noch nicht reif gewesen« sei.[37] Vor den Augen einiger der größten Immunologen der Welt hatte Janeway die Stirn zu behaupten, jedermann habe einen ungeheuer wichtigen Aspekt im Wirken des Immunsystems übersehen, und das, obwohl, wie er es selbst formulierte, die »experimentelle Verifizierung ... gegenwärtig noch nicht möglich ist«.[38] Zu jener Zeit konnte schlicht und einfach niemand sagen, ob Janeways Ideen revolutionär waren oder versponnener Unfug.

Janeways Gedanken gerieten ziemlich in Vergessenheit und wurden in den kommenden sieben Jahren in keinem anderen wissenschaftlichen Artikel oder Vortrag zitiert.[39] Doch sie inspirierten jemanden, der – siebeneinhalbtausend Kilometer weit entfernt – seine Ideen allen Widrigkeiten zum Trotz der Vergessenheit entreißen sollte. Im Herbst 1992 las Ruslan Medzhitov, ein Student an der Moskauer Universität, Janeways Artikel, und dies veränderte sein Leben.

*

Der im usbekischen Taschkent geborene Medzhitov arbeitete in Moskau an seiner Dissertation und untersuchte, wie sich die Bindungseigenschaften von Molekülen im Verlauf der Evolution entwickelt hatten, als er auf Janeways Artikel stieß. Die Sowjetunion war im Begriff, sich aufzulösen, und der Wissenschaft im Land ging es schlecht. Medzhitov erinnert sich an die Zeit »als Riesenchaos, in der es keine Mittel gab«.[40] Infolgedessen fehlten ihm die Möglichkeiten, im Labor praktische Erfahrungen zu sammeln, und so verbrachte er die Zeit lesend und grübelnd, wobei ihm mehr oder weniger nur alte Lehrbücher zur Verfügung standen, die er ziemlich verwirrend fand.[41] Studenten hatten eigentlich keinen Zugang zu jener Bibliothek, in der sich Schriften wie Janeways Artikel befanden, aber Medzhitov hatte seinen Charme spielen lassen und es geschafft hineinzukommen. Beim Durchstöbern der Regale stolperte er über Janeways Arbeit, die ihn in ihrer Logik sofort packte. »Es war einer von jenen Augenblicken, in denen einem ein Licht aufgeht ... es fühlte sich intuitiv richtig an ... schien alles zu erklären«, erinnert er sich.[42] Er gab die Hälfte seines monatlichen Stipendiums dafür aus, den Artikel zu fotokopieren.[43]

Medzhitov brannte darauf, die Ideen darin näher zu diskutieren, und begann Janeway E-Mails zu schicken. Er durfte zu diesem Zweck das Mailkonto der Abteilung benutzen, damals aus Kostengründen auf 300 Worte pro Tag beschränkt, und erinnert sich gut daran, wie er seine Nachrichten an Janeway auf eine Floppy Disc schrieb, die er dann demjenigen übergab, der für den einzigen Computer der Moskauer Universität mit Internetzugang verantwortlich war. Jede Antwort, die zurückkam, wurde ebenfalls auf eine Floppy Disc kopiert und ihm auf diese Weise übermittelt.[44]

Janeway war stolz auf seine Überlegungen zur angeborenen Immunität und fühlte sich verkannt, weil sie so lange vom immunologischen Establishment ignoriert worden waren, daher freute er sich, Mails von einem Studenten aus Moskau zu bekommen, der weiter über die Dinge diskutieren wollte. Schließlich fragte Medzhitov, ob er nicht in Janeways Labor an der Yale University arbeiten könnte. Janeway besprach das Ansinnen mit seiner Frau, aber die war zunächst skeptisch. In der Zwischenzeit hatte Medzhitov für drei Monate ein Forschungsstipendium an der University of California in San Diego zugesprochen bekommen. Er lieh sich von einem seiner Cousins das Geld für den Flug und fing 1993 dort an zu arbeiten, schrieb an einer Software mit, mit der sich DNA sequenzieren ließ – ein zu jener Zeit noch junges Wissenschaftsgebiet. Irgendwann gab er in gebrochenem Englisch ein Seminar, an dem auch Richard Dutton, der Präsident der amerikanischen Immunologengesellschaft, teilnahm.

Dutton war beeindruckt von Medzhitov, und dieser berichtete, dass sein Stipendium bald auslaufe, er mit Janeway per Mail korrespondiere und liebend gerne bei ihm arbeiten würde. Also sprach Dutton Janeway auf den Anrufbeantworter und sagte ihm, dass er Medzhitov für einen guten Wissenschaftler halte. Am nächsten Morgen hatte Medzhitov eine Mail von Janeway, in der dieser ihm einen Job anbot.[45]

Am 2. Januar 1994 lernte Medzhitov Janeway endlich von Angesicht zu Angesicht kennen. Beide waren Menschen, die im Großen dachten, beide mit brennender Leidenschaft für ihre Ideen, und so war dies der Beginn einer lebenslangen Partnerschaft und Freundschaft. Dringlichstes Anliegen des Duos war herauszufinden, ob menschliche Immunzellen tatsächlich über Mustererkennungsrezeptoren verfügten, die imstande waren, charakteristische Strukturen von Erregern zu erkennen. Ein einziges Beispiel war alles, was sie brauchten, aber die Aufgabe war gewaltig, und es machte die Sache nicht besser, dass Medzhitov über so wenig praktische Erfahrung verfügte. Wie Roald Dahl in seinem letzten Kinderbuch so treffend schrieb, zahlt es sich immer aus, »mit blanken Augen die ganze Welt um [s]ich herum aufmerksam zu betrachten, weil die größten Geheimnisse immer an den unwahrscheinlichsten Orten versteckt sind«.[46] Und so war es auch bei Medzhitov, dessen letztendlicher Erfolg sich einer wahrhaft unwahrscheinlichen Quelle verdankte: Insekten.

Nicht anders als wir werden auch Insekten massiv von Krankheitserregern wie Bakterien und Pilzen bedroht, und doch, so schrieb der Wissenschaftler Pierre Joly Mitte der 1960er Jahre, scheinen sie auch im geschwächten Zustand nie unter Infektionen zu leiden. Joly, der in Straßburg arbeitete, untersuchte dies genauer und stellte fest, dass er sogar Organe von einem Tier zum anderen verpflanzen konnte, ohne dass die Tiere irgendeine Form von Immunschwäche erkennen ließen. Er kam zu dem Schluss, dass Insekten über eine besondere Art von hochwirksamem Abwehrsystem verfügen mussten. In Jolys Labor arbeitete auch ein dreiundzwanzigjähriger Doktorand namens Jules Hoffmann, Sohn eines Entomologen, der sich schon immer brennend für Insekten interessiert hatte. Hoffmann machte sich daran, die von Joly beobachtete Immunität bei Insekten zu untersuchen, und begann mit Heuschrecken zu arbeiten.

Als Joly 1978 in den Ruhestand ging, übernahm der damals sechsunddreißigjährige Hoffmann die Leitung des Labors. Mit der Zeit verlagerte er das Hauptaugenmerk des Teams weg von den Grashüpfern hin zu einer kleinen Taufliege namens *Drosophila melanogaster*, die ihre Eier auf reifem oder angefaultem Obst ablegt, von dem ihre Larven sich ernähren. Taufliegen wurden bereits Anfang des 20. Jahrhunderts als Forschungsorganismen genutzt, sie sind leicht zu halten – man benötigt lediglich ein paar Nahrungsmittelabfälle –, und ihr Lebenszyklus beträgt nur zwei Wochen. Sie spielen infolgedessen seither eine extrem wichtige Rolle für die biologische und medizinische Forschung und stehen im Zentrum von nicht weniger als sechs Entdeckungen, die den Nobelpreis erhielten.[47] Für Hoffmann gab es allerdings noch einen weiteren praktischen Grund, zu Drosophila zu wechseln, denn die Hälfte seiner Arbeitsgruppe hatte eine Allergie gegen Heuschrecken entwickelt. Hoffmanns Frau Danièle, eine vormalige Doktorandin von ihm, war besonders heftig betroffen.[48]

Hoffmann und sein Team injizierten den Taufliegen Bakterien und untersuchten in regelmäßigen Abständen das Blut der Tiere auf seine Fähigkeit, andere Bakterien abzutöten. Sobald das Fliegenblut antibakterielle Eigenschaften entwickelt hatte, konnten die Forscher davon ausgehen, dass eine Immunreaktion im Gange war. Er und seine Mitarbeiter wollten zwei entscheidende Dinge wissen: Erstens: Welche Art von Molekülen verlieh dem Fliegenblut die Fähigkeit, Bakterien abzutöten? Und zweitens: Welche Gene steuerten die Immunreaktion der Tiere? Die erste Frage erwies sich als relativ leicht zu beantworten: In Seidenspinnern hatte man spezielle Moleküle (Peptide, ihrer Struktur nach so etwas wie Miniproteine) nachgewiesen, die antibakteriell wirkten, und Hoffmanns Arbeitsgruppe fand bei ihren Fliegen ganz ähnliche Verbindungen. Außerdem stellten die Forscher fest, dass gegen unterschiedliche Erreger unterschiedliche Moleküle wirksam waren.[49] Aus 100 000 Fliegen isolierten sie das Peptid, mit dem Fliegen Pilze abtöten (heute würde man dazu ungefähr zwanzig Fliegen brauchen).[50]

Um die zweite Frage zu beantworten – welche Gene an der Reaktion der Fliegen beteiligt sind –, erwies sich Hoffmanns Entscheidung für Taufliegen als Versuchsorganismus als Glücksgriff, denn die genetische Ausstattung dieses Organismus wurde aus den verschiedensten Gründen gerade in anderen Labors intensiv untersucht. Aus diesen Studien ergaben sich für Hoffmann und seine Mitstreiter wertvolle Hinweise. Einer davon war, dass ein Insekten-Gen aus einer Genfamilie namens *Toll* – tatsächlich hergeleitet von dem deutschen Wort »toll« –, das für die Entwicklung des Taufliegenembryos eine wichtige Rolle spielt, große Ähnlichkeit mit einem menschlichen Gen aufweist, und zwar dem Gen für den Interleukin-1-Rezeptor, von dem man bereits wusste, dass sein Produkt eine Rolle bei der menschlichen Immunreaktion spielt. Außerdem hatte man für bestimmte Gene, die man sowohl bei Taufliegen als auch beim Menschen gefunden hatte (den Genen für einen sogenannten Transkriptionsfaktor namens NF-kappaB), kurz zuvor nachweisen können, dass auch ihr Produkt für die Immunreaktion beim Menschen wichtig ist.[51] Angeregt durch diese jüngsten Befunde, gingen Hoffmann und seine Mitarbeiter daran zu untersuchen, ob Fliegen, bei denen man gewisse Gene inaktiviert hatte, Probleme haben würden, mit Infektionen klarzukommen.[52] Die entscheidenden Experimente hierzu wurden von Bruno Lemaitre durchgeführt, der im November 1992 zu Hoffmanns Arbeitsgruppe gestoßen war. Im Rahmen einer Reihe von Experimenten, die sich über die Jahre 1993 bis 1995 erstreckten, entdeckte er, dass Fliegen zur Abwehr von Pilzinfektionen auf Toll angewiesen waren.[53] Das war eine spektakuläre Erkenntnis – der gesicherte Nachweis, dass Gene, die an der Embryonalentwicklung der Fliege beteiligt waren, auch einen Teil ihres Immunsystems bildeten – und wurde umgehend als solche gefeiert.[54] Im September 1996 prangte auf dem Titelblatt einer der renommiertesten Wissenschaftszeitschriften der Welt, *Cell*, ein faszinierendes Foto von einer Taufliege mit inaktiviertem Toll, die über und über mit einem »Pelz« aus Pilzhyphen bewachsen war.

Im Juni 1992, vor dieser Entdeckung, war Hoffmann nach Connecticut zu Janeway gereist, weil er, wie er sagte, »nicht [sein] gesamtes Leben in einem Insekten-Ghetto verbringen wollte«.[55] Ihre

Gespräche gipfelten in einem gemeinsamen Forschungsprogramm zum Vergleich der Immunreaktionen von Insekten, Mäusen und Menschen, und 1993 organisierte Hoffmann in Versailles die weltweit erste Konferenz zum angeborenen Immunsystem.[56] Auf der Folgekonferenz im Frühjahr 1996 in Gloucester, Massachusetts, berichtete Hoffmann Janeway und Medzhitov erstmals von der Entdeckung seiner Arbeitsgruppe, dass Toll von ausschlaggebender Bedeutung sei für die Immunabwehr der Insekten gegen Pilzbefall. Janeway und Medzhitov waren fasziniert.

Die genaue Abfolge der Ereignisse variiert je nachdem, wer die Geschichte erzählt. Medzhitov berichtet, er habe bereits seit geraumer Zeit an einem Toll-ähnlichen menschlichen Gen gearbeitet, während andere mutmaßen, die Entdeckung bei den Insekten habe ihn und Janeway erst dazu gebracht, beim Menschen nach etwas Ähnlichem zu suchen.[57] Wie dem auch sei, Medzhitov intensivierte die Arbeit am menschlichen Äquivalent des Insekten-Gens, und wirklich wichtig an dem Ganzen ist, dass er herausfand, dass dieses menschliche Gen die Aktivität anderer Gene (insbesondere jener für den Transkriptionsfaktor NF-kappaB) anschalten konnte, von denen man wusste, dass sie an der Immunreaktion beteiligt waren.[58] Zusammengenommen war die Tragweite dieser Erkenntnisse beachtlich: Sie zeigten, dass Lebensformen von so unterschiedlicher Beschaffenheit wie Insekten und Menschen über ein gemeinsames genetisches Erbe zur Abwehr gegen Krankheitserreger verfügen.

Andere Arbeitsgruppen machten sodann in Mäusen und Menschen viele weitere Gene ausfindig, die dem Insekten-Toll ähnelten.[59] In ihrer Gesamtheit nennt man ihre Produkte aufgrund dieser Ähnlichkeit heute »Toll-ähnliche (englisch: toll-like) Rezeptoren«, die zugehörigen Gene heißen im Fachjargon *toll-like receptor (TLR) genes*, jedes davon kodiert ein Rezeptorprotein, das dem Insektenprotein ähnlich ist, beim Menschen gibt es davon zehn verschiedene. Das von Medzhitov zuerst gefundene trägt heute den Namen *TLR4*. Experimente mit Mausmutanten zeigten, dass die verschiedenen Toll-Gene für die Immunreaktion gegen alle möglichen Arten von Bakterien und Viren unerlässlich sind. Doch obwohl nun klar war, dass diese Gene *irgendwie* für die Immunabwehr wichtig waren, wusste niemand wirklich genau, wie sie funktionierten. Bis zum 5. September 1998.

Bruce Beutler, in Chicago geboren und beschäftigt am Southwestern Medical Center der University of Texas in Dallas, hatte sich die vergangenen fünf Jahre hindurch verbissen mit einer Frage herumgeschlagen: Welche Gene stemmten bei Mäusen die Immunreaktion gegen Lipopolysaccharide – kurz LPS –, den im Vorhergehenden bereits erwähnten Bestandteilen der Außenhülle von Bakterien, die ja erwiesenermaßen ein besonders wirksames Adjuvans darstellten? Dieses Problem wurde von vielen Wissenschaftlern als eminent wichtig erachtet, weil sich aus seiner Lösung mit großer Wahrscheinlichkeit wichtige Hinweise darauf ergeben würden, wie das Immunsystem es fertigbrachte, dieses bakterielle Molekül zu erkennen, Beutler befand sich bei seiner Suche daher im Wettlauf mit anderen Labors. Das Problem beherrschte sein Leben und seine Träume.[60] Er vergleicht es mit der ähnlich frustrierenden Suche nach einer heruntergefallenen Münze in einem flauschigen Teppich – man weiß nie, wann und wo sie wieder zum Vorschein kommt.

Das Jahr 1998 hatte nicht gut angefangen für Beutler. Im April teilte man ihm mit, dass seine Finanzierung demnächst auslaufe, weil er bereits genug Zeit mit dem Versuch verbracht habe, dieses Problem zu lösen. Zu Hause trennte er sich gerade von seiner Frau Barbara, und ein langer Scheidungsprozess nahm seinen Lauf, der in einem Verfahren vor Gericht und letztlich dem geteilten Sorgerecht für beider drei Söhne gipfelte. »Rauhe Zeiten zu Hause fielen mit der härtesten Phase meiner Arbeit zusammen«, erinnert sich Beutler.[61] Er hatte nicht nur seine Arbeitsgruppe zu leiten, sondern auch die erhaltenen Daten zu analysieren, wozu er sich ein eigenes Computerprogramm schrieb, um die Dinge zu beschleunigen.[62] Am Abend des 5. September endlich stellte er voller Freude fest, dass das entscheidende Gen für die Erkennung des bakteriellen LPS bei Mäusen große Ähnlichkeit hatte mit Hoffmanns Toll-Gen bei Insekten und Medzhitovs menschlichem TLR4.

Endlich waren alle Puzzleteile an ihrem Platz, und man konnte das große Ganze erkennen: TLR4 kodiert ein Protein, das einen Bestandteil der Außenwand von Bakterien (LPS) erkennt und daran bindet – mit anderen Worten: Das TLR4-Gen kodiert einen Mustererkennungsrezeptor, genau die Art von Molekül, die Janeway einst postuliert hatte. Es gab sie also wirklich, diese Augen des Immunsystems, wie Beutler sie nannte, und sie verliehen Immunzellen, die dieses Rezeptorprotein auf ihrer Oberfläche trugen, die angeborene Fähigkeit, an Bakterien anzudocken. Und sobald TLR4 an sein LPS gebunden hat, ist das ein Signal dafür, dass irgendetwas im Körper vor sich geht, das womöglich nach einer Immunantwort verlangt. Beutler berichtet übrigens, es seien gar nicht Janeways Überlegungen gewesen, die ihn umgetrieben hatten, sondern er sei aus einer ganz anderen Richtung auf das Problem gestoßen: Er war nämlich zu dem Schluss gekommen, dass ein Gen, das es dem Immunsystem ermöglicht, auf Bakterien zu reagieren, mit großer Wahrscheinlichkeit für ein Rezeptorprotein auf der Oberfläche von Immunzellen kodieren müsse.[63] Übrigens ist Beutler der Ansicht, dass die Tage der großen Denker, die die Biologie mit theoretischen Überlegungen voranbringen, lange passé sind – heutzutage ist aufmerksames Beobachten der Motor des Fortschritts.[64]

Der Erste, mit dem Beutler telefonierte, um ihm seine Entdeckung preiszugeben, war sein Vater – sein großes Vorbild –, selbst ein herausragender Wissenschaftler, der immer betont hatte, wie wichtig es sei, etwas Bedeutsames zu tun statt sich mit trivialen Einzelheiten abzugeben.[65] Auch wenn der Vater den Sohn unablässig zu Höchstleistungen angespornt hatte, war er angesichts dieser Nachricht »einigermaßen perplex«.[66] Anschließend rief Beutler seine langjährigen Mitarbeiter an – seine andere Familie –, und alle waren einhellig begeistert. Später telefonierte er auch noch mit seinen Geldgebern, erhielt jedoch die Antwort, dass deren früher im Jahr getroffene Entscheidung, die Förderung seiner Forschung einzustellen, unumstößlich sei.[67]

Beutlers Ergebnisse wurden im Dezember 1998 veröffentlicht.[68] Auch andere Teams erreichten die Ziellinie und gelangten mit anderen Arten von Experimenten zu denselben Schlussfolgerungen wie er – aber gewonnen hatte das Rennen Beutler.[69] Eine Gruppe – die Arbeitsgruppe von Danielle Malo in Montreal – veröffentlichte dieselben Erkenntnisse drei Monate nach ihm.[70] In ihrem Artikel wurde Beutlers kurz zuvor erschienener nicht erwähnt, aber er drang darauf, dass dieses in einem Korrigendum zu Malos Artikel nachgeholt und bei der Gelegenheit auch klargestellt wurde, dass Beutler seine Entdeckung bereits noch früher auf einer Tagung vorgestellt hatte. Ein paar Monate nach Malo berichteten auch Forscher aus Japan über dieselben Erkenntnisse.[71]

Dreizehn Jahr später, am 3. Oktober 2011, schaute Beutler auf sein Handy und fand eine E-Mail mit dem Betreff »Nobelpreis«. Darin hieß es: »Sehr geehrter Herr Dr. Beutler, wir haben eine gute Nachricht für Sie. Das Nobelpreiskomitee hat heute entschieden, Ihnen den Nobelpreis für Medizin oder Physiologie 2011 zuzuerkennen … Herzlichen Glückwunsch!« Mit leichtem Zweifel an der Echtheit der Nachricht klappte er seinen Laptop auf, um sich zu vergewissern, und sah sofort auf Google News, dass es damit seine Richtigkeit hatte.[72]

Er teilte sich den Preis mit Hoffmann und dem kanadischen Immunologen Ralph Steinman, zu dessen Arbeit wir im nächsten Kapitel kommen werden. Viele Wissenschaftler waren einmütig der Ansicht, dass diese drei Personen und die wissenschaftlichen Erkenntnisse, die sie gewonnen hatten, eines Nobelpreises mehr als würdig waren. Doch einen Monat nach der Verkündigung der Preisträger unternahmen vierundzwanzig namhafte Immunologen den noch nie dagewesenen Schritt, einen Brief an die erste Adresse unter den Wissenschaftszeitschriften – *Nature* – zu senden, in dem sie erklärten, dass das Nobelkomitee gut daran getan hätte,

»auch die bahnbrechenden Beiträge von Janeway und Medzhitov anzuerkennen«.[73]

Traurigerweise war Janeway am 12. April 2003 im Alter von 60 Jahren an einem Lymphom verstorben, und das Nobelpreis-Regularium verlangt ausdrücklich, dass der Preis nicht posthum verliehen werden kann. In seinem Nachruf in *Nature* hieß es, die meisten Wissenschaftler könnten lediglich davon träumen, an einem Paradigmenwechsel auch nur am Rande beteiligt zu sein – Janeway aber habe höchstpersönlich einen solchen eingeleitet.[74] Janewayhatte über dreihundert wissenschaftliche Artikel und das führende Lehrwerk der Immunologie verfasst. Bill Paul, ein namhafter Immunologe an den National Institutes of Health in Bethesda, schrieb 2014, dass Janeway, wäre er nicht so früh gestorben, nahezu mit Sicherheit einen Nobelpreis zuerkannt bekommen hätte.[75] Sein Schützling Medzhitov aber wäre für den Preis in Frage gekommen – tatsächlich war ihm kurz vor der Verkündigung der Nobelpreisträger zusammen mit Hoffmann und Beutler ein anderer prestigeträchtiger Preis zuerkannt worden, der Shaw Prize 2011 –, eine weitere Vorgabe des Testaments von Alfred Nobel sieht jedoch vor, dass der Preis an maximal drei Wissenschaftler je Kategorie verliehen werden kann, und so wurde Medzhitov übergangen. Das Nobelkomitee wird Medzhitovs Arbeiten zweifellos diskutiert haben, aber die Aufzeichnungen über die Beratungen bleiben für fünfzig Jahre unter Verschluss. Vielleicht erfahren wir 2061 mehr über seine Erwägungen.

Nicht dass die anderen auch nur den geringsten Grund zum Feiern darin sahen, dass ihre Konkurrenten mit ihnen den Preis zuerkannt bekamen – sie waren einander einfach nicht grün. Zwischen Beutlers Team und dem von Janeway bestand eine erbitterte Rivalität in der Frage, wem die Erkenntnis zu verdanken ist, dass TLR4 Bakterien »sehen« kann. Medzhitov erklärte, er habe dies in etwa gleichzeitig mit Beutler entdeckt, wohingegen Beutler behauptete, er sei als Erster zu der Erkenntnis gelangt und Medzhitov sei mit seiner Arbeit in Janeways Labor zu jener Zeit noch längst nicht so weit gewesen. Bis heute lehnt Medzhitov es ab, an einer wissenschaftlichen Konferenz teilzunehmen, wenn Beutler oder Hoffmann auch eingeladen sind.[76]

Ein weiterer Wermutstropfen an dieser speziellen Nobelpreisverleihung war der Umstand, dass Lemaitre, der 1993 bis 1995 in Hoffmanns Labor die entscheidenden Experimente durchgeführt hatte, im Dezember 2011 eine eigene Internetseite einrichtete, worin er darauf aufmerksam machte, dass er sich von der Entscheidung des Nobelpreiskomitees missachtet fühle, weil in Wirklichkeit er die Experimente durchgeführt hatte, für die Hoffmann gefeiert wurde. Hoffmann hingegen vertrat die Ansicht, der Schlüssel zum Erfolg habe letztlich darin bestanden, dass er ein Team von Leuten mit unterschiedlichsten Erfahrungen und Fachkenntnissen zusammengebracht hatte, von denen etliche Anteil an der Arbeit hatten, die letztlich in der bahnbrechenden Entdeckung gipfelte, dass das Toll-Gen bei Insekten für die Abwehr von Pilzbefall von Bedeutung ist.[77] Im Jahr 2012 veröffentlichten acht angesehene Immunologen einen Brief, in dem sie sich auf Hoffmanns Seite schlugen und erklärten, er habe sich in Bezug auf die Anerkennung der Leistungen und die Unterstützung der Arbeit seiner Mitarbeiter stets untadelig verhalten – sowohl während deren Zeit in seinem Labor als auch darüber hinaus bei ihrem weiteren eigenständigen Werdegang.[78] Einige Zeit später – im April 2016 – publizierte Lemaitre im Selbstverlag ein Buch mit dem Titel *An Essay on Science and Narcissism* über die These, dass »Narzissmus ein vorteilhafter Charakterzug für Erfolg in der Wissenschaft ist«.[79] Solche Konflikte sind in der Wissenschaft keine Seltenheit, denn es ist extrem schwierig, genau auseinanderzudividieren, welchen Beitrag jeder Einzelne von denen, die Anteil an einer Entdeckung haben, genau geleistet hat, schließlich arbeitet niemand völlig isoliert von allen anderen.

Es ist jedoch keine Frage, dass diese Entdeckungen jede Menge Lob und Preis verdienen. Diesem Wendepunkt in unserem Verständnis vom menschlichen Körper folgte die Veröffentlichung von über 30 000 wissenschaftlichen Artikeln über Toll-like-Rezeptoren, einer detaillierter als der andere. Der unmittelbar nächstfolgende Schritt bestand darin herauszufinden, welche Art von Erreger jeder von den durchnummerierten Rezeptoren denn nun im Einzelnen erkennt. Während TLR4 an ein Molekül auf der Außenhülle von Bakterien bindet, docken TLR5 und 10 an Parasiten-Moleküle, TLR3, 7 und 8 an Viren-RNA und so weiter. Die Fülle an Studien, die auf diese Erkenntnisse folgten, ergab auch, dass Toll-like-Rezeptoren nur *eine* Art Mustererkennungsrezeptoren von vielen sind: Es gibt zahllose andere mit teils so gefälligen Namen wie NOD-(nukleotidbindende Oligomerisierungsdomänen)-Rezeptoren, C-Typ-Lektin-Rezeptoren und RIG-1-(retinsäureinduzierbare Gen-1)-ähnliche Rezeptoren.

Die einzelnen Mustererkennungsrezeptoren sind nicht nur imstande, jeweils unterschiedliche Erreger zu erkennen, sie befinden sich darüber hinaus auch an unterschiedlichen Orten – strategisch dort positioniert, wo sie mit dem betreffenden Organismus am ehesten in Kontakt kommen. TLR4 beispielsweise findet sich auf der Oberfläche zahlreicher weißer Blutzellen, bereit, Bakterien wie *E. coli* und *Salmonella* aufzuspüren. Ein anderer Mustererkennungsrezeptor – RIG-1 – befindet sich im Zellinneren und reagiert auf Anzeichen für die Anwesenheit von Viren – Influenzaviren zum Beispiel. Ein Rezeptor, der eine wichtige Rolle beim Aufspüren von Pilzinfektionen spielt – beispielsweise durch den Soor-Erreger *Candida albicans* –, befindet sich auf der Oberfläche von Immunzellen, die darauf spezialisiert sind, Pilze in sich aufzunehmen und zu zerstören. Eine der Arbeitsgruppen, die sich mit Einzelheiten zu diesen Mechanismen befassen, wird von Shizuo Akira an der Universität Osaka in Japan geleitet, »einem Mann von wenigen Worten, aber vielen Publikationen«.[80]

Vor diesen Erkenntnissen hatte man angenommen, die angeborene Immunreaktion sei verteidigungstechnisch lediglich eine Art von unspezifischem großem Besen – so wie man Haut beispielsweise als einfache Barriere gegen alle möglichen Sorten von

Erregern sehen kann, die den Körper befallen könnten. Als man aber die Fülle an Mustererkennungsrezeptoren entdeckt hatte – jeder davon zugeschnitten auf die Abwehr eines ganz bestimmten Erregertyps und imstande, die Reaktion anzuwerfen –, wurde klar, dass das Immunsystem sehr viel komplexer ist, als man gedacht hatte. Das angeborene Immunsystem wittert nicht nur ganz allgemein das Vorhandensein von Fremdorganismen, sondern erkennt auch die Art des betreffenden Erregers und vermag die entsprechende Immunreaktion in Gang zu setzen.

Von den 1,5 Millionen Arten, die wir auf der Erde kennen, sind ungefähr 98 Prozent Invertebraten – Tiere ohne Rückenmark –, und diese überleben Krankheiten allein mit dieser Art von Immunabwehr. Das heißt, ihr Immunsystem arbeitet nur mit Rezeptoren, die sich an charakteristische Strukturen von Krankheitserregern heften. Für uns ist dieser Mechanismus lediglich eine der Möglichkeiten, die unser Körper hat, um Krankheiten ausfindig zu machen. Das hier aufgedeckte System – die angeborene Immunantwort – bildet unsere erste Verteidigungslinie, eine erste, unmittelbare Reaktion auf das Vorhandensein von Krankheitserregern.[81] Eine Pilz- oder Bakterieninfektion an einem Schnitt oder einer offenen Wunde wird in vielen Fällen von unserer angeborenen Immunreaktion wirksam in ihre Schranken gewiesen. Erst wenn diese erste Verteidigungslinie mit der Situation nicht fertig wird, kommt unsere adaptive Immunantwort – das Universum der T- und B-Zellen – ins Spiel. Das geschieht mehrere Tage nachdem der Körper infiziert wurde. Infektionen, die binnen zwei bis drei Tagen erledigt sind, wurden in aller Regel verursacht von Erregern, die von Mustererkennungsrezeptoren und den von diesen ausgelösten Immunreaktionen erfasst werden. Ja, man hat geschätzt – wobei das wirklich schwer zu berechnen ist –, dass um die 95 Prozent unserer Verteidigungsreaktionen gegen Mikroorganismen vom angeborenen Immunsystem geleistet werden.[82] Seit Jenner vor 220 Jahren einen kleinen Jungen gegen Pocken impfte, haben wir unermüdlich versucht, das Wesen der menschlichen Immunität zu verstehen, und doch hatte die Menschheit bis 1989 nur einen Teil – möglicherweise nicht mehr als 5 Prozent – von dem erforscht, was unsere Immunabwehr in Wirklichkeit ausmacht.

Zu Beginn dachten die Pioniere der Forschung zur angeborenen Immunität nicht über eine potentielle medizinische Anwendung ihrer Entdeckungen nach – sie versuchten dem Rätsel der Immunantwort auf die Spur zu kommen. Hoffmann findet es wichtig zu betonen, dass diese Forschung sich aus reiner Neugier speiste. Er hält es mit Louis Pasteur, der einst sagte, »so etwas wie angewandte Wissenschaft gibt es nicht, es gibt nur Anwendungen von Wissenschaft«.[83] Tatsächlich existieren viele Beispiele für gigantische wissenschaftliche Fortschritte, die sich aus heiterem Himmel ereigneten. Eines der eindrücklichsten darunter ist das Röntgen. Wie es der Astronom Martin Rees ausdrückte: »Ein Forschungsantrag zum Transparentmachen von Fleisch wäre Ihnen nie bewilligt worden, und wenn doch, hätte die Forschung dazu garantiert nicht in Röntgenstrahlen gegipfelt.«[84] Im Falle der angeborenen Immunantwort wurde jedoch sehr schnell klar, dass sich aus diesen Befunden wichtige medizinische Konsequenzen ergeben würden, ganz vorne dabei eine Frage aus den Anfängen von alledem: der Alchemie rund ums Impfen.

Noch immer ist nicht klar, wie Aluminiumsalze es fertigbringen, Impfstoffen zu mehr Wirksamkeit zu verhelfen, obwohl sie seit 1932 bei Hunderten Millionen Menschen eingesetzt wurden.[85] Wohl aber ist klargeworden, dass Adjuvantien wichtig sind, weil sie den angeborenen Zweig unseres Immunsystems anschalten. Und statt einfach blindlings Aluminiumsalze einzusetzen, ist es nun möglich geworden, mit Hilfe von Molekülen, die als spezifische Angriffsziele von Mustererkennungsrezeptoren bekannt sind, Adjuvantien maßzuschneidern, um eine Reaktionskaskade des angeborenen Systems in Gang zu setzen. Aus diesem Grund haben Pharmafirmen ihre Haltung zur Impfstoffforschung, die lange als Gebiet mit relativ geringen finanziellen Aussichten galt, geändert und sehen hier nun ein potentiell höchst lukratives Betätigungsfeld. Das, zusammen mit den Bestrebungen von gemeinnützigen Organisationen wie der Bill and Melinda Gates Foundation – die unter anderem Forschungen über geeignete Adjuvantien für einen Malariaimpfstoff fördert –, hat die angeborene Immunität seit den Pionierforschungen der 1990er Jahre zu einem brandaktuellen Thema gemacht. Ein erster medizinischer Erfolg war ein LPS-ähnliches Molekül, das 2009 in den USA zur Verwendung in einem Impfstoff gegen menschliche Papillomviren (unter anderem verantwortlich für die Entstehung von Gebärmutterhalskrebs) zugelassen wurde.[86] Möglicherweise – ich spekuliere an dieser Stelle aber lediglich – wollte das Nobelkomitee abwarten, bis der medizinische Nutzen dieser Entdeckungen erwiesen war, bevor es sie ehrte. Leider um den Preis, dass es für Janeway zu spät war. In jedem Falle erklärt die Tatsache, dass es zwanzig Jahre gedauert hat, Janeways Ideen zur Anwendung in der medizinischen Praxis zu verhelfen, warum der Großteil der von reiner Neugier angetriebenen Forschung nicht kommerziell, sondern aus Mitteln der öffentlichen Hand finanziert wird.

Weitere Anwendungen in der medizinischen Praxis werden vermutlich folgen. Beutler und andere Wissenschaftler glauben, dass es in naher Zukunft möglich sein könnte, Autoimmunkrankheiten mit neuen Medikamenten zu behandeln, die die Wirkung von Toll-like-Rezeptoren blockieren.[87] Inhibitoren dieser Rezeptoren könnten auch helfen, Abstoßungsproblemen bei Transplantationen zu begegnen, die ja ebenfalls Resultat einer Immunreaktion sind – das Immunsystem des Empfängers wehrt sich gegen das neue Organ.[88] Gleichzeitig rücken medizinische Interventionen, die auf unser angeborenes Immunsystem zielen, ein weiteres Feld in den Blick, auf dem neue Präparate wirksam werden können: dahin nämlich, wo die beiden Subsysteme angeborenes und erworbenes Immunsystem verknüpft sind. Damit wollen wir uns als Nächstes befassen.

Ich habe Medzhitov einst gefragt, ob er glaube, dass Janeway einen besonderen Charakterzug besessen habe, mit dem sich seine

Fähigkeit erklären ließe, so viele Jahre vor allen anderen so viel vorauszusehen.[89] Er antwortete voller Überzeugung, dass viele Wissenschaftler eine große Idee hätten, an der sie ein ganzes Forscherleben lang festhielten, Janeway aber wie alle kreativen Köpfe viele Ideen hatte, und vor allem nie von der Angst beseelt war, falsch zu liegen.

2 DIE ALARMZELLE

Unser Gehirn ist unablässig darauf konzentriert, Bewegungen oder Veränderungen zu registrieren, und der leiseste Anflug von etwas Ungewohntem lässt uns vor Schreck zusammenfahren. Unsere Evolution hat uns dahin gebracht, so zu reagieren, weil es besser ist, bei einem lauen Lüftchen überzureagieren als eine echte Bedrohung nicht wahrzunehmen. Ein kurzer Schreck – nichts weiter. Aber unser Immunsystem muss sorgsamer vorgehen. Seine Kräfte dürfen nicht aus bloßer Vorsicht von der Leine gelassen werden. Gesunde Zellen und Gewebe werden durch übereifrige Immunzellen leicht zerstört – wir kennen dies von Autoimmunerkrankungen wie Multipler Sklerose oder Jugenddiabetes oder dramatischen Reaktionen wie einem septischen Schock.

Genau wie seinen Zeitgenossen Charles Janeway trieb auch den kanadischen Immunologen Ralph Steinman die Frage um, wie eine Immunreaktion eigentlich genau anfängt. Aber Steinman ging etwas anders an das Problem heran. Er fragte sich in erster Linie: Wie bringt der Körper es fertig, bei seiner Immunantwort *die nötige Vorsicht walten zu lassen*? Dieser Aspekt schien ihm ungeheuer wichtig, denn, so seine Überlegung, wenn wir wüssten, wie das Immunsystem entscheidet, wann es angebracht ist zu reagieren, und vor allem, wie es das tut, dann wüssten wir, wie wir die Immunantwort regulieren können, und könnten einschreiten, wenn sich die Dinge wie im Falle von Autoimmunkrankheiten unerwünscht entwickeln. Wie der Schriftsteller Arthur Koestler in *Der göttliche Funke* schrieb: »Die Chronik der Entdeckung ist voll von solchen Beispielen einer Ankunft am unerwarteten Ziel – sie sind nicht minder selten, als dass jemand trotz eines falschen Zuges am richtigen Ort ankommt.«[1] Steinmans Beitrag zur Lösung dieses wichtigen Problems bestand ebenfalls in einer epochalen wissenschaftlichen Entdeckung: einer neuen Zellart.

Steinmans Eltern hätten sich gewünscht, dass er Theologie studiert und das Familiengeschäft übernommen hätte – einen Laden, in dem sie alles Mögliche von Haushaltsgeräten bis zu Kleidung führten, aber Steinman war schon früh von den Naturwissenschaften fasziniert.[2] Zu jener Zeit hatte die Wissenschaft noch nicht lange gelernt, aus Blut und Geweben die verschiedenen Immunzellen zu isolieren. Die jüngste Herausforderung bestand nun darin, im Einzelnen herauszuarbeiten, wie die Immunreaktion genau abläuft, indem man verschiedene Kombinationen von Zellen in Kulturschalen zusammenmischte und ihr Verhalten beobachtete. Angeregt durch eine Reihe von Vorträgen zum damals noch jungen Gebiet der zellulären Immunologie, die er im Rahmen seiner medizinischen Ausbildung am Massachusetts General Hospital in Boston gehört hatte, packte ihn das Verlangen, hier an vorderster Front dabei zu sein, und so ging er 1970 zu Zanvil Cohn an die Rockefeller University in New York, dessen Labor seinerzeit bereits einen exzellenten Ruf im Untersuchen von Immunzellen genoss.[3]

In den ersten paar Jahren dort arbeitete Steinman am Hauptforschungsgebiet des Labors und untersuchte, wie Immunzellen Moleküle aus ihrer Umgebung in sich aufnehmen können[4] – aber im Jahr 1972 wandte er seine Aufmerksamkeit einem anderen Problem zu, das sich als besonders dankbares Feld erweisen sollte: dem Geheimnis der sogenannten *akzessorischen Zellen*. Seinerzeit handelte es sich bei besagten akzessorischen Zellen eher um eine Idee als um etwas faktisch Greifbares, postuliert, um eine Beobachtung zu erklären, die anderweitig schwer zu erklären war – der Umstand nämlich, dass sich, sobald man isolierte Immunzellen (insbesondere T-Zellen und B-Zellen) mit etwas zusammenbrachte, von dem man wusste, dass es eine Immunreaktion auslösen sollte, absolut nichts tat.[5] Es war davon auszugehen, dass noch etwas anderes hinzukommen musste, damit diese Zellen reagierten, aber niemand wusste, was nötig war und wozu genau. »Akzessorisch« war das Beiwort für das, was fehlte, was immer es auch sein mochte.

Man wusste, dass die Milz im Zusammenhang mit der Immunreaktion ein sehr wichtiges Organ ist. Steinman stellte wie so viele vor ihm fest, dass er aus der Milz von Mäusen isolierte T- und B-Zellen in einer Kultur nicht zu einer Immunreaktion bewegen konnte, ohne eine »akzessorische« Komponente hinzuzugeben, was in der Praxis bedeutete: Irgendetwas von der Milz war am Glas hängen geblieben. Also beschloss Steinman, das, was da an Milzbestandteilen am Glas hängen blieb, einmal genauer in Augenschein zu nehmen. In dem Sammelsurium an Zellen, das sich da im Mikroskop vor seinen Augen tummelte, stachen ihm einige durch ihr sternförmiges und stacheliges Aussehen besonders ins Auge. Mit ihren zahlreichen feinen verzweigten Ausläufern, die wie die Äste eines Baumes vom Zellkörper abstanden, unterschieden sich diese Zellen deutlich von den eher spiegeleiähnlichen Gebilden in Lehrbüchern. Ja, sie sahen anders aus als alles, was Steinman bis dahin gesehen hatte.

Auch wenn er es damals nicht wusste, so waren Zellen dieser Art tatsächlich zuvor schon gesichtet worden, und zwar über hundert Jahre früher – im Jahr 1868 – von dem deutschen Biologen Paul Langerhans. Der damals einundzwanzigjährige Langerhans hatte in der Haut sternförmige Zellen gefunden. Er hielt sie aufgrund ihrer ungewöhnlichen Form für Nervenzellen und veröffentlichte noch als Student eine Arbeit, in der er sie als solche beschrieb: »Über die Nerven der menschlichen Haut«.[6] Als Steinman die seltsamen Zellen sich bewegen sah, stellte er – in seinen eigenen Worten – fest, dass sie »eine Vielzahl an verzweigten Formen annehmen und ihre vielen feinen Fortsätze unablässig ausstrecken und wieder einziehen«.[7] Zellen wie diese waren ihm noch nie untergekommen. Offenbar hatte auch vor ihm bisher niemand sonst diese Zellen beobachtet, oder wenn doch, ihnen nicht die gebührende Aufmerksamkeit geschenkt. Es war kein echter

Augenblick der Erleuchtung für ihn, weil Steinman keine Ahnung hatte, was diese Beweglichkeit oder die ungewöhnliche Form der Zellen zu sagen hatte. Es war mehr so eine Art »Donnerwetter, das ist ja seltsam«-Moment, aber Steinman hatte das dumpfe Gefühl, dass diese Zellen sehr wichtig sein könnten.

Eine wissenschaftliche Entdeckung wie diese, die allein der Beobachtung von Zellen durch ein Mikroskop zu verdanken ist, ergibt sich nicht so locker, wie es vielleicht den Anschein hat. Zwei Psychologen der Harvard University haben in verblüffender Weise gezeigt, warum so etwas alles andere als trivial ist: Christopher Chabris und Daniel Simons ließen freiwillige Versuchspersonen ein Video von sechs Basketballspielern (drei in weißen T-Shirts und drei in schwarzen) anschauen, die sich gegenseitig Bälle zuspielen. Chabris und Simons baten ihre Probanden zu zählen, wie oft der Ball zwischen zwei Spielern im weißen Trikot hin und her gespielt wird, wozu ein gewisses Maß an Konzentration nötig ist.[8] Nach ungefähr der Hälfte des Videos – das Sie sich online übrigens selbst anschauen können[9] – kommt eine Frau in einem Gorilla-Kostüm anmarschiert, bleibt zwischen den Spielern stehen, trommelt sich, den Blick fest in die Kamera gerichtet, auf die Brust und geht dann weiter. Anschließend wurden die Zuschauer gefragt, ob ihnen irgendetwas Ungewöhnliches aufgefallen war. Ungeachtet der Tatsache, dass man mit Hilfe von Instrumenten, die die Augenbewegung der Probanden verfolgten, sehr deutlich zeigen konnte, dass alle Betrachter eine bestimmte Zeit direkt auf den Gorilla gestarrt hatten, hatte nur die Hälfte davon diesen bemerkt. Diese »Unaufmerksamkeitsblindheit« war sogar noch ausgeprägter bei einer Gruppe Radiologen, die man aufgefordert hatte, sich eine Reihe computertomographischer Lungenaufnahmen daraufhin anzuschauen, ob sich darin Knoten – runde weiße Gebilde – fänden. Einige der Scans zeigten Bilder von einem Gorilla, der achtundvierzigmal größer war als die Knoten, die die Radiologen suchen sollten und zu finden trainiert waren, doch 83 Prozent der Experten übersahen diesen, obwohl sie direkt darauf schauten.[10]

Diese Experimente illustrieren eine wichtige Wahrheit: Wir sehen weniger mit unseren Augen als vielmehr mit unseren Gehirnen. Unser Gehirn filtert und interpretiert alles, was die Sinnesorgane unseres Körpers wahrnehmen, und aus diesem Grund sehen wir häufig nur, was wir suchen, und bemerken das Unerwartete nicht – nicht einmal, wenn es etwas im wahrsten Sinne des Wortes so Augenfälliges ist wie ein Gorilla, der zwischen Menschen umherspaziert, die mit einem Basketball spielen. Um die besagten neuen Zellen überhaupt zu *sehen,* musste Steinman diesen menschlichen Hang erst einmal überwinden. Möglicherweise hat es ihm geholfen, dass er nicht mit einer klaren Vorstellung von den akzessorischen Zellen an die Dinge heranging, die er überprüfen wollte: Er war unvoreingenommen und wollte einfach nur forschen – das Experiment mit dem unsichtbaren Gorilla lässt vermuten, dass es leichter ist, Neues zu erkennen, wenn man nicht nach etwas Speziellem sucht. Wenn Sie in einem abgedunkelten Zimmer durch das Okular Ihres Mikroskops schauen, gibt es nicht viel, was zwischen Ihnen und dem kleinen Stückchen Natur steht, das Sie soeben untersuchen. In einer solchen Form von Einsamkeit gefangen, sind wir mit geschärften Sinnen vielleicht eher offen für das Neue.

Aber die Unaufmerksamkeitsblindheit war nicht die einzige, ja nicht einmal die mächtigste Hürde, die ihm den Weg hätte verbauen können, wäre Steinman kein so eingefleischter Wissenschaftler gewesen. Eine weitere wäre, dass alle möglichen denkbaren Interpretationen ihn dazu hätten veranlassen können, das, was er gesehen hat, einfach beiseitezuwischen. Als Galilei mit dem seinerzeit neu erfundenen Teleskop im November 1609 den Mond betrachtete und auf dessen Oberfläche Licht und Schatten ausmachte, schloss er bekanntermaßen, dass der Mond anders als angenommen keine glatte Oberfläche hat, sondern hohe Berge und tiefe Täler aufweist – wohingegen ein englischer Astronom namens William Lower, der nur wenige Wochen vor ihm den Mond mit einem Teleskop betrachtet hatte, sich lediglich zu der Bemerkung veranlasst sah, der Mond sähe aus wie die Siruptorte, die ihm seine Köchin vor kurzem vorgesetzt hatte.[11] Steinman hätte annehmen können, dass die seltsam anmutenden Zellen, die er da sah, Abarten von bereits bekannten Zellen seien oder Zellen, die auf irgendeine mysteriöse Weise – vielleicht durch den Vorgang des Isolierens – beschädigt worden waren. Ihre ungewöhnliche Art, sich zu bewegen, hätte beispielsweise etwas mit dem Glas zu tun haben können, auf dem sie festhafteten. (Es sollte noch ungefähr dreißig Jahre dauern, bis die Technologie vorhanden war, die Bewegung dieser Zellen im Inneren lebender Gewebe zu beobachten.)[12] Wie es der Wissenschaftler Albert Szent-Györgyi, der als Erster Ascorbinsäure – Vitamin C – isolierte, so treffend formulierte, besteht der Trick darin, »zu sehen, was jeder sieht, aber zu denken, was niemand sonst denkt«.[13]

Auch Steinmans Arbeitsumgebung hatte ihren Anteil. Der Leiter seines Labors, Zanvil Cohn, war grundsätzlich immens hilfsbereit. Rockefeller University Press gab eine eigene Wissenschaftszeitschrift heraus, das *Journal of Experimental Medicine*, und es war sicher kein Nachteil, dass Steinman seine ersten Erkenntnisse in einem derart prestigeträchtigen Journal im eigenen Haus veröffentlichen konnte. Aber wichtiger als das war wohl, wer im Labor einen Stock höher arbeitete. Auf der fünften Etage des Gebäudes herrschte, wie Steinman selbst schrieb, »die wohl höchste Dichte an Zellbiologen, die jemals Tür an Tür gearbeitet hat«, und unter diesen befand sich ein gewisser George Palade.[14]

Palade, von einem anderen Nobelpreisträger – Günter Blobel – als der einflussreichste Zellbiologe aller Zeiten bezeichnet,[15] trug an vorderster Front dazu bei, Methoden zu entwickeln, Zellen mit Hilfe des Elektronenmikroskops zu betrachten, bei dem Objekte mit Elektronen- statt mit Lichtstrahlen durchstrahlt werden, so dass vieltausendfach höhere Vergrößerungen möglich sind als beim Lichtmikroskop. Die ersten Bilder von Zellen, die mit einem Elektronenmikroskop aufgenommen wurden, waren bereits 1945 von einer Arbeitsgruppe um Keith Porter, Albert Claude und Ernest Fullham von der Rockefeller University veröffentlicht worden.[16]

Palade war zu dieser Gruppe gestoßen und hatte mit Hilfe der Elektronenmikroskopie Mitochondrien untersucht – jene membranumschlossene Zellbestandteilen, in denen über verschiedene chemische Reaktionszyklen die Energie bereitgestellt wird, die die Zelle zum Leben benötigt. Palade zeigte später auch, wo in der Zelle Proteine hergestellt und wie sie beispielsweise aus der Zelle herausgeschleust werden – Prozesse, die einem Großteil der später genutzten biotechnologischen Produktionsverfahren wie der Herstellung von Insulin zugrunde liegen. Diese Erkenntnisse, die die Mikroskopie der Wissenschaft eröffnete, waren seinerzeit revolutionär, denn, wie die Wissenschaftshistorikerin Carol Moberg anmerkt: »Zu Beginn des 20. Jahrhunderts war … unter Anatomen, Histologen, Pathologen und Biochemikern die Existenz von Substrukturen oder Kompartimenten innerhalb einer Zelle nicht unumstritten. Viele betrachteten die Zelle als einen Sack voller Enzyme, ihr Inneres als formloses Protoplasma, dem jegliche Struktur abging.«[17] Die Rockefeller University, damals noch eine relativ kleine Einrichtung, war der internationale Dreh- und Angelpunkt, von dem aus unser modernes Verständnis von Zellen und dem, was in ihrem Inneren vor sich geht, seinen Ausgang nahm.

Steinman bediente sich der Elektronenmikroskope Palades, um in seine stacheligen Zellen hineinzuschauen. Und das überzeugte ihn endgültig davon, dass diese anders waren als andere Arten von Immunzellen. Sie verfügten beispielsweise über sehr viel mehr Cytoplasma – jene »Grundsubstanz«, die die Zelle um ihren Kern herum ausfüllt – als andere. In der Gewissheit, dass sie etwas Neues darstellten, suchte er nach einem Namen für seine Entdeckung. Einen neuen wissenschaftlichen Namen einführen zu dürfen ist ein seltenes Privileg. Steinman erwog, sie »Claudiazyten« zu nennen – nach seiner Frau Claudia, ohne deren Liebe und Respekt er, wie er oft sagte, in seiner Forschung nicht so erfolgreich hätte sein können.[18] (Claudia hatte zwar selbst einen Beruf in der

Immobilienbranche, übernahm aber den Großteil der Haus- und Erziehungsarbeit an beider Sohn und Zwillingstöchtern, denn Steinman war häufig unterwegs.)[19] Am Ende entschied Steinman sich wegen der überaus augenfälligen Struktur mit den vielen verzweigten Fortsätzen für die Bezeichnung *dendritische Zellen* – abgeleitet vom griechischen Wort *dendron* für Baum.

Auch wenn sich dendritische Zellen im ganzen Körper finden – im Blut, in der Haut und nahezu all unseren inneren Organen –, so sind sie dort, wo sie vorkommen, grundsätzlich recht selten. Der nächste Schritt in Steinmans letzten Endes vierzigjährigem Bemühen herauszufinden, was diese Zellen im Körper tun, bestand darin, eine Möglichkeit zu finden, sie zu isolieren, um sie im Detail untersuchen zu können. Das war ein alles andere als banales Unterfangen – es dauerte fünf Jahre, bis er eine Methode ausgearbeitet hatte, die funktionierte –, und wieder spielten diejenigen, die über ihm arbeiteten, eine entscheidende Rolle.

Oben im siebten Stock hatte eine Arbeitsgruppe um Christian de Duve ein Verfahren etabliert, Zellen mit Hilfe von Detergenzien und anderen Chemikalien aufzubrechen, um deren Inhalt auftrennen und die einzelnen Bestandteile analysieren zu können. Zur Auftrennung der einzelnen Zellbestandteile verwendeten sie Zentrifugen mit mehreren Hundert Umdrehungen pro Sekunde.[20] Das Ganze funktioniert deshalb, weil die verschiedenen Zellbestandteile über eine unterschiedliche Dichte verfügen. Beim Zentrifugieren werden die dichteren Bestandteile durch die Zentrifugalkräfte rascher nach außen – und damit auf den Boden des Teströhrchens – geschleudert, wo sie »sedimentieren«, als die weniger dichten, die im Überstand bleiben, so dass sich Zellfragmente nach Größe sortiert gewinnen und einzeln untersuchen lassen. Mit Hilfe dieses Verfahrens hatte sich de Duves Team eine Wunderwelt der Zellorganellen – wie der Name suggeriert: der kleinen »Zellorgane« – im Zellinneren erschlossen. Der Zellkern ist das größte Organell und auch lichtmikroskopisch leicht zu erkennen, aber de Duve stellte fest, dass sich im Zellinneren zahlreiche andere winzige Kompartimente tummeln – kleine, von Membranen umgebene Säckchen, in denen verschiedene Reaktionen und Prozesse getrennt voneinander ablaufen. »Ich habe lebende Zellen durchleuchtet«, sagte de Duve bei seiner Rede anlässlich der Verleihung des Nobelpreises an ihn und George Palade 1974, »allerdings mit Hilfe der Zentrifuge statt mit einem Mikroskop.«[21]

Steinman bediente sich der Methoden de Duves und machte sich die Zentrifuge zunutze, um statt einzelner Zellkompartimente verschiedene Zellarten voneinander zu isolieren. Zellen von unterschiedlicher Dichte lassen sich bei relativ schwacher Umdrehungszahl in wenigen Minuten leicht voneinander trennen: rote Blutkörperchen beispielsweise verhalten sich völlig anders als Immunzellen und können so leicht entfernt werden. Um jedoch dendritische Zellen zu isolieren, musste Steinman ein Verfahren finden, sie getrennt von den anderen Immunzellen – auch solchen von ähnlicher Dichte – sedimentieren zu lassen. Es dauerte Jahre dahinzukommen, und der Weg bestand im Wesentlichen aus Versuch und Irrtum. Die Methode, die schlussendlich den Erfolg brachte, bestand aus mehreren Schritten. In einer ersten Aufreinigungsrunde blieben Immunzellen (dendritische Zellen eingeschlossen) beim Zentrifugieren im Überstand, während dichtere Zellen auf den Boden des Röhrchens sanken. Die Immunzellen wurden nun abgesaugt und eine Stunde auf Glas gegeben. Dank der Tatsache, dass Zellen unterschiedlich »klebrig« sind, je nachdem, was für Proteine sie auf ihrer Zelloberfläche tragen, heften sich manche Zellen – darunter auch die dendritischen Zellen – während dieser Zeit an die Glasoberfläche, so dass sich andere Zellarten abspülen lassen. Über Nacht ließ die Zellhaftung wieder nach, worauf Steinman die Kultur mit roten Blutkörperchen reagieren ließ, um die herum sich Immunzellen zu Klumpen ballen, dendritische Zellen hingegen nicht. Es folgte eine zweite Zentrifugationsrunde, in der die roten Blutkörperchen mitsamt den anderen Immunzellen abgetrennt wurden, so dass die dendritischen Zellen übrig blieben.

Die Tatsache, dass das Verfahren so schwierig war und einiges an Know-how erforderlich machte – man kann schließlich auch nicht ohne weiteres Radfahren, nur weil man gelesen hat, wie es geht –, erwies sich für Steinman auf lange Sicht vermutlich als Vorteil: Sie bedeutete, dass er die dendritischen Zellen für mindestens zehn Jahre ohne größere Konkurrenz mehr oder weniger für sich hatte.[22] Ein weiterer Grund aber, warum Wissenschaftler sich nicht gerade darum rissen, dendritische Zellen zu untersuchen, ist, dass viele von ihnen nicht glaubten, dass es sich wirklich um eine neue Zellart handelte. Die meisten Forscher dachten, Steinman habe einen Zelltyp isoliert, der bereits entdeckt war, und zwar im Jahr 1882 von dem ukrainischen Zoologen Ilya (oder Elie) Metchnikoff – eine Entdeckung, die diesem 1908 den Nobelpreis eingebracht hatte.[23]

Der launische, aber weithin als kreativer Geist geachtete Metchnikoff war der Ansicht, dass »Krankheit nicht dem Menschen allein vorbehalten« sei – auch Tiere werden krank – und es daher aufschlussreich sei zu beobachten, was bei Tieren passiert, wenn sie einer Gefahr begegnen.[24] Neben vielen anderen Arten untersuchte er Seesternlarven, die – in diesem Zusammenhang sehr wichtig – transparent genug sind, um sie lebend unter dem Mikroskop beobachten zu können. In einem Privatlabor auf Sizilien beobachtete er, was in den Larven vor sich ging, wenn man sie mit einem spitzen Gegenstand perforierte. (Die Legende will es, dass er sie mit einem Rosendorn pikte.) Was Metchnikoff dabei sah, eröffnete einen völlig neuen Blick auf das, was eine Immunantwort ausmacht: Er beobachtete, dass einige der Larvenzellen sich zur Verletzungsstelle hin *bewegten*.

Vielleicht weil er kurz zuvor in einem Pathologiekurs gelernt hatte, dass man in weißen Blutkörperchen manchmal Erreger findet, verfiel Metchnikoff auf die Idee, die Zellen könnten sich eigens zu dem Zweck an die Verletzungsstelle begeben, potentiell in die Wunde eindringende krankheitserregende Mikroben zu »verschlingen«.[25] »Mir kam der Gedanke«, sagte Metchnikoff einer

Autobiographie zufolge, die nach seinem Tod von seiner Frau herausgegeben wurde, »dass möglicherweise ähnliche Zellen dazu dienen könnten, den Organismus vor Eindringlingen zu schützen ... ich war so aufgeregt, dass ich anfing, im Zimmer auf und ab zu tigern, und sogar hinunter an den Strand ging, um mich zu sammeln.«[26] Statt Krankheit allein aus dem Blickwinkel des betroffenen Organismus zu betrachten, realisierte Metchnikoff, dass Krankheit, oder zumindest manche Arten von Krankheit, einen Kampf zwischen zwei Spezies darstellt – einen Kampf, wie er es ausdrückte, zwischen »Mikroben von außen und den beweglichen Zellen des Organismus selbst«.[27] Mit anderen Worten: Er hatte herausgefunden, dass es Zellen gibt, die die spezielle Aufgabe haben, einen Organismus vor Krankheiten zu schützen: die Immunzellen. Am 23. August 1883 verkündete er öffentlich, dass »Tiere Bakterien entwaffnen, indem sie sie verschlingen und verdauen«.[28] In Zusammenarbeit mit Kollegen nannte er die Zellen, die er entdeckt hatte, *Phagozyten* und ihre Aufgabe – die Verdauung schädlicher Bakterien – *Phagozytose*, hergeleitet aus dem Griechischen, wo das Wort etwa den Vorgang des »Zellenfressens« beschreiben würde.[29] Die Zellart, die das Auffressen von Bakterien besonders gut beherrschte, wurde *Makrophage* genannt, was so viel heißt wie »Riesenfresszelle«.

Tatsächlich hatten andere Wissenschaftler diesen Prozess ein paar Jahre früher bereits beschrieben, aber ihre Arbeit war auf der großen Bühne der Immunologie mehr oder weniger ignoriert worden.[30] Metchnikoff aber befasste sich bis ins kleinste Detail mit der Idee, dass Immunzellen Krankheitserreger buchstäblich verschlingen können. Er verglich Zellen aus verschiedenen Organen unterschiedlicher Arten bei mehreren Temperaturen mit Hilfe verschiedener Färbungen und schaute, was bei einzelnen Bakterienarten passiert. Er untersuchte sogar die Wirkung von Narkotika. Und bescheiden, wie er war, gestand er sich ein, dass er nicht der Erste war, der diesen Prozess beobachtet hatte. Herausragende Bedeutung kommt seiner Arbeit vor allem deshalb zu, weil er, als er seine

Seesternlarven mit einem Stachel pikte, nicht nur kurz ein paar Immunzellen registrierte, sondern im Anschluss an die Beobachtung der Reaktion ausführlich darüber nachgedacht hatte, was da möglicherweise vor sich geht, und die Ausdauer aufbrachte, zu versuchen das Ganze zu verstehen.

Auch Steinman hatte die dendritischen Zellen nicht beim ersten Anblick unter dem Mikroskop als solche identifiziert. Diese Beobachtung war nur der Anfang – und es wäre stark untertrieben zu sagen, dass andere Wissenschaftler Steinmans Überlegungen zu Anfang ein wenig skeptisch gegenüberstanden.[31] Einer von Steinmans Studenten hat die Reaktion auf seine Ausführungen über dendritische Zellen bei einer internationalen Tagung schlicht als »beleidigend« in Erinnerung.[32] Die meisten Wissenschaftler dachten, die Zellen, die er isoliert hatte, seien Makrophagen, weil man von diesen auch wusste, dass sie sich an Glas heften, und weil sie sehr viel zahlreicher waren als die dendritischen Zellen. Um die wissenschaftliche Welt zu überzeugen, musste Steinman nicht nur Beweise vorlegen, sondern auch viel reisen. Das Fliegen wurde in jenen Tagen allmählich billiger, und das hatte zur Folge, dass Wissenschaftler nicht mehr allein auf die Veröffentlichung der eigenen Befunde bauen konnten. Es wurde zunehmend wichtiger, persönlich auf Tagungen zu erscheinen, wenn man seinen Ideen Gehör verschaffen und sie diskutiert sehen wollte. Infolgedessen wurden die Familienferien der Steinmans sehr häufig um die einschlägigen Immunologen-Konferenzen herum organisiert.[33]

Von Steinmans Team Anfang der 1980er Jahre durchgeführte Experimente trugen entscheidend dazu bei, die wissenschaftliche Welt davon zu überzeugen, dass dendritische Zellen in der Tat etwas grundsätzlich Neues darstellten. Michael Nussenzweig, ein Student in Steinmans Labor, verglich die Reaktionsbereitschaft von T-Zellen in Gegenwart anderer Immunzellen und stellte fest, dass dendritische Zellen über ein einzigartiges Potential verfügten, die T-Zell-Reaktion in Gang zu setzen. Mit anderen Worten: Nussenzweigs Arbeit ließ stark vermuten, dass die dendritischen

Zellen jene geheimnisvollen akzessorischen Zellen waren.[34] Mit zunehmender Erfahrung und immer besser werdenden Werkzeugen ließen sich die einzelnen Arten von Immunzellen immer genauer untersuchen. Man entwickelte Reagenzien, mit denen dendritische Zellen in der Masse der anderen Immunzellen sichtbar gemacht werden konnten.[35] Steinman und seine Gruppe griffen diese auf und konnten mit ihrer Hilfe zu zeigen, dass dendritische Zellen in der Tat mindestens einhundertmal effizienter als Makrophagen und alle anderen Immunzellarten eine Immunreaktion anstoßen konnten.[36] Im Jahr 1982 entdeckte ein anderer Student in Steinmans Labor, Wesley van Voorhis, dass dendritische Zellen auch beim Menschen vorkamen – alle anderen Untersuchungen waren bisher an Mäusen erfolgt –, und zeigte, dass auch diese imstande waren, Immunreaktionen auszulösen.[37]

Doch auch wenn Steinmans Labor mit den Jahren die meisten Wissenschaftler davon überzeugte, dass er eine neue Zellart entdeckt hatte, so hatten ihn die Jahre des Bemühens doch keiner Antwort auf seine ursprüngliche Frage nähergebracht: Wie bringt der Körper es fertig, bei seiner Immunantwort die nötige Vorsicht walten zu lassen? Steinman hatte entdeckt, dass dendritische Zellen sehr effizient sind, wenn es darum geht, eine Immunreaktion in Gang zu setzen, aber er wusste weder warum noch wie, noch was das für das Wirken des Immunsystems als Ganzes bedeutete. Richtig verstehen ließ sich das Wirken dendritischer Zellen erst, als Steinman und seine Arbeitsgruppe herausfanden, dass deren Fähigkeit, eine Immunreaktion anzustoßen, nicht immer gleich war.

Einer von den Forschern, die viel zum Aufdecken dieses Umstands beigetragen haben, war ein Dermatologe namens Gerold Schuler, der 1984 zu Steinmans Team stieß.[38] Andere in der Arbeitsgruppe hatten festgestellt, dass aus der Haut isolierte dendritische Zellen weit weniger effizient beim Stimulieren einer Immunantwort waren als solche, die aus der Milz isoliert wurden, aber niemand konnte sich einen Reim darauf machen, warum das so war beziehungsweise was das für die Funktion von dendritischen Zellen für den Körper insgesamt hieß. Eine entscheidende Erkenntnis gelang Steinman mit der Beobachtung, dass dendritische Zellen, die frisch aus der Haut isoliert worden waren, zunächst in der Tat über ein sehr geringes Potential zur Auslösung einer Immunreaktion verfügten, nach zwei oder drei Tagen in Kultur jedoch sehr effizient wurden.[39] Folglich mussten dendritische Zellen in zwei Zuständen existieren: »angeschaltet« und »nicht angeschaltet«. Den Übergang in das »An«-Stadium nannte Steinman *Reifung*, womit die beiden Zustände von dendritischen Zellen zu *reif* und *unreif* wurden.

Wie der Name vermuten lässt, sind reife dendritische Zellen diejenigen, die »angeschaltet« wurden, um eine Immunreaktion anzustoßen. Unreife dendritische Zellen sind »noch nicht angeschaltet« in dem Sinne, dass ihre Fähigkeit, eine Immunreaktion auszulösen, zwar vorhanden, aber nur sehr gering ausgeprägt ist – es wurde aber auch klar, dass die unreifen Zellen alles andere als inaktiv sind. Sie tragen auf ihrer Oberfläche viele verschiedene Mustererkennungsrezeptoren – jene von Janeway postulierten Oberflächenmoleküle wie die Toll-like-Rezeptoren – und etliche andere Proteine, die ihnen eine Grundfähigkeit verleihen, das Vorhandensein von Bakterien, Viruspartikeln und Fragmenten abgestorbener Zellen in ihrer Umgebung wahrzunehmen und sich diese einzuverleiben. Mit anderen Worten: Unreife dendritische Zellen sind sehr gute Phagozytierer. Daraus ergab sich schließlich ein Bild von den beiden Zuständen dendritischer Zellen: Unreife dendritische Zellen patrouillieren im Körper, spüren fremde oder unerwünschte Substanzen auf und »schlucken« sie, während reife dendritische Zellen sehr effizient andere Immunzellen zu einer Reaktion bewegen können. Dennoch erklärte das Wissen darum, dass es zwei Stadien von dendritischen Zellen gibt, an sich noch nicht, was im Körper im Einzelnen vor sich geht. Bevor all das einen Sinn ergab, war noch eine weitere entscheidende Erkenntnis vonnöten.

Ende der 1980er, Anfang der 1990er Jahre war eine beachtliche Zahl von Forschern mit der Untersuchung dendritischer Zellen beschäftigt, und Steinman stand unangefochten an der Spitze dieser Gemeinschaft. In den 1990er Jahren nahm eine Reihe von Symposien zu diesem Thema ihren Lauf, die alle zwei Jahre alle maßgeblichen Personen zusammenbrachte.[40] Zu der Zeit, als diese Meetings begannen, waren in verschiedenen Labors Werkzeuge entwickelt worden, mit denen sich der Aufenthaltsort von dendritischen Zellen zeigen, und andere, mit denen sich feststellen ließ, ob diese reif oder unreif waren. Mit Hilfe dieser Verfahren fand man dendritische Zellen in verschiedenen Organen: in der Haut, in Lunge, Darm und Milz sowie in den Lymphknoten – jenen kleinen bohnenförmigen Strukturen am Hals, in Achselhöhle, Leiste und so weiter, in denen sich Immunzellen tummeln. (Wenn Sie eine Infektion durchmachen, können Sie sie leicht ertasten, denn sie schwellen dabei deutlich an.) Den entscheidenden Fingerzeig lieferte schließlich die Beobachtung, dass dendritische Zellen in Geweben wie Haut, Lunge und Darm in der Regel unreif sind, während jene in Milz oder Lymphknoten reif sind.

Aus alledem nahm ein Gesamtbild vom Treiben der dendritischen Zellen in unserem Körper Gestalt an: Unreife dendritische Zellen patrouillieren in fast all unseren Organen und Geweben, insbesondere aber an Orten, die wie Haut, Magen und Lungen irgendwie mit der Außenwelt in Kontakt stehen. Sie sind darauf spezialisiert, Erreger aufzuspüren, dazu bedienen sie sich der Vielzahl an Mustererkennungsrezeptoren, die sie auf der Oberfläche tragen. Wenn eine unreife dendritische Zelle auf einen Fremdorganismus stößt, verschlingt und zerstört sie ihn. Wenn sie das getan hat, wechselt sie in einen anderen Zustand: sie reift. Die reife dendritische Zelle begibt sich schnurstracks zum nächsten Lymphknoten oder der Milz, beides bis zum Rand gefüllte Immunzell-Depots. Dort im Lymphknoten werden anderen Immunzellen Fragmente des von der dendritischen Zelle phagozytierten Erregers präsentiert. Die für das Problem zuständige Art von Immunzellen verlässt nun den Lymphknoten und begibt sich stante pede an den Ort des Geschehens. All das passiert im Blut und in unserem Lymphsystem, einem fein verästelten Netz aus Gefäßen, die in der in ihnen befindlichen Flüssigkeit – der Lymphe – Immunzellen zu den Lymphknoten transportieren. Lymphe ist im Prinzip etwas Ähnliches wie Blut, nur fehlen ihr die roten Blutkörperchen. Dendritische Zellen gelangen über Lymphgefäße zu den Lymphknoten, T-Zellen hingegen begeben sich aus den Lymphknoten ins Blut und bewegen sich so zu den einzelnen Geweben.

Die Reaktion des Körpers auf eine Verletzung ist ganz offensichtlich erstaunlich komplex. Zuerst begeben sich bestimmte Immunzellen an die Verletzungsstelle, verursachen Hautrötung und Schwellung: das ist unsere angeborene Immunreaktion, die erste Verteidigungslinie, in der bestimmte Zellen auf das Problem aufmerksam werden, weil sie auf ihrer Oberfläche Rezeptoren tragen, die Moleküle von Viren, Bakterien, Pilzen oder beschädigten Zellen erkennen. Aber zeitgleich mit dieser unmittelbaren Reaktion nimmt eine komplexe Choreographie ihren Lauf, an der verschiedene Immunzellen beteiligt sind und eine andere Reaktionsebene einleiten, die genau auf die Beschaffenheit der eingedrungenen Erreger maßgeschneidert ist: Das ist unsere adaptive Immunantwort. Diese hochspezialisierte und lang anhaltende Immunantwort beginnt, sobald dendritische Zellen im Lymphknoten eintreffen und den T-Zellen dort Proben der Moleküle vorstellen, die zu den von ihnen phagozytierten Erregern gehören.

Die Sternform der dendritischen Zellen mit ihren vielen Fortsätzen erfüllt hierbei einen ganz speziellen Zweck: Sie ermöglicht es den Zellen, sich gleichzeitig mit einer Vielzahl an T-Zellen zu verknüpfen. Erinnern Sie sich, dass T-Zellen über Rezeptoren mit zufällig geformten Enden verfügen, die ihnen die Fähigkeit verleihen, an alle möglichen Arten von Molekülen anzudocken.[41] Die meisten T-Zellen werden keinen Rezeptor für irgendwas auf der Oberfläche von dendritischen Zellen haben. Aber einige wenige werden über den richtigen Rezeptor verfügen, um an ein Molekülfragment des phagozytierten Erregers anzudocken. Und diese

T-Zellen mit der richtigen Rezeptorform für den Erreger sind prädestiniert, eine passgenaue Immunreaktion in Gang zu setzen. Sobald eine T-Zelle auf eine dendritische Zelle trifft, die einen Erreger präsentiert, den sie erkennt, beginnt sich diese T-Zelle zu teilen.

Sie wird sich im Lymphknoten hundert- oder tausendfach vermehren. (Diese Zunahme der Zellzahl ist übrigens das, was Sie ertasten, wenn Ihnen die Lymphknoten am Hals bei einer Infektion anschwellen). Killer-T-Zellen – das ist wirklich ihr offizieller wissenschaftlicher Name, nicht nur ein Versuch meinerseits, der Geschichte ein bisschen mehr Pfeffer zu verleihen – begeben sich aus dem Lymphknoten zum Ort des Geschehens, um die geschädigten (etwa von einem Virus infizierten) Zellen abzutöten. Andere T-Zellen, die sogenannten »T-Helferzellen«, veranlassen weitere Immunzellen, tätig zu werden. Wir wissen, dass es verschiedene Arten von Helferzellen gibt. Die sogenannten Typ-I-Helferzellen (T_{H1}) verstärken dabei die oben beschriebene zelluläre Immunantwort und schütten Botenstoffe aus, die zum Beispiel Makrophagen dazu anregen, Erreger und andere Schadsubstanzen zu »verschlingen«, Typ-2-Helferzellen (T_{H2}) hingegen stimulieren die Produktion von Antikörpern (wie das geschieht und was das bedeutet, werden wir im Folgenden noch genauer erfahren).

Man weiß nicht hundertprozentig, wie es dazu kommt, dass die richtige T-Zell-Reaktion – T_{H1} oder T_{H2} (man kennt inzwischen noch weitere) – angestoßen wird. Hier ist unser Wissen noch im Werden.[42] Wichtig ist auf jeden Fall, dass es vom Reifungssignal abhängt, das die dendritischen Zellen erhalten, welche T-Zell-Art sie aktivieren. Parasitische Würmer stoßen bei dendritischen Zellen eine andere Art von Reifung an als Bakterien.[43,44] Das ist so, weil die verschiedenen Mustererkennungsrezeptoren des bunten Arsenals an dendritischen Zellen an unterschiedliche Erreger binden: Die einen heften sich an Bakterien, andere an Viren, wieder andere an Pilze, parasitische Würmer und so weiter. Die Mustererkennungsrezeptoren bedingen die Art und Weise, wie eine Zelle reift – beispielsweise das Repertoire an Proteinmolekülen, das die reife Zelle auf ihrer Oberfläche tragen wird –, und das wiederum löst eine spezifische T-Zell-Reaktion aus.

Kurz: Dendritische Zellen entdecken ein Problem und schalten die richtige Art von Immunreaktion an, um mit diesem Problem fertigzuwerden. Etwas näher am Fachjargon formuliert: Sie verknüpfen unsere angeborene Immunantwort – die Sofortreaktion des Körpers auf Krankheitserreger und andere Fremdsubstanzen – mit unserer adaptiven Immunantwort, die länger anhält, präziser auf das infizierende Agens zugeschnitten ist und neben T-Zellen auch B-Zellen erfordert. Andere Zellen im Körper, darunter auch Makrophagen, können das ebenfalls, jedoch nur dann, wenn der Körper erneut eine Immunreaktion gegen Keime anfachen muss, die ihm in der Vergangenheit bereits untergekommen sind. Dendritische Zellen sind von entscheidender Bedeutung für das Auslösen einer präzisen Immunantwort bei der allerersten Begegnung des Körpers mit einem bestimmten Erreger.[45] Sie sind unsere Alarmzellen.

Selbst wenn die Geschichte hier zu Ende wäre, gebührte den dendritischen Zellen und Steinmans Forschung jede Menge Aufmerksamkeit. Aber das ist nur der Anfang. Die Rolle, die dendritische Zellen für unseren Körper spielen, ist viel komplizierter, als diese ersten Experimente uns haben glauben machen.

⋆

»Meine Studenten gehen davon aus, dass, wenn sich respektable Autoren hinsetzen, um ein Buch zu schreiben, diese ziemlich genau wissen, was passieren wird, denn sie haben sich den Plot ja ausgedacht, und deshalb werden ihre Bücher so toll, ist ihre Selbstachtung so phantastisch, ihr Leben so leicht und freudenreich, ihr kindliches Vertrauen und Staunen so ungebrochen. Nun, ich kenne absolut niemanden, auf den diese Beschreibung passen würde. Alle, die ich kenne, schlagen wild mit den Flügeln, jammern herum und sind nahe am Verzweifeln, wenn sie versuchen, einen Plot und eine Struktur zu finden, die hinhaut.«[46]

Diese Beschreibung der Autorin Anne Lamott über den Prozess des Konstruierens einer Rahmenhandlung für einen Roman passt ziemlich genau auch auf Wissenschaftler und darauf, wie sie zu ihren Geschichten kommen.

Die Suche nach dem Higgs-Teilchen, die Sequenzierung des menschlichen Genoms oder die Entsendung eines Raumschiffs zum Mars erfordern ein ungeheures Maß an langfristiger Planung und Papierkram. Aber herauszufinden, was eine bestimmte Zellart tut, verlangt einen ziemlich anderen Ansatz. Diese Art von Pionierforschung ist keine »Plan-Wissenschaft«. Zumindest am Anfang gibt es keine klar formulierten Theorien, die zu bestätigen oder zu widerlegen sind, und es gibt keine internationalen Konsortien und keine multidisziplinären Teams zu koordinieren. Hier verdankt sich Fortschritt einigen wenigen Individuen, die ihrem Riecher folgen. Der kreative Prozess für Künstler und Wissenschaftler kann sich unter Umständen in vieler Hinsicht bemerkenswert ähneln. Genau wie Schriftsteller schlagen auch Wissenschaftler mit den Flügeln, jammern herum und sind nahe am Verzweifeln, wenn sie versuchen, einen Plot und eine Struktur zu finden, die hinhaut.

Steinman entdeckte die dendritischen Zellen, ohne eine übergeordnete Theorie im Hintergrund zu haben, die ihm den Weg gewiesen und ein paar Optionen geboten hätte, wie diese Zellen wohl eine Immunreaktion auslösen könnten; er hatte keinen Plot, der seine anschließenden Experimente gelenkt hätte. Man hatte ihm einen Ball gegeben, und er musste herausfinden, was überhaupt gespielt wird. Er und seine Mitstreiter mussten versuchen dahinterzukommen, was passiert, wenn dendritische Zellen mit diesen oder jenen anderen Zellen in unterschiedlichen Konstellationen zusammengebracht werden: Vermehren sie sich, sterben sie oder schütten sie dieses oder jenes Proteinmolekül aus? Macht es einen Unterschied, ob man sie eine Stunde oder über Nacht zusammenlässt? Verändern sie ihre Gestalt, werden sie abgestoßen oder angezogen, bewegen sie sich langsamer oder schneller, werden sie größer oder kleiner, entwickeln sie mehr oder weniger Fortsätze, schalten sie dieses oder jenes Gen an oder ab?

Zuerst ließen all diese Experimente Steinman und die anderen glauben, dass dendritische Zellen entscheidend dazu beitragen, eine maßgeschneiderte Immunantwort zu starten. Aber beim Austesten der vielen verschiedenen Bedingungen und Situationen zeichneten manche Experimente nach und nach das komplett entgegengesetzte Bild: dass nämlich die Anwesenheit von dendritischen Zellen eine Immunreaktion auch *stoppen* kann. Gerade als Steinman glaubte, er habe das Spiel begriffen, zeigte sich, dass er nur auf dem ersten Level den Durchblick hatte, und niemand wusste, wie viele Levels es noch geben würde. So viel wir auch wissen, es gibt immer so viel mehr, das wir nicht wissen.

Bei einem der Experimente, die den frühen Forschungsergebnissen so komplett zu widersprechen schienen, wurden dendritische Zellen mit körperfremden Proteinmolekülen und nicht mit ganzen Erregern konfrontiert. In dieser Situation würden wir erwarten, dass die dendritischen Zellen keine Immunreaktion auslösen, weil ja ihre Mustererkennungsrezeptoren keine Erregerstrukturen erkennen können, und so müssten die Zellen unreif bleiben. Und tatsächlich stießen die dendritischen Zellen unter diesen Bedingungen keine Reaktion bei anderen Immunzellen an, aber *etwas* geschah doch: Immunzellen, die mit diesen dendritischen Zellen in Kontakt traten, kam die Fähigkeit abhanden, später an einer Immunreaktion teilzuhaben – selbst dann, wenn tatsächlich intakte Erreger vorhanden waren. Mit anderen Worten: Diese dendritischen Zellen schufen bei den anderen Zellen einen Zustand der Apathie oder Toleranz und sorgten dafür, dass sie nicht mehr reagierten.

Was Steinman bei der Stange hielt, wenn die Dinge keinen rechten Sinn ergeben wollten – was alle Wissenschaftler bei der Stange hält –, war der feste Glaube daran, dass die Natur in sich schlüssig ist und es auf alles Antworten gibt. Wir geben nicht auf, wir hinterfragen die Details: Wenn wir zu verstehen versuchen, warum ein und dieselbe Zellart manchmal eine Reaktion anstößt, bei anderer Gelegenheit aber unterbindet, müssen wir zuerst ganz genau verstehen, über welchen Mechanismus dendritische Zellen mit anderen Immunzellen interagieren. Erinnern Sie sich, dass dendritische Zellen Erreger am Ort einer Infektion phagozytieren und dann zu den Lymphknoten wandern, um T-Zellen Proben der von diesen Erregern produzierten Moleküle zu präsentieren. Heute wissen wir, dass sie dies mit Hilfe von Proteinen tun, die von einer Handvoll extrem wichtiger Gene kodiert werden: den Genen für den sogenannten Haupthistokompatibilitätskomplex (engl. Major Histocompatibility Complex, MHC).[47] Die von diesem »Baukastensystem« kodierten Proteine befinden sich auf der Zelloberfläche von dendritischen Zellen. Sie schnappen sich aus dem Zellinneren der dendritischen Zelle kleine Fragmente von anderen Proteinen, unter anderem auch Molekülteile von Erregern, die diese Zelle phagozytiert hat, und stellen sie auf der Zelloberfläche zur Schau. T-Zellen inspizieren diese präsentierten Proteinfragmente und spüren auf, was sich bis dahin nicht im Körper befunden hat.

Ganz abgesehen davon sind diese Proteine auch deshalb etwas Besonderes, weil die Gene, die sie kodieren – und somit auch die Proteine selbst – sich von Mensch zu Mensch ein kleines bisschen unterscheiden. Im Großen und Ganzen verfügen wir alle über denselben Satz an Genen – 23 000 sind es, die das menschliche Genom ausmachen –, doch ungefähr 1 Prozent dieser Gene variiert von Mensch zu Mensch – beispielweise die Gene, die unsere Haar-, Augen- oder Hautfarbe bestimmen. Die Gene aber, die sich von einem Menschen zum anderen am *stärksten* unterscheiden, haben mit unserem Aussehen überhaupt nichts zu tun, sondern gehören zu unserem Immunsystem und spielen dort eine überaus wichtige Rolle. Varianten dieser Gene sorgen dafür, dass die Proteine auf der Oberfläche unserer dendritischen Zellen, die, wie oben beschrieben, Teile dessen zur Schau stellen, was sich momentan im Inneren dieser Zellen befindet, bei jedem von uns ein klein wenig anders aussehen. Das bedeutet, dass jeder Mensch über eine etwas andere Präsentationsform der Komponenten und Moleküle im Inneren unserer dendritischen Zellen verfügt. Und deshalb ergeht es jedem von uns mit ein und derselben Infektion ein wenig anders.

Es sollte bei alledem gesagt werden – finde ich jedenfalls –, dass niemand ein insgesamt besseres oder schlechteres Ensemble von Genen sein Eigen nennt. Die Variante beispielsweise, die mit einer überdurchschnittlichen Immunreaktion auf eine Infektion mit HIV korreliert, korreliert auch mit einer erhöhten Anfälligkeit für andere Krankheiten, beispielsweise für Autoimmunerkrankungen. Das System kennt keine Hierarchie. Genetische Vielfalt quer durch unsere Spezies ist ausschlaggebend für unsere Fähigkeit, mit allen möglichen potentiellen Infektionen zurechtzukommen – was für mich ein wichtiger und elementarer Grund ist, menschliche Vielfalt zu feiern.[48]

Dass wir das Geheimnis lüften konnten, weshalb dendritische Zellen eine Reaktion sowohl anstoßen als auch verhindern können, verdankt sich folgender Beobachtung: Wenn eine T-Zelle an etwas andockt, das in Ihrem Körper vorher nicht vorhanden war und nun in einem Winkel des Haupthistokompatibilitätskomplexes präsentiert wird, reicht das allein nicht aus, um eine Immunreaktion auszulösen. Die T-Zelle braucht mehr Beweise, die belegen, dass eine Immunreaktion angebracht ist. Im Prinzip braucht jede T-Zelle zwei Hinweise darauf, dass es ein Problem gibt. Das erste Signal ist die Bindung eines körperfremden Stücks Protein, das ihr von dendritischen oder ähnlichen Zellen sozusagen auf dem Präsentierteller »serviert« wird. Das zweite Signal wird von sogenannten *costimulatorischen Molekülen*[49] geliefert. Dabei handelt es sich um Proteine aus dem Zellinneren, die auf die Oberfläche verfrachtet werden, sobald der Mustererkennungsrezeptor der dendritischen Zellen an etwas gebunden hat (und die dendritische Zelle vom unreifen in den reifen Zustand gewechselt ist). Das hat zur Folge, dass diese Moleküle nur auf der Oberfläche von solchen dendritischen Zellen in großer Zahl vorhanden sind, die Kontakt mit einem Erreger gehabt haben,[50] sie bilden mithin einen molekularen Marker, der den Erregerkontakt anzeigt.[51]

Mit anderen Worten: Die dendritische Zelle setzt ihre Mustererkennungsrezeptoren ein, um Erreger oder andere Anzeichen für Probleme – Fragmente infizierter abgestorbener Zellen zum Beispiel – aufzuspüren, dann reift sie (legt sozusagen einen Schalter um) und präsentiert den T-Zellen Proben dieses Erregers. T-Zellen mit einem passend geformten Rezeptor auf der Oberfläche, der mit dem von der dendritischen Zelle präsentierten Etwas korrespondiert, brauchen nun ein costimulatorisches zweites Protein auf derselben dendritischen Zelle als Signal dafür, dass es sich hier wirklich um einen Erreger handelt und eine Immunreaktion vonnöten ist. Heftet sich eine T-Zelle an etwas von einer dendritischen Zelle Präsentiertes an und findet keinen Kontakt zu costimulatorischen Proteinen, weiß sie, dass sie auf etwas reagiert, das *nicht von einem Erreger* stammt. Vielleicht handelt es sich um ein Molekül, das aus irgendeinem anderen Grund in der Vergangenheit im Körper nicht aufgetaucht ist – ein neues Lebensmittel vielleicht oder ein neues Protein, das nur während der Schwangerschaft oder der Pubertät produziert wird. In dieser Situation bricht die T-Zelle die Reaktion nicht einfach nur ab, sondern sie wird zu einer *toleranten* T-Zelle. Eine solche tolerante T-Zelle ist hinfort nicht mehr imstande, eine Immunreaktion vom Zaun zu brechen – auch nicht zu einem späteren Zeitpunkt. Auf diese Weise haben dendritische Zellen die Macht, T-Zellen *abzuschalten*, die andernfalls gesunde Zellen oder Gewebe angreifen würden.

Wissenschaftler, die sich mit dem Immunsystem befassen, nehmen gerne für sich in Anspruch, dass das Fragment, an dem sie gerade arbeiten, das allerwichtigste ist. In Wirklichkeit ist das System derart komplex und vielschichtig, dass man T-Zellen mit gleich guten Argumenten für besonders wichtig erklären kann wie B-Zellen, Makrophagen oder Mustererkennungsrezeptoren und dergleichen mehr. Nur dendritische Zellen nehmen in der Tat eine Sonderstellung im Immunsystem ein. Sie verfügen über die Fähigkeit, das Immunsystem *an-* und *abzuschalten* – können also sowohl unsere Immunantwort auf Krankheitserreger anwerfen als auch unser Immunsystem davon abhalten, gesunde Zellen und Gewebe zu attackieren. Mit der Entschlüsselung des Wirkens von dendritischen Zellen – einem Unterfangen, das von Steinman begonnen, später aber von Tausenden anderer Wissenschaftler fortgeführt wurde – war seine ursprüngliche Frage beantwortet, nun wusste man, wie der Körper es hinbekommt, eine Immunantwort mit der gebotenen Vorsicht einzuleiten: Er benötigt mehr als ein Signal, um solches zu tun.

*

Bei alledem trieb Steinman stets die Überzeugung an, dass seine Forschung letztlich dazu dienen werde, bessere Behandlungsmöglichkeiten für Krankheiten zu entwickeln.[52] Da dendritische Zellen absolut nötig sind, um beim ersten Aufspüren eines Erregers eine Immunreaktion anzustoßen, sind sie im Grunde so etwas wie das natürliche Adjuvans des Körpers. Wir verstehen auch heute noch nicht hundertprozentig, über welche Mechanismen Chemikalien wie Aluminiumsalze als Adjuvans wirken, aber die Wahrscheinlichkeit ist groß, dass sie auf dendritische Zellen wirken und sie vom unreifen ins reife Stadium wechseln lassen, als sei ein echter Erreger anwesend.[53] Sicherlich, dachte Steinman, sollten wir daher in der Lage sein, dendritische Zellen einzusetzen, um neue Arten von Impfstoffen gegen HIV, Tuberkulose oder Krebs zu gewinnen.

Die japanische Forscherin Kayo Inaba führte 1990 in Steinmans Labor ein Experiment durch, das zeigte, dass ein Impfstoff, der sich auf dendritische Zellen gründet, in der Tat funktionieren könnte. Zu jener Zeit war das Gebiet zweifellos männlich dominiert, es gab, um es mit Inabas Worten zu sagen, »in der ganzen Immunologie keine Frauen«, und das machte ihr Angst.[54] (In Wirklichkeit arbeiteten seinerzeit doch Frauen auf dem Gebiet, aber es waren nicht sehr viele.) Das Experiment, das sie damals unternahm, wird heute gemeinhin als bahnbrechend erachtet.[55] Als Erstes isolierte sie dendritische Zellen aus Mäusen und nahm sie in Kultur. Anschließend konfrontierte sie diese Zellen mit einem Extrakt aus Tumorzellen beziehungsweise mit Proteinen, die natürlicherweise nicht in Mäusen vorkommen. Die solchermaßen in fremden Molekülen »gebadeten« dendritischen Zellen wurden dann zurück in Tiere injiziert. Mäuse, die diese Zellen erhielten, waren in der Lage, eine Immunreaktion gegen genau die Moleküle in Gang zu setzen, denen die dendritischen Zellen ausgesetzt gewesen waren.[56] Mit anderen Worten, sie hatte herausgefunden, dass dendritische Zellen sich außerhalb des Körpers anschalten lassen und dann in den Körper zurückgegeben werden können, um das Immunsystem aufzurüsten. Das war eine neue Art, eine Immunreaktion in Gang zu setzen, und möglicherweise eine neue Art von Impfstoff. Im Jahr 1992 ging Inaba zurück nach Japan, wo sie weitere neue Wege beschritt: Sie wurde die erste Assistenzprofessor*in* an der naturwissenschaftlichen Fakultät der Universität Kyoto, und während ich dies schreibe, ist sie stellvertretende Rektorin der Universität und setzt sich für die Gleichstellung der Geschlechter ein.[57]

Das Ziel eines Impfstoffs auf der Grundlage dendritischer Zellen besteht somit darin, mit Hilfe dieser Zellen die körpereigene Verteidigung gegen ein Virus wie etwa HIV, gegen Tuberkelbakterien oder auch Krebszellen zu mobilisieren. Inabas Experimente zeigten, wie so etwas in Mäusen funktioniert. Und, so frotzeln Immunologen gerne, das ist eine prima Nachricht für die Mäuse. Solche Verfahren an Menschen zu testen ist nämlich in der Regel eine bei weitem komplexere Angelegenheit. Im Falle eines Krebspatienten beispielsweise müssten aus einer Blutprobe dendritische Zellen gewonnen und dann in Kultur mit Proteinmolekülen in Kontakt gebracht werden, die von den Tumorzellen der betreffenden Person stammen. Ein Adjuvans (Bestandteile von Bakterien zum Beispiel) müsste der Kultur beigefügt werden, um die Reifung der dendritischen Zellen anzustoßen, auf dass diese in die Lage versetzt werden, andere Immunzellen zu aktivieren. Die reifen dendritischen

Zellen – vollgepackt mit Molekülen aus den Krebszellen des Patienten – müssten dann dem Patienten wieder zurückinjiziert werden. Wenn alles nach Plan liefe, würden die dendritischen Zellen die Lymphknoten ansteuern und den T-Zellen dort Fragmente der im eigenen Körper gewachsenen Tumorzellen präsentieren. Auf diese Weise würden geeignete T-Zellen – solche, die imstande sind, den Tumor zu erkennen – angeschaltet, und die Immunreaktion gegen den Tumor nähme ihren Lauf.[58]

Derlei theoretische Überlegungen zu einer medizinischen Therapie von solcher Komplexität werden in aller Regel Schritt für Schritt in die Praxis umgesetzt und überprüft. Auf Untersuchungen an Zellen in Kulturschälchen folgen vorsichtige kleine Studien an Labortieren, dann umfangreichere an anderen Tieren – jeder einzelne Schritt sorgsam geplant und protokolliert –, und schließlich wird das Konzept in einer klinischen Studie überprüft. Doch im März 2007 hatte Steinman plötzlich keine Zeit mehr für all das. Ein Tumor in fortgeschrittenem Stadium – eine Zellmasse von der Größe einer Kiwi – war in seiner Bauchspeicheldrüse entdeckt worden. Man sagte ihm, er habe nur noch wenige Monate zu leben. Als er seinen Kindern die Nachricht eröffnete, sagte er nur: »Googelt es nicht.«[59]

Es ist eine Situation, vor der sich jeder von uns fürchtet, die wir aber dennoch alle hin und wieder in Gedanken durchspielen: Was würden Sie machen, wenn man Ihnen mitteilte, dass Sie nur noch kurze Zeit zu leben hätten? Manche von uns würden ihre Arbeitsstelle kündigen und dann losziehen und sich anschauen, was immer sie von der Welt noch nicht gesehen haben, aber immer schon sehen wollten. Aber Steinman war nicht der Typ, der seine Pläne ändert. Er führte seine wissenschaftliche Mission weiter – mit nur einem Unterschied: Er begann ab jetzt an sich selbst zu experimentieren.

Als er sich daranmachte, seine eigene Krebserkrankung mit Hilfe dendritischer Zellen zu heilen, hoffte Steinman, dass sein Lebenswerk sein Leben würde retten können. Er war keineswegs mutterseelenallein bei seinem neuen Projekt: Freunde und Kollegen aus aller Welt kamen zusammen, um Möglichkeiten auszutüfteln, wie sich Steinmans Tumor angehen ließe. Es würde ein riesiges Einpersonenexperiment werden: ein überlebensgroßer Versuch, ein Leben zu retten, geboren aus Liebe zu und Achtung vor Steinman und seinen Leistungen. Alle Ideen lagen auf dem Tisch.

Nun war es nicht so, dass Steinman sich damit auf zwielichtige Experimente in Hinterzimmern eingelassen hätte, bei denen ihm irgendein blubberndes Gebräu injiziert wurde. Das Ganze erfolgte strikt nach den geltenden Regularien und bedeutete für alle Beteiligten Unmengen an Papierkrieg. Aber bei dem Versuch, Steinmans Leben zu retten, wurden sämtliche Risiken und Gefahren neu unter die Lupe genommen. Normalerweise wird von Wissenschaftlern, die mit menschlichem Blut arbeiten, verlangt, nie das eigene Blut zu verwenden.[60] Für Steinman wurden bei der amerikanischen Lebensmittel- und Arzneimittelzulassungsbehörde FDA (Food and Drug Administration) spezielle Protokolle für die Anwendung eines nicht zugelassenen Arzneimittels beantragt. Die Entscheidenden waren kooperativ, und Dinge, die zu regeln ansonsten Monate gedauert hätte, wurden nicht selten binnen Tagen erledigt.[61]

Steinmans erster Doktorand Michael Nussenzweig war zu jener Zeit Professor an der Rockefeller University in New York. Er nahm einen Teil des Steinman bei der Operation entnommenen Tumorgewebes und ließ es zur weiteren Analyse in Mäusen weiterwachsen. Unterdessen hatte Ira Mellman, stellvertretender Leiter der onkologischen Forschung der Firma Genentech und einst Postdoc bei Steinman, seine Arbeitsgruppe Zellen aus Steinmans Tumor in Kultur nehmen lassen und dann verschiedene Medikamente daran getestet, die bereits vorhanden, aber noch nicht in klinischen Studien erprobt worden waren.[62] In Toronto analysierte ein weiterer von Steinmans Freunden, welche Mutationen seinen Tumor zu verantworten hatten. In Tübingen extrahierte wieder ein anderer Kollege aus dem Tumorgewebe Proteinmoleküle, um daraus experimentelle Impfstoffe herzustellen.[63] Eine der beteiligten Wissenschaftlerinnen kannte Steinman von ihren Sommerpraktika während der Highschool, bei denen sie in seinem Labor erste Arbeitserfahrungen gesammelt hatte.[64] Mellman erinnert sich an ein Treffen mit Steinman in dessen Büro, bei dem sie gemeinsam überlegten, was sie probieren wollten und was nicht: »Es war eine komplett normale wissenschaftliche Diskussion, nur dass wir über seinen Tumor redeten.«[65]

Insgesamt probierte Steinman acht verschiedene experimentelle Therapien, darunter drei Impfstoffe, die auf dendritischen Zellen basierten. Bei zwei dieser Seren waren dendritische Zellen von ihm isoliert und mit unterschiedlichen Arten von Tumormolekülen konfrontiert worden. Im einen Fall ließ man DNA aus seinen Tumorzellen auf sie einwirken. Bei dem anderen Ansatz verwendete man Tumorzell-Proteine. In beiden Fällen wurden die Zellen Steinman dann wieder in die Blutbahn injiziert – viele Male im Verlauf mehrerer Monate –, in der Hoffnung, sie möchten imstande sein, eine Immunreaktion gegen sein Pankreaskarzinom in Gang zu setzen.

Ein drittes Vakzin hatte einen anderen Wirkmechanismus. Hierfür hatte man Tumorzellen von Steinman isoliert und genetisch so modifiziert, dass sie ein Proteinmolekül (mit dem etwas unhandlichen Namen Granulozyten-Monozyten-Kolonie-stimulierender Faktor) ausschütteten, das dendritische Zellen und andere Immunzellen aktiviert und stimuliert. Die genetisch veränderten Tumorzellen wurden dann einer hohen Strahlendosis ausgesetzt, die verhindern sollte, dass sie sich wie ein aktiver Tumor vermehrten. Anschließend wurden sie Steinman wieder in die Blutbahn injiziert. Wieder stand hinter diesem Vorgehen die Hoffnung, dass die bestrahlten Tumorzellen die Aufmerksamkeit der dendritischen Zellen in Steinmans Körper erregen, von diesen aufgenommen und dann in einem Lymphknoten T-Zellen präsentiert würden, womit das Immunsystem wüsste, was es anzugreifen hätte.

Daneben versuchte Steinman es mit konventionelleren Therapien, die sich seinerzeit im Zustand der klinischen Erprobung befanden, dies meist in Kombination mit Vakzinen, die auf dendritischen Zellen basierten. Es gab eine Kombination von verschiedenen Therapien, die ihm besonders vielversprechend erschien, aber aufgrund der fehlenden Erlaubnis durch die FDA nie getestet wurde. Trotz dieses Rückschlags verlor Steinman nie die Zuversicht, dass er am Ende geheilt würde.[66] Bis buchstäblich zum letzten Tag engagierte er sich mit Haut und Haaren für seine Forschung und versuchte Wege zu finden, dendritische Zellen gegen Tumoren einzusetzen. Nur halb im Scherz äußerte er das Ziel, einen Artikel im *New England Journal of Medicine* zu veröffentlichen: »Mein Tumor, und wie ich ihn kleinbekam.«[67] Doch am 25. September 2011 wurde er nach einem Abendessen mit seiner Frau, seinen Kindern und drei seiner Enkel zum letzten Mal ins Krankenhaus eingewiesen.

Es ist unmöglich zu sagen, ob die Experimente sein Leben verlängert haben, die Fallgeschichte eines Einzelnen hat keinerlei statistische Aussagekraft. Aber Steinman hielt stets eisern an seiner Überzeugung fest, dass sie wirkten. Seine ursprüngliche Prognose hatte ihm Wochen bis wenige Monate gegeben, die Chance, ein Jahr zu überleben, wurde auf unter 5 Prozent geschätzt.[68] Am Ende überlebte er viereinhalb Jahre bis zum 30. September 2011, er starb mit 68 Jahren. Aller Wahrscheinlichkeit nach war Steinmans Krebserkrankung bereits so weit fortgeschritten, dass die Tumorzellen vermutlich längst Wege gefunden hatten, sich einem Angriff zu entziehen, selbst wenn die experimentellen Therapien das Immunsystem auf Touren gebracht haben sollten. »Es war ein Laborexperiment, das eine Weile erfolgreich war, wie wir glauben, aber wir können leider nicht zurück und es wiederholen, daher werden wir es nie sicher wissen«, sagte Mellman.[69]

Drei Tage nach seinem Tod stand Steinmans Frau Claudia im Morgengrauen auf, um sich ein Glas Wasser zu holen, und sah das Blackberry ihres Mannes, das in einer Schale neben seinen

Schlüsseln lag, blinken. Es war seit Tagen von niemandem in die Hand genommen worden, Claudia las die Nachricht von 5.23 Uhr am selben Morgen: »Sehr geehrter Dr. Steinman, ich habe eine gute Nachricht für sie ...« Sie rief zu ihrer noch schlafenden Tochter im oberen Stockwerk hinauf: »Dad hat den Nobelpreis!«[70] Rückblickend erinnert sich Claudia Steinman daran, wie es war, dass ihr Mann »nicht da war, um sich mit zu freuen ... [es hatte etwas] Bittersüßes«.[71] Als der Preis vergeben wurde, wusste kaum jemand, dass Steinman gestorben war. Ein Bekannter – und es muss viele mehr gegeben haben – war im Nachhinein peinlich berührt, weil er per E-Mail gratuliert hatte.[72] Und in der Tat hätte das Nobelkomitee ihm den Preis nicht verleihen dürfen, wenn es von seinem Tod gewusst hätte. Wie die Dinge lagen, erfuhren sie von seinem Tod eine Stunde nachdem sie den Preisträger verkündet hatten. Das Komitee kam zusammen, um zu entscheiden, was zu tun sei. Wenn sie beschlössen, Steinman den Preis doch nicht zu geben, wäre sein Anteil am Preisgeld – fast eine halbe Million Pfund – vermutlich den beiden Mitpreisträgern Beutler und Hoffmann zuerkannt worden. Am Ende entschied man, dass der Preis unter diesen außergewöhnlichen Umständen wie geplant verliehen werde. Im selben Jahr, in dem Janeway der Preis posthum verweigert wurde, bekam Steinman ihn posthum zuerkannt.

Steinman ist der einzige Mensch in der Geschichte des Nobelpreises, der ihn verliehen bekam, ohne je davon erfahren zu haben. Er hätte ihn früher bekommen können und – die meisten Wissenschaftler würden einmütig beipflichten – sollen. Mit seinem Blick ins Kaninchenloch hat Steinman uns ein wahres Wunderland eröffnet – eine Welt voller merkwürdiger Gestalten von seltsamer Form, die in einem hochkomplexen System miteinander wechselwirken, in dem viele Zellarten Informationen austauschen, um ihre Aktivitäten im Interesse der Abwehr von Krankheiten zu koordinieren. Wie Mellman es formuliert: »Hier war jemand, der mit eigenen Händen ein ganzes Forschungsgebiet begonnen hat und auch dann noch dabeiblieb, wenn wir anderen längst aufgegeben hätten, um unsere Karriere nicht zu ruinieren.«[73]

Am Ende seines Lebens wurde Steinman von der großen Forschergemeinde, die sich mit dendritischen Zellen befasste, allgemein gefeiert. Wie bei einem Baum, den man seiner Früchte wegen kennt, wird sein Name auf alle Zeit mit dendritischen Zellen in Zusammenhang gebracht werden. Dennoch starb er, wie alle Wissenschaftler, mit einigen unerfüllten Ambitionen. Die ganze Zeit über war er von dem Wunsch beseelt, seine Forschung möge medizinische Hilfe bringen. Was das betraf, hatte er nur einen Teilerfolg zu verzeichnen. Ein Vakzin, das mit Hilfe von dendritischen Zellen hergestellt wird, verlängert das Leben von Patienten mit Prostatakrebs um etwa vier Monate und wurde von der FDA für die Vereinigten Staaten zugelassen.[74] Bisher aber sind solche Vakzine zur Tumorbekämpfung noch nicht routinemäßig im Einsatz. Klinische Studien mit anderen Vakzinen auf der Basis dendritischer Zellen laufen gegenwärtig, so dass damit zu rechnen ist, dass diese Art der Behandlung irgendwann weitere Verbreitung finden wird, noch gibt es allerdings einige Schwierigkeiten zu überwinden.

Einer der Gründe dafür, dass die Impfung mit dendritischen Zellen bisher nicht effizienter verläuft, ist der Umstand, dass Tumoren im Laufe ihrer Evolution zum Teil Wege gefunden haben, das Immunsystem zu überlisten. Manche schütten beispielsweise eigene Proteinmoleküle aus, die dendritische Zellen daran hindern, auf ihrer Zelloberfläche costimulatorische Proteine zur Schau zu stellen. Dendritische Zellen, die auf diese Weise gehandicapt sind, wären nicht nur unfähig zu helfen, sondern unterbänden aktiv die Immunabwehr des Körpers – ließen T-Zellen gegenüber den Tumorzellen tolerant werden – und machten die Dinge dadurch möglicherweise für den Patienten schlimmer statt besser.

Ein weiteres Problem ist, dass dendritische Zellen, die außerhalb des Körpers »angeschaltet«, das heißt dazu gerüstet wurden, eine Immunreaktion anzustoßen, beim Wiedereinführen meist die

Fähigkeit verloren haben, im Körper zu wandern. Wenn man sie dem Patienten wieder injiziert, machen sie sich nur noch selten auf den Weg zum nächsten Lymphknoten, wohin sie ja müssen, um auf T-Zellen zu treffen und eine Immunreaktion anzustoßen.[75]

Eine dritte Schwierigkeit bei einer Immunisierung mit dendritischen Zellen ist, dass es, wie jüngste Erkenntnisse gezeigt haben, viele Arten von dendritischen Zellen gibt. Die dendritischen Zellen in der Haut beispielsweise unterscheiden sich von denen im Darm, die sich wiederum von solchen unterscheiden, die man im Blut findet, und selbst in den einzelnen Organen gibt es viele verschiedene Varianten. In gewissem Maße lässt dies das Immunsystem einem Ökosystem ähneln: Zellen an unterschiedlichen Habitaten weisen viele Ähnlichkeiten auf, weichen jedoch in vielem auch voneinander ab und können sich anpassen, wenn sie umsiedeln. Die unterschiedlichen Arten von dendritischen Zellen zu untersuchen und verstehen zu lernen ist gegenwärtig eines der spannendsten Pionierfelder der medizinischen Forschung. Ja, es ist möglich, dass Steinmans ursprüngliches Ziel, die Top-Zelle – die akzessorische Zelle – zum Anstoßen einer Immunantwort zu finden, noch gar nicht erreicht ist. Vielleicht gibt es eine Unterart von dendritischen Zellen, die im Rahmen eines Vakzins Immunreaktionen besonders effizient auslösen können.[76]

Steinmans Geschenk an die Menschheit bestand demnach weniger in einem neuen Arzneimittel, sondern vielmehr in einem neuen Verständnis vom menschlichen Körper. Jahrhunderte hindurch haben wir gewusst, dass Blut als dynamisches System im Körper zirkuliert und Sauerstoff und Nährstoffe verteilt. Steinman und die vielen Tausend Wissenschaftler rund um die Welt, die es ihm schließlich gleichtaten und an dendritischen Zellen arbeiteten, deckten die Details eines weiteren großartigen dynamischen Systems in unserem Körper auf: Verschiedene Arten von Immunzellen pendeln zwischen unseren Organen und Geweben, wandern in Lymphknoten hinein und wieder heraus, um uns und unser Leben unablässig zu verteidigen.

Jenseits aller Versuche zur Immunisierung mit Hilfe von dendritischen Zellen ist Steinmans übergreifende Vision von neuen Arzneimitteln, die sich die Macht des Immunsystems zunutze machen, jedoch brandaktuell und absolut in Mode. Doch bevor sie wirklich alltagstauglich werden konnte, musste eine völlig neue Ebene der interzellulären Kommunikation aufgedeckt werden.

3 BEGRENZUNG UND KONTROLLE

Im Sommer 1956 trafen sich zwei Wissenschaftler in Mill Hill am Rande von London im National Institute of Medical Research, jenem siebenstöckigen Gebäude, in dem 1933[1] das Influenzavirus entdeckt worden war und das später für den Film *Batman Begins* zum fiktiven psychiatrischen Krankenhaus Arkham Asylum wurde. Der damals einunddreißigjährige Schweizer Jean Lindenmann war mehr oder weniger ein Neuling im Wissenschaftsbetrieb. Der britische Wissenschaftler Alick Isaacs war drei Jahre älter, hatte bereits drei Jahre unter dem Nobelpreisträger Macfarlane Burnet in Australien gearbeitet und internationale Anerkennung für seine Experimente mit Viren erworben.[2] Lindenmann hatte zunächst an der Universität Zürich Physik studiert, war aber in die Medizin gewechselt, nachdem der Einsatz der Atombombe seine Auffassung darüber, was er mit seinem Leben anstellen sollte, schlagartig verändert hatte.[3] Als Teenager hatte er an Tuberkulose gelitten und viele Jahre getrennt von seinen Eltern verbringen müssen. Vielleicht war das der Grund dafür, dass Lindenmann ein sehr stiller und scheuer Mensch geworden war. Isaacs hingegen war eher von der quirligen Sorte und machte sich gerne einen Spaß daraus, Opernmelodien zu pfeifen, die seine Kollegen erraten mussten.[4] Wissenschaftliche Diskussionen sind oft dann besonders ergiebig, wenn der eine vor Begeisterung sprudelt und der andere eher besonnen ist und Enthusiasmus in Pläne für Experimente zu kanalisieren vermag. In diesem speziellen Falle führten die gemeinsamen Anstrengungen dieser beiden von Herkunft und Temperament so unterschiedlichen Personen zu einem der größten wissenschaftlichen Durchbrüche des 20. Jahrhunderts.[5]

Bevor er Lindenmann kennenlernte, hatte Isaacs viele Jahre hindurch versucht, einem Rätsel im Zusammenhang mit Virusinfektionen auf die Spur zu kommen, das bereits seit langem im Raum stand.[6] Bereits im 19. Jahrhundert war Wissenschaftlern aufgefallen, dass Menschen nur relativ selten mit zwei verschiedenen Viren gleichzeitig infiziert werden. Schon Charles Darwins Großvater Erasmus Darwin hatte die Tatsache kommentiert, dass er noch nie einen Masernpatienten gesehen hatte, der gleichzeitig an Pocken erkrankt war.[7] Die Frage, warum das Vorhandensein eines Virus offenbar das Wachstum eines zweiten ausbremst, wurde erst ab 1937 systematisch untersucht. Damals wurde nachgewiesen, dass mit dem Erreger des Rifttalfiebers (einem Virus) infizierte Affen vor einer zweiten Infektion – in diesem Falle mit dem Gelbfiebervirus – geschützt waren.[8] Sogar bei Zellen in Kultur, die man mit zwei Viren konfrontierte, konnte man häufig beobachten, dass sich nur einer von beiden gut vermehrte.

So mysteriös das Ganze auch war, als vordringliches Thema galt es damals, als sich Isaacs und Lindenmann über den Weg liefen, in weiten Kreisen nicht. Das Topthema damals – vor allem am Institut in Mill Hill – war die Frage, wie Grippeviren sich zu einer Epidemie ausbreiten. Isaacs Arbeitsgruppe konzentrierte sich darauf – er hatte sein Lieblingsprojekt weitgehend eingeschränkt, um dafür Raum zu schaffen – und fand beispielsweise heraus, dass es bei der Grippe, die 1951 im Vereinigten Königreich wütete, zwei verschiedene Virusvarianten gab. Zusammen mit den Beobachtungen vieler anderer am Institut in Mill Hill aus jener Zeit ergab sich daraus eine echte Pionierleistung, denn noch heute geht die Art und Weise, wie wir die Entstehungsgeschichte und die weltweite Ausbreitung einer Grippeepidemie mit Hilfe von Computern vorherzusagen versuchen, auf diese Arbeiten zurück. Aus dem, was wir auf diese Weise prognostizieren, wählt die Weltgesundheitsorganisation dann die Virenstämme, aus denen der Grippeimpfstoff für das jeweilige Jahr hergestellt wird.

Zu verstehen, wie Epidemien sich ausbreiten, war selbstredend ein wichtiges Thema und ist es immer noch. Weit weniger klar wäre es gewesen, ob die Frage, warum ein Virus das Wachstum eines zweiten zu blockieren vermag, wert sei, untersucht zu werden. Zu entscheiden, welche Dinge wichtig genug sind, um ihnen auf den Grund zu gehen – was unter Umständen heißen kann, sich auf Jahre hinaus mit nichts anderem zu beschäftigen –, ist die größte Entscheidung, die ein Wissenschaftler zu fällen hat. Manchen sagt ihr Bauchgefühl, was lohnt und was nicht, viele aber grübeln über mögliche Ursachen für eine Beobachtung und fragen sich, ob sie bahnbrechend genug wären, wenn sie sich als richtig erwiesen. Angenommen, Ihr Computer stürzt ab: Harrt Ihrer eine wichtige Entdeckung, wenn Sie herausbekommen, warum? Vermutlich nicht, also ist es am besten, ihn aus- und wieder anzuschalten und keine Zeit damit zu verplempern, dass Sie sich fragen, was genau passiert ist.

Als Isaacs und Lindenmann einander kennenlernten, steckten Sie sehr bald mitten in einer Diskussion darüber, warum eine Art von Virus das Wachstum einer anderen zu blockieren vermag, weil Lindenmann in bis dahin unveröffentlichten Experimenten aus seiner Zeit in Zürich über dieses im Übrigen als Virusinterferenz bezeichnete Phänomen gestolpert war. Zu der Zeit, als er in London eintraf, finanziert für ein Jahr über ein Schweizer Stipendium, hatte Isaacs bereits herausbekommen, wie viel von einem Virus nötig war, um das Wachstum eines anderen zu hemmen, und gezeigt, dass ein Virus das Wachstum aller möglichen anderen Virusarten eindämmen konnte. Dem Kern des Rätsels aber – *wie* ein Virus ein anderes ausbremst – hatte er noch nicht beikommen können. Sie erörterten die möglichen Gründe. Eine Möglichkeit wäre gewesen, dass ein Proteinmolekül, das Viren bekanntermaßen benötigen, um in eine Zelle eindringen und sich dort vermehren zu können, aufgebraucht oder entfernt wird, sobald das erste Virus sich Zugang verschafft hat, womit einem zweiten Virus der Eintritt verwehrt bliebe. Eine andere mögliche Erklärung war, dass ein

Molekül, das ein Virus benötigt, um Kopien seiner selbst herstellen zu können, aufgezehrt wird, so dass ein zweites Virus zwar in die Zelle gelangen könnte, aber nicht imstande wäre, sich zu vermehren. Isaacs und Lindenmann ging auf, dass jede dieser beiden Möglichkeiten einer großen Entdeckung gleichkäme, wenn sie sich beweisen ließe, denn außer dass sie damit zeigen würden, wie Viren funktionierten, hätten sie auch einen Ansatzpunkt gefunden, der Viren verwundbar machte. Ihnen schien, als verdiene das Problem mehr Aufmerksamkeit, als ihm gegenwärtig zukam, und so begannen sie, nachdem sie das Thema ausführlich beim Tee diskutiert hatten, am 4. September 1956 mit ihren gemeinsamen Experimenten. Durch das, was sie schlussendlich entdeckten, sollten sich die Medizin und die persönlichen Lebenswege der beiden für immer verändern.

Bei ihren heute gefeierten Experimenten infizierten sie Eihautstückchen aus befruchteten Hühnereiern mit Influenzaviren. Dabei wurden die Eihäute jedoch nicht einfach mit dem Virus allein behandelt, sondern mit Viruspartikeln, die an roten Blutkörperchen hafteten.[9] Lindenmann und Isaacs wussten, dass das Virus an roten Blutkörperchen (die ungefähr 10 000-mal so groß sind wie ein Viruspartikel) hängen bleiben und dies das Virus nicht daran hindern würde, sein Erbgut in die Eihautzellen einzuschleusen (auf diese Weise sorgt ein Virus für seine Vermehrung: Es schleust sein Erbgut ins Zellinnere und lässt die Zelle jede Menge Kopien seiner selbst anfertigen). Nachdem das Virus sein Erbgut los war, blieb die Außenhülle an den Blutkörperchen hängen. Somit konnte man diese samt der Virushüllen von der Eihaut abspülen und untersuchen, ob die Hüllen noch immer die Fähigkeit hatten, eine Infektion zu hemmen, wenn man sie mit frischen Eihautstückchen zusammengab. Wenn dem so wäre, hätte man damit gezeigt, dass es irgendetwas an der Außenhülle des Virus ist, das die zweite Infektion ausbremst, und nicht das genetische Material des Virus. Das Experiment nahm einiges an Zeit in Anspruch – Membranen und Erythrozyten drehten in Teströhrchen Runde um Runde in den

Inkubatortrommeln –, und während des Wartens redete Isaacs gerne über Ideen für neue Experimente oder über Politik.

Sie stellten fest, dass rote Blutkörperchen, die mit Viruspartikeln beschichtet und dann von den Hühnereihäuten heruntergespült worden waren, noch immer eine zweite Virusinfektion verhindern konnten. Das schien auf den ersten Blick zu der Vorstellung zu passen, dass es irgendetwas in den Außenhüllen der Viren war, was die Zweitinfektion unterband. Das aber setzte voraus, dass wirklich, wie von beiden beabsichtigt und erhofft, die Außenhüllen der Viren noch an den roten Blutkörperchen hafteten. Um das zu überprüfen, schauten sie sich ihre Zellen im Elektronenmikroskop an (derselben Art von Mikroskop, die auch Steinman verwendet hatte, um ein genaueres Bild von dendritischen Zellen zu bekommen). Die Bilder waren unscharf, und sie konnten nicht mit letzter Sicherheit sagen, ob die leeren Virushüllen noch auf den roten Blutkörperchen hafteten oder nicht. Schlimmer noch, einige Bilder zeigten, dass manche Viren sich von den Blutzellen gelöst hatten – möglicherweise, als Viren und Zellen in den Kulturröhrchen bewegt worden waren. Das bereitete ihnen Kopfzerbrechen. Möglich schien auch, dass sich intakte Viruspartikel von den roten Blutzellen gelöst hatten und sie es waren, die die Zweitinfektion hemmten. In dem Falle hätte ihr Experiment absolut nichts Neues ergeben. Sie gingen ihrer Mutmaßung mit einem weiteren Experiment nach und stießen auf pures Gold, ja, im Grunde etwas viel Wertvolleres als Gold.

Um sich zunächst darüber klarzuwerden, ob im Kulturüberstand noch freie Viruspartikel vorhanden waren, entnahmen sie vorsichtig die Flüssigkeit aus ihren Kulturgefäßen und befreiten sie sowohl von den Hühnereihäuten als auch von den roten Blutkörperchen. Diese Flüssigkeit gaben sie nun zu frischen Hühnereihautzellen und stellten fest, dass sie – oder irgendetwas in ihr – eine Infektion der Zellen verhindern konnte. Als Lindenmann und Isaacs diese Flüssigkeit jedoch unter die Lupe nahmen, sahen sie, dass sie nur sehr, sehr wenig, wenn überhaupt losgelöste Viruspartikel enthielt – was bedeutete, dass sie nun gar keine Erklärung für das hatten, was da passierte.

Sie beschlossen die Experimente zu wiederholen, dieses Mal aber auf die roten Blutkörperchen zu verzichten, die das Ganze womöglich unnötig verkomplizierten. Auch dieses Mal stellten sie fest, dass die *Flüssigkeit* aus den Teströhrchen mit Viren und Eihautzellen imstande war, die Infektion von Zellen zu unterbinden. Irgendetwas in der Flüssigkeit – und zwar nur in der Flüssigkeit – bremste Virusinfektionen aus. Diese Beobachtung brachte sie auf den richtigen Weg zu einer wichtigen Entdeckung, aber damals fühlte es sich nicht nach einem spektakulären Moment der Erkenntnis an, denn sie wussten nicht, was sie damit anfangen sollten. Sie waren eher verwirrt.

Isaacs spekulierte, dass in der Flüssigkeit irgendetwas gebildet worden sein musste, das mit Viren interferiert, aber beide Wissenschaftler waren sich auch darüber im Klaren, dass durchaus auch etwas weit weniger Aufregendes passiert sein konnte. Wenn die Flüssigkeit zum Beispiel einen höheren Säuregehalt entwickelt hätte, könnte der vielleicht Viren ausbremsen? Oder würde es vielleicht, wenn die Nährstoffe vom ersten Virus aufgebraucht worden wären, eine weitere Infektion unmöglich machen? Bei dem ganzen Hin und Her um das weitere Vorgehen beschloss Lindenmann dem, was immer es war, das da aktiv mit der Zweitinfektion interferierte, den Namen *Interferon* zu geben, damit es sich anhörte wie eines der Elementarteilchen – Elektronen, Neutronen, Bosonen etc. –, aus denen das Universum besteht. Er fand, es sei an der Zeit, dass Biologen endlich auch ein Elementarteilchen bekamen, wo doch die Physiker schon so viele hatten. Am 6. November 1956, nur gut zwei Monate nachdem die beiden angefangen hatten zusammenzuarbeiten, überschrieb Isaacs einen neuen Abschnitt in seinem Protokollbuch: »Die Suche nach dem Interferon.«[10] Und die Arbeit fing richtig an.

Es spielte keine Rolle mehr, dass Isaacs der Erfahrenere von beiden war, in unkartiertem Gelände ist jeder ein Neuling. Wie zwei Detektive, die an einem Tatort eintreffen und noch nicht wissen, wonach sie eigentlich suchen, testeten sie ins Blaue, um irgendwelche Hinweise auf die Eigenschaften der Flüssigkeit zu bekommen. Sie stellten fest, dass Hitze die antiviralen Eigenschaften zerstörte, die Lagerung im Kühlschrank hingegen nicht. Das zeigte immerhin, dass der Säuregehalt der Flüssigkeit doch nicht so wichtig war – er hätte sich unter Hitzeeinwirkung nicht geändert –, der aktive Bestandteil aber irgendeine Art von hitzeempfindlichem Faktor sein musste. Sie probierten aus, ob Zentrifugieren etwas bewirkte. Das tat es nicht, was gegen die Möglichkeit sprach, dass irgendein großes Partikel in der Flüssigkeit für die Virusinterferenz verantwortlich war (denn alles Große hätte früher oder später auf dem Boden des Zentrifugenröhrchens landen müssen). Sie testeten, ob die Flüssigkeit gegen verschiedene Virustypen wirken würde, und das tat sie. Mit der Zeit konnten sie uninteressante und triviale Erklärungen ausschließen, und ihre Zuversicht wuchs, dass hier etwas bislang Unentdecktes am Werk war, das mit der Fähigkeit ausgestattet war, aktiv Virusinfektionen zu hemmen – mit anderen Worten, dass es das Interferon tatsächlich gab.

Im Rückblick auf diese Zeit schrieb Lindenmann später: »Wenn manche Menschen sich zur Forschung hingezogen fühlen, dann deshalb, weil deren echter Reiz in genau diesen Phasen der herantastenden Forschung besteht, die dem außenstehenden Betrachter mühsam und langweilig scheinen müssen. Ein paar flüchtige Augenblicke des Triumphs verblassen rasch, die Befriedigung einer ehrlichen geistigen Auseinandersetzung hält länger. Aber vielleicht ist es auch sehr gut, dass dieser Aspekt wissenschaftlicher Arbeit in populärwissenschaftlichen Darstellungen so gut wie nie durchscheint. Es muss ein paar geheime Freuden geben, die die Wissenschaft nur für diejenigen bereithält, die kühn oder naiv genug sind, ihrem Ruf zu folgen.«[11]

Ende Februar 1957 beschlossen sie, dass sie genügend Belege dafür zusammenhätten, ihr Postulat, es müsse einen bislang unentdeckten zelleigenen Faktor geben, der durch Viren induziert wird und die Replikation beeinflussen kann, an die Öffentlichkeit zu tragen. Der Leiter des Instituts in Mill Hill, Christopher Andrewes, ein berühmter Virologe und 1933 an der Entdeckung des Influenzavirus beteiligt, war Mitglied der Royal Society und half ihnen, ihre Ergebnisse in zwei Artikeln in den *Proceedings* der Gesellschaft unterzubringen.[12] Wir wissen heute, dass ihre Überlegungen in den beiden Veröffentlichungen korrekt waren, aber damals waren zunächst nicht viele Menschen dieser Ansicht.

Der richtige Ärger fing an, als Lindenmann sein Interferon im Juni 1957 erstmals auf einer wissenschaftlichen Tagung in der Schweiz vorstellte. Nach seinem Vortrag wandte ein Schweizer Virologe ein, dass die Vorstellung allem widerspräche, was er gelesen habe, und daher Unsinn sein müsse.[13] Als die offiziellen Veröffentlichungen von Lindenmann und Isaacs im Oktober erschienen, äußerten vor allem in den USA mehrere namhafte Wissenschaftler ihre Zweifel daran, dass die beiden tatsächlich ein neues Molekül entdeckt hätten.[14] Die Skeptiker argumentierten, dass vermutlich Teile von Viren die untersuchten Proben verunreinigt und die beobachteten Effekte verursacht hätten. Rasch breitete sich das Gerücht aus, die Arbeit sei windig, und ihr Interferon bekam alle möglichen bösen Spitznamen wie Misinterpreton und Imaginon.[15] Wie so oft bei etwas Neuem war die Skepsis keine reine Bosheit. Die ersten Experimente waren komplex gewesen: Zellen und Viren waren zusammen inkubiert, Flüssigkeit abgesaugt und wiederverwendet worden, und noch war völlig unklar, was den interferierenden Faktor hervorgebracht haben könnte. Auch bedeutete die Komplexität der Ergebnisse, dass diese nicht ohne weiteres von anderen Wissenschaftlern zu reproduzieren waren.

Jeder Wissenschaftler fürchtet sich davor, dass seinen Experimenten von anderen misstraut wird. Noch schlimmer ist es, wenn seine persönliche Redlichkeit und Ehrlichkeit angezweifelt wird. Als Lindenmann nach seinem Jahr in London in die Schweiz zurückkehrte, geriet seine Integrität gehörig unter Beschuss. Sein ehemaliger Chef Hermann Moser befand entschieden, dass er in den Interferon-Artikeln mit Isaacs hätte genannt werden müssen, weil die Arbeit, so Moser, auf unveröffentlichten Experimenten basiere, die Lindenmann 1955, lange vor seiner Arbeit mit Isaacs, in Mosers Labor durchgeführt habe. Moser war (aufgrund seiner Arbeit an Typhus-Bakterien) eine hochgeachtete Persönlichkeit, und seine Anschuldigungen waren für Lindemann derart katastrophal, dass er Zürich verlassen musste. Er tingelte von einer Stelle zur nächsten – lebte ein paar Jahre in Bern, drei Jahre in Florida – und kehrte schließlich nach Zürich zurück, aber erst nachdem Mooser in den Ruhestand gegangen war.[16]

Mooser starb in dem Glauben, er sei Mitentdecker des Interferons und unfair behandelt worden.[17] In Wirklichkeit hatten viele Labors Experimente durchgeführt, in denen Interferon produziert worden war – denn das trifft auf so gut wie alle Experimente mit Zellen und Viren zu –, aber man war sich dessen nirgendwo bewusst geworden. Zu der Zeit, als Isaacs und Lindenmann über Interferon berichteten, gab es in den Annalen der Wissenschaft bereits mehrere Hinweise darauf, dass es gewisse Faktoren geben müsse, die Immunzellen dazu bringen, auf eine bestimmte Art zu reagieren.[18] Alle Forschung findet nicht im luftleeren Raum, sondern parallel zu anderer Forschung statt, und Mooser hatte nicht genug unternommen, um als Mitentdecker des Interferons gelten zu können.

Isaacs wies seine Behauptungen selbstbewusst zurück, war aber angesichts der Kritik anderer Kollegen zutiefst desillusioniert. Er litt unter Depressionen, die gelegentlich Medikamente und Krankenhausaufenthalte erforderlich machten.[19] Wie ein Freund es formulierte, war er »ein phantasiebegabter Wissenschaftler, der das große Bild im Auge hatte … [er war] voller Ideen, aber wenn er in einer Depression steckte, war schwer mit ihm auszukommen«.[20] Manchmal sprach Isaacs mit seinen engsten Kollegen darüber, ob das, was er zusammen mit Lindenmann entdeckt hatte, am Ende vielleicht doch auf Virusspuren in der Flüssigkeit zurückzuführen sein könnte, die sie nicht bemerkt hatten. Vielleicht waren die Skeptiker im Recht, vielleicht gab es gar kein Interferon.

Im Idealfall hätte dies nicht Anlass für Selbstzweifel, sondern für weitere Untersuchungen mit neuen Experimenten sein sollen, doch ungeachtet aller objektiven Formulierungen in wissenschaftlichen Artikeln ist das Verfolgen neuer Erkenntnisse im tiefsten Kern eine Frage der Persönlichkeit. Isaacs erlitt im Herbst 1958 einen Nervenzusammenbruch. Für die meisten Wissenschaftler am Institut war er ein fröhlich-leidenschaftlicher Kollege, voller Begeisterung und Energie, aber verborgen vor den Blicken der Umwelt war sein Leben nicht so unbeschwert. Kurz nach seiner Promotion 1949 hatte er die Psychiaterin Susan Gordon geheiratet. Die Ehe war glücklich,[21] doch weil sie keine Jüdin war, entzweite sich Isaacs mit seiner orthodox-gläubigen Familie und wurde von seinem Vater enterbt.[22] Die wissenschaftliche Gemeinschaft war für ihn eine Art Ersatzfamilie, und daher war ihm der Zuspruch zu seiner Arbeit so außerordentlich wichtig.

Verstärkt wurde der Druck dadurch, dass über Interferon bald nicht mehr allein auf wissenschaftlichen Konferenzen, sondern auch in den großen Zeitungen und im Fernsehen debattiert wurde. Nicht dass ein großes öffentliches Interesse daran bestanden hätte, dass Lindenmann und Isaacs nun dem lang bekannten Problem der Virusinterferenz nähergekommen waren, aber jedem wurde natürlich klar, dass Interferon, wenn es wirklich Virusinfektionen entgegenwirken konnte, das Zeug zu einem Wundermittel hätte. Der *Daily Express* berichtete 1957 über die Geschichte, und nachdem Isaacs im folgenden Jahr das Interferon bei einem Empfang der Royal Society im Mai 1958 vorgestellt hatte, folgten etliche andere Medien, unter anderem BBC TV.[23] Interferon schaffte es sogar in den Wortschatz der Pop-Kultur: In einem von Dan Barrys *Flash Gordon*-Comics aus dem Jahr 1960 werden Raumfahrer, die sich mit einem tödlichen extraterrestrischen Virus infiziert haben, gerade noch rechtzeitig durch eine Interferon-Injektion gerettet. (Genau genommen hat sich in den Comic ein Fehler eingeschlichen:

Interferon soll dort wirken, indem es das Fieber der kranken Raumfahrer senkt, in Wirklichkeit lässt es, wenn es anschlägt, die Körpertemperatur jedoch steigen.)

Auch die britische Regierung hatte ein begehrliches Auge auf Interferon geworfen. Parlament und Medical Research Council (der das Institut in Mill Hill gegründet hatte) haderten noch immer mit der Tatsache, dass Penicillin, 1928 von Alexander Fleming in London entdeckt, in den Vereinigten Staaten zur Produktreife entwickelt und patentiert worden war. Die Regierung war verärgert darüber, dass ihr die Lizenzgebühren für den Wirkstoff nicht zugekommen waren, und würde, sollte irgendwer über etwas Größeres stolpern, sich solches nicht noch einmal entgehen lassen. Irgendjemand – man weiß nicht genau wer, vielleicht war es Isaacs selbst – hatte Interferon passgenau in diese Liga gehievt, indem er es als »antivirales Penicillin« bezeichnete.

Von Seiten der Regierung, der wissenschaftlichen Welt und der Öffentlichkeit lastete ein enormer Druck auf Isaacs, zu beweisen, dass es Interferon gab und dass es sich als Medikament eignen würde, um dann ein Patent dafür zu erwirken. Er litt zutiefst unter dieser Belastung und unternahm – von seinen Kollegen unbemerkt – mindestens zwei Selbstmordversuche.[24]

Unterdessen fiel dem achtundzwanzigjährigen Chemiker Derek Burke in Isaacs' Labor die Aufgabe zu, das Interferonmolekül aufzureinigen, auf dass sich seine chemische Beschaffenheit und Aktivität genauer würden untersuchen lassen. »Es ist unerlässlich herauszufinden, was Interferon in chemischer Hinsicht für eine Substanz ist, um ganz und gar verstehen zu können, wie es produziert wird und was es in der Zelle tut«, schrieben Burke und Isaacs 1958 in der Juniausgabe der Zeitschrift *New Scientist*.[25] Isaacs nahm an, Burke würde dafür ungefähr ein halbes Jahr brauchen, dann würden sich seine Überlegungen als zutreffend erwiesen haben. Aber die Aufreinigung von Interferon erwies sich als wahre Herkulesaufgabe. Der Überstand des Virus-Zellen-Gemischs enthielt minimale Mengen Interferon, und Burke füllte zwölf Laborjournale mit Aufzeichnungen über all die chemischen Verfahren, die er bei seinen Versuchen, es zu isolieren, durchprobiert hatte.[26] Im Rückblick war es hoffnungslos blauäugig zu glauben, das Ganze würde in sechs Monaten erledigt sein. Es dauerte fünfzehn Jahre.

An Neujahr 1964, lange bevor die Arbeit vollbracht war, erlitt Isaacs eine Hirnblutung, die, wie ein Angiogramm ergab, vermutlich von einem maligne veränderten Blutgefäß herrührte, das jedoch an inoperabler Stelle lag.[27] Drei Monate später kehrte Isaacs an seine Arbeit zurück, er wurde allerdings von seinen Pflichten als Abteilungsleiter entbunden und stattdessen Leiter einer kleinen Gruppe aus ihm selbst und zwei weiteren Personen. Nach seiner Rückkehr erlitt er, wie ein Kollege es formulierte, »mehrere Episoden von schwerer geistiger Verwirrung«.[28] Eine zweite Hirnblutung im Januar 1967 erwies sich als tödlich. Er starb mit fünfundvierzig Jahren. Ein Jahr vor seinem Tod wurde er zum Mitglied der Royal Society gewählt, und nach seinem Tod wurde in London ein Symposium zu seinen Ehren abgehalten, zu dem zwei Nobelpreisträger erschienen: Ernst Chain (der maßgeblich an der Isolierung von Penicillin beteiligt gewesen war) und Francis Crick (Mitentdecker der Struktur der DNA).[29] »Das Gebiet hat seinen Schutzpatron verloren«, klagte ein Kollege.[30] Isaacs' wissenschaftliches Erbe sollte dereinst in aller Welt gefeiert werden, er aber starb voller Zweifel.

In den letzten Lebensjahren war eine Reihe klinischer Tests des Interferons enttäuschend verlaufen, und die pharmazeutische Industrie hatte das Interesse daran verloren. Kurz nach seinem Tod aber belebte die Krebsforschung das Interesse an den Verheißungen des Interferons neu. Die meisten Tumoren haben mit Virusinfektionen nichts zu tun, ein paar Viren jedoch werden mit der Entstehung von Tumoren in Zusammenhang gebracht.[31] Ion Gresser, ein New Yorker, den es nach Paris verschlagen hatte, untersuchte bei Mäusen, ob Interferon durch Viren verursachte Tumoren genauso zu hemmen vermochte wie andere Virusinfektionen auch. Seine Experimente zeigten, dass dies in der Tat der Fall war. Die größere Entdeckung aber lieferte sein Kontrollexperiment, bei dem eigentlich nichts hätte passieren sollen. Bei dieser Versuchsvariante, die jeder Wissenschaftler neben dem eigentlichen Experiment laufen lässt, sind bis auf den Faktor, der untersucht werden soll, alle Umstände gleich, wodurch das Ergebnis des Hauptversuchs seine eigentliche Aussagekraft bezieht. In diesem Falle unternahm Gresser dasselbe Experiment mit Zellen von anderen Tumorarten, die mit einem Virus nichts zu tun haben, weil er annahm, dass diese sehr viel häufigeren Tumorarten keinen Effekt zeigen würden. Ganz gegen seine Erwartung stellte er fest, dass auch bei Tieren, denen er Tumorzellen verschiedensten Ursprungs injiziert hatte, die sich normalerweise hätten ansiedeln und solide Tumoren bilden sollen, die Tumorentstehung durch die Behandlung mit Interferon gehemmt wurde. Im Jahr 1969 verkündete er, dass Interferon – zumindest bei Mäusen – Krebs heilen könne.[32]

Die Heilung von Krebs mag der heilige Gral aller Naturwissenschaft sein, aber in diesem speziellen Fall schlug der Heilung mehr Skepsis als Lobpreis entgegen. Das größte Problem bestand darin, dass Gresser nicht Interferon als solches verwendet hatte. Niemand hatte es bisher isoliert, also konnte er nur einen nicht aufgereinigten biologischen Überstand von Zell- und Virus-Kulturen verwenden – ein bisschen so, als hätte er den Rahm von Milch abgeschöpft –, und lieferte damit anderen eine Steilvorlage für dasselbe Argument, das man bei Isaacs ins Feld geführt hatte: Man könne ja nicht wissen, was genau darin der aktive Bestandteil sei. Gresser erinnert sich, dass ein Kollege ihn mit der Bemerkung zu trösten versuchte, eines Tages würden andere Wissenschaftler dieselbe Entdeckung machen wie er – und vergessen, dass er sie als Erster gemacht hatte.[33]

Unabhängig von diesen provokanten Experimenten sollte auch eine flüchtige Beobachtung Gressers den Gang der Dinge beeinflussen und maßgeblich zu unserem Verständnis von Interferon beitragen. In einer mit noch weniger Beifall bedachten Veröffentlichung vom Dezember 1961 hatte Gresser festgestellt, dass neben etlichen anderen Zellen auch weiße Blutzellen des Menschen mit der Produktion von Interferon reagierten, wenn man sie mit Viren zusammenbrachte.[34] Er mutmaßte, dass das möglicherweise eine Rolle bei der Immunreaktion des Körpers gegen Viren spielen könnte, und spekulierte, dass der Anstieg an Interferon womöglich als diagnostischer Test für das Bestehen einer Virusinfektion genutzt werden könnte. Das befruchtete die Phantasie eines finnischen Wissenschaftlers namens Kari (»Kory« ausgesprochen) Cantell. Der ausgesprochene Einzelkämpfer, der grundsätzlich einen großen Bogen um Mainstream-Forschungsgebiete machte, überlegte, dass zwar vermutlich die meisten menschlichen Zellen, die man mit Viren konfrontierte, Interferon produzierten, weiße Blutzellen jedoch darin vielleicht besonders effizient seien und, wenn dem tatsächlich so wäre, genutzt werden könnten, um Interferon in großen Mengen im Labor herzustellen. Die Idee war gut, hätte aber zu nichts geführt, hätte als Nächstes nicht das Glück seine Finger im Spiel gehabt.

Cantell überprüfte seine Überlegungen an einem Virus, das er zufällig in seiner Gefriertruhe hatte: dem unserem Grippevirus ähnlichen Sendai-Virus, benannt nach der japanischen Stadt, in der es gefunden wurde. Heute wissen wir, dass das Sendai-Virus besonders gut darin ist, weiße Blutzellen zur Produktion von Interferon zu bringen. Hätte er irgendein anderes Virus genommen oder auch nur einen anderen Stamm desselben Erregers, wäre sein erstes Experiment fehlgeschlagen, und er wäre womöglich nie am Ball geblieben.[35] Aber wie es das Schicksal wollte, produzierten die weißen Blutkörperchen in seinem ersten Experiment – begonnen am 3. Mai 1963 – zehnmal so viel Interferon wie jede andere menschliche Zellart, die er untersucht hatte. Das soll nicht heißen, dass das alles reines Glück war. Nach Cantells fester Überzeugung hat auch der Umstand eine wichtige Rolle gespielt, dass er zu Beginn des Ganzen eine feste Stelle innehatte – sonst wäre seine Arbeit vermutlich nicht für die lange Zeit finanziert worden, die er nach seinem ersten Experiment letztlich in die Aufreinigung des Interferons hat investieren müssen – neun Jahre.[36]

Die Komplexität des Verfahrens, das er schlussendlich austüftelte, lässt ahnen, warum das Ganze so lange gedauert hat. Kern des Procederes war der Umstand, dass unterschiedliche Proteinmoleküle bei unterschiedlichen Säuregraden aus einer Lösung »ausfallen« oder präzipitieren – das heißt in eine feste Form übergehen. Cantell fand heraus, dass er Interferon extrahieren konnte, indem er einen Rohextrakt mit allem Möglichen darin in kaltem angesäuertem Alkohol rührte und dann peu à peu den pH-Wert der Lösung durch Zugabe anderer Chemikalien steigerte. Viele Verunreinigungen fielen rascher aus der Lösung aus als Interferon und konnten dann durch Zentrifugieren entfernt werden. Das ganze Verfahren musste mehrmals wiederholt werden. Cantell erinnert sich, dass Chemiker dieses Vorgehen für ausgesprochen ungewöhnlich hielten: »Aber ich war kein Chemiker, und meine Unwissenheit verlieh mir die Gabe der Unvoreingenommenheit.«[37] Fünfzehn Jahre war es her, dass Isaacs und Lindenmann über Interferon berichtet hatten, und just zu einer Zeit, als das Interesse der Allgemeinheit an diesem Thema an einem Tiefpunkt angelangt war, fand Cantell eine Möglichkeit, es aufzureinigen, und eröffnete damit die Möglichkeit, ihre These endlich zweifelsfrei zu überprüfen.

Eine Handvoll Krebspatienten wurde mit Cantells Interferon behandelt, und unter Klinikern und Wissenschaftlern begannen ermutigende Einzelfallberichte zu kursieren. Die Öffentlichkeit fand nach und nach großes Gefallen an der Vorstellung von einem Arzneimittel, das im und vom menschlichen Körper selbst produziert wird. Sie fügte sich gut in den Traum von natürlicheren Behandlungswegen als, sagen wir, einer Strahlentherapie.[38] Genau genommen ist die Bezeichnung »natürliches« Arzneimittel im streng wissenschaftlichen oder philosophischen Sinne schwer zu rechtfertigen, denn jede Therapie ist eine Intervention, und alle Arzneimittel sind auf irgendeiner Ebene der Natur entlehnt. Die Gemeinde der amerikanischen Krebsforscher war außerdem von den ersten Ergebnissen mit Interferon begeistert, weil man, seit

Präsident Nixon 1971 per Gesetz dem Krebs »den Krieg erklärt« hatte, unter enormem Druck stand, neue Medikamente zu finden.

Die in der Schweiz geborene amerikanische Virologin Mathilde Krim, deren Ehemann ein Medientycoon mit beachtlichem Einfluss innerhalb der Demokratischen Partei war, leistete Lobbyarbeit für die finanzielle Förderung der Interferonforschung. Krim unterhielt gute Beziehungen zu Verwaltungsbeamten der Regierung, Pharmaunternehmen und anderen Wissenschaftlern.[39] Etliche prominente amerikanische Wissenschaftsmäzene, unter ihnen Mary Lasker und Laurence Rockefeller, gewährten der Interferonforschung ihre Unterstützung in erster Linie aufgrund der Fürsprache Krims.

Aber alles klinisch einsetzbare Interferon stammte aus Finnland, und für jeden, der Interferon an Patienten testen wollte, galt es zwei Hürden zu überwinden. Die eine war, genügend Geld zusammenzubekommen, um das Interferon von Cantell kaufen zu können. Die andere, Cantell dazu zu bringen, es überhaupt zu verkaufen. Er wurde nicht nur mit Anfragen von Wissenschaftlern und Klinikern bombardiert, sondern auch von wohlhabenden Bürgern, die hofften, ihr eigenes Leben oder das eines ihrer Lieben retten zu können.[40] Das Magazin *Time* nannte Cantell stur,[41] aber er hatte keine andere Wahl, denn der Nachschub war begrenzt, und er war nicht bereit, Interferon an den Nächstbesten zu verscherbeln, der zufällig das höchste Gebot abgab.

Der Onkologe Jordan Gutterman in Houston, Texas, erhielt von Mary Laskers Stiftung eine Million Dollar, um Interferon an Krebspatienten zu testen. Lasker war Gutterman erstmals begegnet, als sie den Leiter eines Krebsforschungszentrums gebeten hatte, ein paar Vorträge über die brandaktuellste Forschung zu organisieren.[42] Gutterman, damals mit sechsunddreißig Jahren der jüngste Redner bei dem Treffen, erregte Laskers Aufmerksamkeit – er war und ist noch immer ein großartiger Erklärer –, und das war der Beginn einer engen Freundschaft.[43] Er flog eigens zum Flughafen Arlanda in Stockholm, um Cantell abzupassen, der soeben auf dem Weg zu einem Vortrag war, und ihn dazu zu bringen, ihm Interferon zu verkaufen.[44] Die Mühe zahlte sich aus, und er versprach Gutterman das benötigte Interferon – zu einem Nachlass von 50 Prozent.[45]

Lasker hatte großes Interesse daran, Gutterman das Interferon an Brustkrebspatientinnen testen zu lassen, denn eine ihrer engsten Freundinnen war daran erkrankt und sprach auf andere Therapien nicht an.[46] Seine erste Patientin hatte zu Beginn der Behandlung geklagt, dass sie wegen des Tumors ihren Arm nicht so weit zu heben vermochte, dass sie ihre Haare kämmen konnte. Nach der Gabe von 3 Millionen Einheiten Interferon schaute Gutterman am 12. Februar 1978 zu ihr ins Zimmer und sah, wie sie sich die langen grauen Haare kämmte. Bei diesen ersten Tests zeigten fünf der neun behandelten Frauen, denen keine anderen Therapiemöglichkeiten mehr offenstanden, eine teilweise Rückbildung ihres Tumors.

In der Folge stellte Gutterman fest, dass Interferon bei sechs von zehn Leuten mit einem Plasmazytom – einer Krebserkrankung, die von entarteten Immunzellen im Knochenmark verursacht wird – und sechs von elf Patienten mit einem Lymphom, einer Krebserkrankung des Lymphsystems, Wirkung zeigte. Andere Wissenschaftler hatten ähnlich gute Nachrichten zu bieten, wenn auch nur bei einer Handvoll Patienten. Nebenwirkungen – Fieber, Schüttelfrost und bleierne Müdigkeit – waren an der Tagesordnung, aber im Vergleich zu denen anderer Krebsmedikamente einigermaßen auszuhalten. Im August 1978 gewährte die American Cancer Society Gutterman den für die damalige Zeit höchsten Forschungszuschuss aller Zeiten – zwei Millionen Dollar – für die Erprobung von Interferon. Im Juli 1979 verkündete das Magazin *Life*, Interferon sei so gut wie sicher ein neues Wunderpräparat.

Um der Wahrheit die Ehre zu geben, fehlten den ersten Interferontests richtige Kontrollen, denn es gab nicht genügend Interferon für eine ordentliche klinische Untersuchung: Fast der gesamte Vorrat der Welt stammte noch immer aus Finnland von Cantell. Andere Wissenschaftler hatten Probleme, sein erfolgreiches Verfahren zu reproduzieren, denn es steckte voller kleiner Tricks, optimiert durch vielhundertfaches Ausprobieren. Cantell ließ seine Methode nie patentieren, er hatte nicht den Wunsch, daraus persönlichen Profit zu schlagen. Einer der Gründe dafür war sein Empfinden, eigener finanzieller Gewinn sei unangemessen in Anbetracht dessen, dass seine Forschung aus öffentlichen Mitteln bezahlt worden war. Aber er wusste zum Beispiel, dass die Verwendung eines bestimmten Typs von Rundflaschen zu einem höheren Aufkommen an Interferon führte, und es war schwer, andere davon zu überzeugen, dass solche Kleinigkeiten eine wichtige Rolle spielten – zumindest solange sie nicht ein paarmal gescheitert waren.[47]

Die Lage begann sich zu ändern, als Cantell im März 1978 einen Anruf des ihm bis dahin unbekannten Charles Weissmann von der Universität Zürich entgegennahm. Die revolutionäre Möglichkeit der Genmanipulation lag bereits in der Luft, die biotechnische Industrie expandierte. Die Firma Genentech aus San Francisco hatte jüngst gezeigt, dass man ein menschliches Gen in Bakterien einführen konnte und dass die solchermaßen gentechnisch veränderten Bakterien das von diesem Gen kodierte menschliche Protein anschließend produzierten.[48] Das ist möglich, weil der biochemische Apparat zur Herstellung von Proteinen bei Bakterien im Prinzip derselbe ist wie in unseren Zellen: Bakterien behandeln ein eingeführtes menschliches Gen genauso wie jedes andere und stellen das Protein her, das von dem Gen kodiert wird. Im Jahr 1982 kam Genentech groß raus, als die FDA den Verkauf des ersten gentechnisch hergestellten Arzneimittels billigte: Humaninsulin.[49] Weissmann erklärte Cantell in dem Telefonanruf 1978, was die Gentechnikrevolution bedeutete und dass er vorhabe, Interferon zu isolieren und dann in großen Mengen herzustellen. Für Cantell hörte sich all das nach Science-Fiction an – und das war es auch beinahe. Er zögerte, mit Weissmann zu arbeiten, aber Letzterer lud sich zwei Tage später selbst nach Helsinki ein, um seine Pläne persönlich zu erörtern. Und damit war Cantell an Bord.

Weissmann erklärte, dass es, wenn Cantell weiße Blutzellen zur Produktion von großen Mengen Interferon bringe, dazu einer erhöhten Genaktivität des Interferon-Gens bedürfe, und dass sie sich diesen Umstand zunutze machen könnten, um das Gen zu isolieren. Wenn eine Zelle ein Proteinmolekül herstellt, passiert das nicht direkt an der DNA, sprich an dem betreffenden Gen, sondern als Erstes wird das Gen für das Protein in eine RNA umkopiert – ein Molekül, das der DNA des Gens sehr ähnlich ist. Die RNA-Version des Gens wird häufig noch zurechtgestutzt oder anderweitig verändert, die Endversion bezeichnet man dann als Boten-RNA oder, nach dem englischen *messenger* für »Bote«, als Messenger-RNA, kurz mRNA. Die mRNA verlässt dann den Zellkern und dient dem Proteinsyntheseapparat als Vorlage, anhand derer die Zelle das Protein herstellt. Werden große Mengen eines bestimmten Proteins benötigt, stellt die Zelle viele Kopien der entsprechenden RNA-Vorlage her. Das machte sich Weissmanns Team zunutze, um an das Interferon-Gen zu kommen. Die Forscher isolierten zunächst die Boten-RNA aus den von Cantell zur Interferonproduktion angeregten weißen Blutkörperchen, denn es war klar, dass ein Großteil der RNA dieser Zellen für Interferon kodieren würde (der Rest für die übrigen Proteine, die die Zelle am Laufen hielten). Um nun die Interferon-RNA allein zu bekommen, wurden die verschiedenen RNA-Arten in Froscheier injiziert, die, wie man wusste, RNA in Protein übersetzen und dann ins Kulturmedium abgeben würden, so dass man über einen geeigneten Test die Froscheier mit der gewünschten mRNA ausfindig machen konnte. Die RNA aus diesen Zellen ließ sich dann mit Hilfe eines erst wenige Jahren zuvor entdeckten Enzyms wieder in DNA zurückkonvertieren und damit hielt man das Interferon-Gen in Händen.[50] Dieses wurde sodann in Bakterien eingeschleust, die nun Interferon in rauen Mengen produzierten.[51] Jeder dieser Schritte war trickreich, man bewegte sich an vorderster Front der biotechnologischen Forschung, und die dadurch bedingten extremen Arbeitszeiten ließen Weissmann immer einen Schlafsack im Büro haben.[52]

Weissmann leitete die Arbeit als eine Art akademischer Unternehmer und Mitbegründer der Biotechnologiefirma Biogen.[53] Zu Anfang durchschaute Cantell nicht, dass seine Zusammenarbeit mit Weissmann Teil eines kommerziellen Unterfangens war, aber rückblickend erklärt er, dass er vermutlich auch dann weitergemacht hätte, wenn er es gewusst hätte.[54] Tatsächlich fanden hinter den Kulissen der Wissenschaft alle möglichen finanziellen Transaktionen statt, von denen Cantell nichts mitbekam. Als die Firma insolvent zu werden drohte, zahlte der amerikanische Pharmariese Schering-Plough 8 Millionen Dollar, um als Teilhaber bei Biogen einzusteigen.[55] Diese acht Millionen schienen ein Schnäppchen, als Biogen am 16. Januar 1980 auf einer Pressekonferenz bekannt gab, dass man mit Hilfe von gentechnisch veränderten Bakterien Interferon produziert habe und der Aktienkurs von Schering-Plough um 20 Prozent in die Höhe schnellte.[56]

Während der Aktienmarkt beschwingt feierte, wurde die Wissenschaft kompliziert (wie so oft). Auf der Jahrestagung 1982 der Amerikanischen Gesellschaft für klinisch-onkologische Forschung zeigten sich die Teilnehmer von Interferon enttäuscht, weil man nur bei einem geringen Prozentsatz der behandelten Patienten einen teilweisen Rückgang der Tumorgröße verzeichnen konnte.[57] Viele Arzneimittel sehen bei einer Handvoll Patienten vielversprechend aus und enttäuschen, wenn man sie bei einer größeren Personenzahl sorgfältig testet, teils vielleicht, weil die wenigen zuerst getesteten Personen besonders gut betreut wurden oder weil womöglich unwissentlich eine Selektion stattgefunden hat, die diejenigen mit überdurchschnittlich guten Aussichten bevorzugte. Im November 1982 offenbarte sich ein weiteres Problem am Interferon: Es wurde allzu offenbar, dass seine Nebenwirkungen nicht so harmlos waren, wie einst gedacht. Vier der mit Interferon behandelten Personen starben an Herzinfarkten.[58]

Im Jahr 1984 war man sich dahingehend einig, dass der Einsatz von Interferon als Tumorpräparat alles andere als ein Spaziergang sein würde.[59] Manche Tumoren reagierten besser als andere, 1984 wurde Interferon für eine bestimmte Form von Leukämie zugelassen, aber die meisten Erfolge mit dem Mittel waren Teilerfolge oder nicht von Dauer.[60] Inzwischen war auch klargeworden, dass es nicht nur ein Interferon gab. Tadatsugu »Tada« Taniguchi am japanischen Krebsforschungszentrum in Tokio hatte aus Hautzellen ein Interferon-Gen isoliert, das sich von dem, das Weissmann aus Immunzellen gewonnen hatte, deutlich unterschied.[61] Und mehrere andere Gruppen hatten herausgefunden, dass Interferon nicht die einzige Art von Proteinmolekül ist, die Immunzellen zu beeinflussen vermag. Ab 1976 versuchte man in einer Reihe internationaler Workshops die verschiedenen Proteine dieser Art einzuordnen, die in den einzelnen Labors gefunden worden waren. Das erste Meeting wurde im amerikanischen Bethesda abgehalten, das zweite 1979 in Ermatingen in der Schweiz.[62] Zu Beginn handelte es sich lediglich um kleine Seitenarme der Immunologie,[63] mit der Zeit jedoch ging aus diesen Workshops ein neues Bild von der Biologie des Menschen hervor.

Es gibt vieles, das vom Dasein eines Menschen Zeugnis ablegt, aber einer der besonders großartigen Gründe, Wissenschaftler zu werden, ist der, dass das, was Sie hinterlassen, neues Wissen ist. Lindenmann starb im Jahr 2015, sein Leben währte doppelt so lange wie das von Isaacs, aber für beider Leben, wie lang oder kurz sie auch gewesen sein mögen, gilt, dass ihr eines gemeinsames Jahr – die Entdeckung des Interferons – einen großen Teil ihrer Hinterlassenschaft ausmacht. Ihre Arbeit dauert fort, weil so viele darauf aufbauen. Die Schriftstellerin Margret Atwood schrieb einmal: »Letztlich werden wir alle zu Geschichten.«[64] Lindenmann und Isaacs sind Helden der Wissenschaft, weil ihre Geschichte zu einer Entstehungsgeschichte wurde.

Letzten Ende hat die Existenz des Interferons der Welt die Augen für ein ganzes Universum an löslichen Proteinen seiner Art geöffnet, die alle demselben Zweck im Körper gehorchen: Sie stehen im Dienste der Kommunikation zwischen Zellen und Geweben und der Koordination des Immunsystems. Wir wissen heute, dass es mehr als hundert verschiedene dem Interferon vergleichbare Proteine gibt, von denen einige bereits in mehreren Tausend Labors untersucht worden sind, während andere erst kürzlich entdeckt wurden. Sie alle zusammen bezeichnet man als Zytokine, sie sind die Hormone des Immunsystems. Unsere Immunzellen sind umgeben von einem Hexengebräu aus Zytokinen. Manche schalten das System an, andere schalten es ab, viele regeln seine Aktivität nur einen Hauch nach oben oder nach unten.[65] Ihre Aufgabe ist es, die Immunantwort so zu formen, dass sie dem jeweiligen Problem – einer Virus- oder Bakterieninfektion zum Beispiel – entspricht, und sie mit den anderen Systemen des Körpers zu vernetzen. Ihr Wirken ist unglaublich komplex – es gibt eine Menge Zytokine, die wiederum andere Zytokine steuern –, doch wie wir im Folgenden sehen werden, lässt sich ihre Bedeutung für das Funktionieren des Körpers oder ihr Potential für die Entwicklung neuer Arzneien nicht hoch genug einschätzen.

*

Alle menschlichen Zellen können von Mikroorganismen befallen werden, und häufig werden sie dadurch geschädigt: Viele Viren wie Influenza- oder Polioviren töten ihre Wirtszelle, nachdem sie sich vermehrt haben (oft dann, wenn sie die Zelle verlassen, um die nächste Zelle zu infizieren). Andere Viren wie der Erreger der Hepatitis B lassen ihre Wirtszelle am Leben, schädigen sie jedoch, indem sie die normalen chemischen Abläufe der Zelle durcheinanderbringen, und einige wenige Viren können eine Zelle sogar entarten lassen, so dass aus ihr möglicherweise ein Tumor her-vor geht. Um sich davor zu schützen, können so gut wie alle menschlichen Zellen wahrnehmen, wenn sie befallen sind, sie tun das mit Hilfe ihrer Mustererkennungsrezeptoren, die ihnen das

Vorhandensein von Erregerstrukturen verraten. Wie wir gesehen haben, entlarven manche Arten von Mustererkennungsrezeptoren einen Erreger, indem sie an eine molekulare Struktur andocken, die dem menschlichen Körper fremd ist – solche aus der Außenhülle von Bakterien oder Viren zum Beispiel. Andere Mustererkennungsrezeptoren registrieren die Anwesenheit eines Erregers dadurch, dass sie an Moleküle – DNA zum Beispiel – andocken, die zwar für den Körper an sich nichts Fremdes darstellen, sich aber an Orten befinden, wo sie nicht sein sollten, und dadurch verraten, dass sie Teil eines Erregers sind. Dendritische Zellen verfügen über ein Riesenspektrum an Mustererkennungsrezeptoren, und das macht sie besonders effizient darin, verschiedene Arten von Eindringlingen zu entdecken, aber so gut wie alle Zellen im Körper haben wenigstens ein paar dieser »Antennen«. Wenn sich der Mustererkennungsrezeptor einer beliebigen Zelle an eine erregertypische Struktur anheftet, veranlasst das die Zelle, mit der Herstellung von Interferon zu beginnen. Auf diese Weise kann so gut wie jede Zelle im menschlichen Körper dazu gebracht werden, Interferon zu produzieren, wenn sie beispielsweise von einem Virus infiziert wurde.

Interferon schaltet die infizierte Zelle und andere Zellen in ihrer Nähe in eine Form von Verteidigungsmodus. Es bewerkstelligt dies, indem es eine Reihe von Genen anschaltet, die man passenderweise als »Interferon-stimulierte Gene« bezeichnet.[66] Diese Gene produzieren Proteine, die der Zelle dabei helfen, Bakterien und anderen Erregern Einhalt zu gebieten, und sind besonders wirksam im Umgang mit Viren: Sie können Viren daran hindern, in benachbarte Zellen einzudringen, und bereits in der Zelle befindliche Viren daran, in den Kern zu gelangen (wohin sie müssen, um Kopien ihrer selbst herzustellen), und so verhindern, dass Viren die Maschinerie der Zelle kapern, um sie Proteine herstellen zu lassen, die für die Herstellung von Viruskopien nötig sind. Ein Protein namens Tetherin, nur eines von den Proteinen, die von Interferon-aktivierten Genen abgelesen werden, wirkt der Ausbreitung des Erregers entgegen, indem es sich in dem Augenblick an das Virus anheftet – beispielsweise an HIV –, in dem dieses sich anschickt, die Zelle zu verlassen, um eine andere zu infizieren.

Im Falle mancher Viren reicht diese Reaktion – unsere angeborene Immunantwort – hin, um eine Infektion unter Kontrolle zu bringen, in vielen Fällen aber mildert es die Infektion nur für ein paar Tage, bis unsere adaptive Immunantwort – angeführt von unseren T- und B-Zellen – so weit gediehen ist, dass sie das Problem aus der Welt schaffen und lang anhaltende Immunität verleihen kann. Dass die Interferon-stimulierte Reaktion eine Infektion in vielen Fällen nicht allein aus der Welt schaffen kann, liegt unter anderem darin begründet, dass Viren und andere Erreger dagegenhalten. HIV beispielsweise kann das Protein Tetherin zerstören, so dass es dem Virus möglich wird, sich frei von einer Zelle zur nächsten zu bewegen.[67] Um deutlich zu machen, wie wichtig das ist, sei gesagt, dass jedes zehnte Gen eines Influenzavirus – mit anderen Worten zehn Prozent seines gesamten Genoms – daran beteiligt ist, die Wirkung von Interferon zu konterkarieren. Wir haben einstmals geglaubt, die Sterne würden unsere Gesundheit beeinflussen, die Wahrheit ist jedoch noch viel phantastischer: Unser Körper befindet sich in einem ewigen Wettrüsten mit winzig kleinen Keimen.

Wir alle reagieren auf Erreger gleich, aber das gilt nur in erster Näherung. Dass manche von uns eher Gefahr laufen, von einer Grippeinfektion besonders schlimm heimgesucht zu werden, hat unter anderem mit Variationen in einem unserer Gene für die Interferon-vermittelte Reaktion zu tun. Etwa einer von 400 Eurpäern verfügt beispielsweise über eine nicht funktionierende Version eines der Interferon-stimulierten Gene namens *IFITM3*.[68] Normalerweise hindert das von diesem Gen kodierte Protein das Influenzavirus daran, in Zellen einzudringen, wobei noch nicht genau klar ist, wie es das anstellt. (Wir wissen, dass genau dieses Gen auch bei Tieren vorkommt, denn Mäuse, die man genetisch so verändert hat, dass es ihnen fehlt, sind anfälliger für eine

Grippeinfektion.) Und Menschen, denen eine intakte Version dieses Gens fehlt, fehlt eben auch diese Komponente ihrer Immunabwehr gegen Viren. Im Jahr 2012 wurde gezeigt, dass bei Menschen, die ihre Grippeinfektion im Krankenhaus kurieren müssen, diese nichtfunktionierende Form des Gens besonders häufig zu finden ist. Bei Patienten auf der Intensivstation war die Wahrscheinlichkeit, dass sie das defekte Gen hatten, siebzehnmal so hoch wie bei Patienten auf anderen Stationen.[69] Varianten dieses Gens finden sich auch mit besonderer Häufigkeit bei Menschen japanischer und chinesischer Herkunft.[70] Es könnte daher sein, dass das Risiko, bei einer Grippeinfektion schwer zu erkranken, für Japaner und Chinesen höher ist als für andere Menschen, aber das harrt noch einer genaueren Überprüfung.[71]

Dennoch werden die meisten Menschen mit defektem IFITM3-Gen mit einer Grippeinfektion ohne Probleme fertig werden, denn es ist nur eine von vielen Komponenten unserer Immunabwehr. Ja, es kann sogar sein, dass es bei anderen Krankheiten von Vorteil ist, über die defekte Version des Gens zu verfügen – beispielsweise bei solchen, bei denen die Immunreaktion Ursache des Problems ist. Tatsächlich spricht die Tatsache, dass es bei der Bevölkerung Japans und Chinas ein so hohes Aufkommen dieser genetischen Variante gibt, evolutionsbiologisch gesehen dafür, dass es möglicherweise irgendein Syndrom gibt, das in diesem Teil der Welt mit besonderer Häufigkeit vorkommt und bei dem diese Variante einen Vorteil bedeutet.

Auch wenn wir diese Situation nicht voll und ganz verstehen, so gibt es doch mindestens zwei verschiedene Möglichkeiten, das, was wir wissen, zu verwerten. Zum einen könnten wir Menschen auf der Grundlage ihrer genetischen Voraussetzungen bevorzugt gegen Grippe impfen – sprich: auf diejenigen abzielen, die im Falle einer Infektion schwer erkranken würden. Im Augenblick führen wir noch keine genetischen Routinescans durch, und es wird nicht kostengünstig sein, unsere Möglichkeiten zur genetischen Analyse nur für den Umgang mit Grippeerkrankungen zu erweitern, denn es ist in jedem Falle billiger, jedermann mit Impfstoff zu versorgen. Aber es ist womöglich etwas, das kommen wird, wenn genetische Analysen eher an der Tagesordnung sind, als dies gegenwärtig der Fall ist. Peter Openshaw, der die Influenzaforschung am Londoner Imperial College leitet, glaubt, dass es besonders sinnvoll sein könnte, Menschen chinesischer oder japanischer Abstammung zu screenen, bei denen Variationen von IFITM3 mit besonderer Häufigkeit vorkommen.[72]

Die zweite denkbare Möglichkeit, unser Wissen nutzbringend anzuwenden, wäre, dass es uns den Weg weist, Grippe ohne einen Impfstoff angehen zu können – was bei einer unerwarteten weltweiten Grippe-Epidemie wichtig werden könnte –, indem wir unsere Interferon-induzierte Abwehr ankurbeln. An Mauszellen hat man bereits gezeigt, dass das möglich ist: Die Menge des Proteinprodukts des Mausanalogs von *IFITM3* ließ sich in Mauszellen erhöhen (indem man ein Enzym hemmte, das diese normalerweise beschränkt), und das wiederum erhöhte die Immunabwehr der Mauszellen gegen die Influenzainfektion.[73] Mögen auch die Mäuse vielleicht feiern, so ist diese Überlegung für Menschen noch von keinerlei klinischem Nutzen, denn wir haben bislang noch keine Strategie, das Proteinprodukt von *IFITM3* beim Menschen künstlich anzuschieben.[74] Hier ist weitere Forschung gefragt.

Auch wenn Interferon seinem frühen Ruhm als potentielles Allheilmittel für Krebs nie gerecht geworden ist, spielt es für die Behandlung von Melanomen und manchen Formen von Leukämie eine wichtige Rolle und wird in diesen Fällen meistens mehrmals die Woche als Injektion verabreicht.[75] Im Juli 2015 liefen noch immer mehr als hundert klinische Studien, in denen der Einsatz von Interferon bei einer ganzen Reihe von Krebserkrankungen getestet wurde.[76] Der Hauptgrund dafür, dass Interferon nicht gehalten hat, was man sich einst davon versprach, ist, dass es nicht direkt auf Tumorzellen wirkt. Wir wissen heute, dass Interferon in den meisten, wenn nicht gar in allen Fällen, in denen es zur Tumorbekämpfung beiträgt, dies über die Anregung unseres Immunsystems tut.

Das Problem ist, dass Tumorzellen für unser Immunsystem nicht leicht zu erkennen sind – schließlich sind es ja körpereigene Zellen, die auf die schiefe Bahn geraten sind, und keine körperfremden –, daher hat die durch Interferon stimulierte Immunreaktion ihre Grenzen.

Es gibt viele verschiedene Interferone – man kennt gegenwärtig siebzehn –, die von verschiedenen Körperzellen produziert werden.[77] Die meisten unserer Zellen können das Interferon, das Lindenmann und Isaacs einst entdeckten – man nennt es heutzutage *Alpha-Interferon* – produzieren, um die Ausbreitung einer Infektion zu hemmen.[78] Heute ist Alpha-Interferon Teil der Behandlung von Hepatitis-B- und Hepatitis-C-Infektionen.[79] Andere Arten von Interferon sind spezialisierter: *Gamma-Interferon* zum Beispiel wird in erster Linie in einigen Arten von weißen Blutzellen produziert und wirkt als Verstärker einer laufenden Immunreaktion. Die Gene, die von den einzelnen Interferonen angeschaltet werden, sind in einer stetig wachsenden Online-Datenbank katalogisiert.[80] Viele der anderen Zytokine, die nach dem Interferon entdeckt wurden, tragen die Bezeichnung Interleukine, so genannt, weil sie Proteine sind, die zwischen (lateinisch: *inter*) verschiedenen Arten von weißen Blutkörperchen (im Fachjargon *Leukozyten*) vermitteln.[81] Abgekürzt wird ihr Name IL, und man hat jedem Interleukin eine Nummer zugeordnet: IL-1, IL-2, IL-3 und so weiter, gegenwärtig sind wir bei IL-37.[82] Wie Interferon kommen auch die Interleukine in leicht abgewandelten Formen vor (IL-1 beispielsweise gibt es in einer Alpha- und einer Beta-Variante), und manche unterschiedlich bezifferten Zytokine haben Eigenschaften gemeinsam, so dass es eine IL-1-Familie gibt, zu der unter anderem IL-18 und IL-33 gehören. Die Wirkungen all dieser Zytokine im Körper grenzen ans Wunderbare.[83]

Jedes davon hat eine Vielzahl an spezifischen Wirkungen, hier nur ein Beispiel: IL-1 wirkt unter anderem auf neutrophile Granulozyten (kurz: Neutrophile), die häufigsten Immunzellen in unserem Blut. Neutrophile werden binnen Minuten an den Ort einer

Verletzung (Schnitt oder Wunde) beordert.[84] Sie können Erreger phagozytieren und auf der Stelle zerstören. Aber eines der besonders wundersamen Dinge, die diese Zellen zu unserer Verteidigung vollbringen, ist, dass sie ein klebriges Netz aus DNA- und Protein-Molekülen auswerfen, mit dem sie passierende Mikroorganismen »fangen«.[85] Denken Sie an Spiderman, aber eben in den winzigen Dimensionen von Zellen und Mikroben. Diese Netze enthalten antimikrobiell wirksame Substanzen, die die ins Netz gegangenen Keime abtöten. Die Lebensspanne von Neutrophilen ist kurz – sie zirkulieren ungefähr einen Tag im Blut –, aber am Ort einer Infektion erhöht das Zytokin IL-1 ihre Lebensdauer dramatisch, so dass sie für bis zu fünf Tage weiterfechten, Netze auswerfen und Erreger abtöten können.[86]

Um ein zweites Beispiel zu geben: IL-2 wirkt auf andere weiße Blutzellen, zum Beispiel auf die natürlichen Killerzellen – eine Form von weißen Blutkörperchen, die besonders effizient entartete und virusinfizierte Zellen zu töten vermag.[87] (Ich habe in meinem ersten Buch – *The Compatibility Gene* – mehr über diese weißen Blutzellen geschrieben.) In meinem Labor verwenden wir IL-2 sehr häufig, um diese Zellen zu aktivieren, nachdem wir sie aus dem Blut isoliert haben. Welche Wirkung IL-2 hat, lässt sich unter dem Mikroskop leicht beobachten. Sobald es zugegeben wird, nehmen die zunächst kugelförmigen Zellen eine längliche Y-förmige Gestalt an und ändern ihr Verhalten: Die bis dahin inaktiven Zellen fangen plötzlich an, in ihren Kulturschälchen umherzukriechen: Das Vorderende der Zelle tastet sich voran, das Hinterende löst sich, so dass die Zelle sich vorwärtsbewegt und nach kranken oder geschädigten Zellen suchen kann, um diese anzugreifen. Trifft eine natürliche Killerzelle auf eine geschädigte, entartete oder virusinfizierte Zelle, heftet sie sich an sie, schmiegt sich flach an die andere Zelle und hat sie binnen Minuten getötet. Danach löst sie sich von den Resten der abgetöteten Zelle – die durch das Mikroskop wie ein blubberndes Trümmerfeld aussieht – und macht sich auf die Suche nach dem nächsten Angriffsziel.

Eines der Zytokine, die Immunreaktionen abstellen können, ist IL-10. Von dem 1989 entdeckten, 1990 erstmals isolierten und von Tausenden Wissenschaftlern seither untersuchten Zytokin wissen wir heute, dass es dazu beiträgt, den Körper vor unerwünschten Immunreaktionen zu schützen.[88] IL-10 drosselt die Immunreaktion, sobald eine Infektion überstanden ist, und gibt dem Körper das Signal, mit der Heilung – der Reparatur von geschädigtem Gewebe usw. – zu beginnen. IL-10 spielt darüber hinaus eine wichtige Rolle in unserem Darm, wo es Immunzellen in einem relativ trägen Zustand hält, um ungewollte Reaktionen gegen harmlose Bakterien zu verhindern. Mäuse, die man genetisch so verändert hat, dass ihnen IL-10 fehlt, leiden unter einer entzündlichen Darmerkrankung.[89] Beim Menschen kann ein hyperaktives Immunsystem zu Morbus Crohn und Colitis ulcerosa führen, zwei Krankheiten, an denen im Vereinigten Königreich über 300 000 Menschen leiden.[90]

Unser Wissen über das Wirken von Zytokinen hat der Medizin die Idee für eine neue Strategie beschert: Man kann diese Proteine manipulieren, um das Immunsystem anzukurbeln, damit es Infektionen oder Tumoren effizient bekämpfen kann, beziehungsweise seine Reaktivität drosseln, um Autoimmunkrankheiten beizukommen. Wie wir gesehen haben, war dem Ankurbeln des Immunsystems mit Interferon nur ein Teilerfolg beschieden, aber es gibt jede Menge andere Zytokine, die sich ausprobieren lassen. Ein Pionier – manche sagen *der* Pionier[91] – auf dem Gebiet der Aktivierung der körpereigenen Immunreaktion gegen Tumoren ist Steven Rosenberg.

Rosenberg wurde am 1. Juli 1974 im Alter von dreiunddreißig Jahren zum Leiter der Chirurgie am National Cancer Institute in Bethesda, Maryland, ernannt, Chef von fast hundert Angestellten mit einem jährlichen Budget von etlichen Millionen Dollar. Er ist dort nie weggegangen – denn er glaubt, es sei »der ideale Ort, solide Grundlagenwissenschaft zu betreiben und direkt ans Bett der Patienten zu bringen«[92] – und ist Mitautor von mehr als 800 wissenschaftlichen Artikeln.[93] In seinem wunderbaren Buch *A Commotion in the Blood* (zu Deutsch etwa: »Aufruhr im Blut«) über die Pioniere der Immuntherapie nennt der Wissenschaftsjournalist Stephen S. Hall Rosenberg »ungemein selbstbewusst«. »Für manche«, schreibt Hall, »hat er vielleicht zu sehr forciert und wollte zu schnell zu viel, für andere war er genau der richtige Mann fürs Grobe auf einem Gebiet, das in dem Ruf stand, viel zu viele Mäuse zu opfern, um viel zu wenige Menschenleben zu retten.«[94] Rosenberg über sich selbst: »Ich weiß, dass ich zielstrebig bin. Vielleicht ist Zielstrebigkeit ein anderes Wort für Rücksichtslosigkeit.«[95] Er geht sorgsam mit seiner Zeit um: »Ich gehe selten auf große Konferenzen, und wenn, dann nur, um einen Vortrag zu halten und gleich darauf wieder zu verschwinden.«[96]

Seine Zielstrebigkeit – »Ich will Krebs heilen und jeden, der ihn hat« – verdankt er einem Patienten, dem er 1968 gegen Ende seiner chirurgischen Ausbildung begegnete.[97] Zwölf Jahre zuvor war dem Patienten ein großer Tumor entfernt worden, aber der Chirurg hatte Metastasen gefunden, die er nicht entfernen konnte. Dem Patienten wurde mitgeteilt, dass man nichts mehr für ihn tun könne, man schickte ihn zum Sterben nach Hause. Und doch war er hier, ein Dutzend Jahre später, und sprach mit Rosenberg. Dieser hätte den Fall leicht als Fehldiagnose abtun können, aber er ging die Aufzeichnungen durch, untersuchte den Patienten sorgfältig und legte die alten Objektträger mit den Gewebeschnitten, die er in den Archiven der Klinik gefunden hatte, erneut unter das Mikroskop.[98] Es gab nichts zu deuteln. Der Patient hatte mehrere große Tumoren und hatte sich dennoch ohne jede Behandlung auf wundersame Weise erholt. Die spontane Regression (Rückbildung) von Tumormetastasen ist eine der größten Seltenheiten, die die Medizin kennt.[99] Wie ist es dazu gekommen? »Das Allerwichtigste an guter Forschung«, schrieb Rosenberg später, »ist es, die richtige Frage zu stellen. Das war die richtige Frage.«[100]

Er schlussfolgerte, das Ganze müsse mit dem Immunsystem des Patienten zu tun haben. Bei seinem ersten Versuch auf dem Gebiet der Krebstherapie entnahm er dem Patienten Blut und injizierte es einem anderen – einem betagten Veteranen mit fortgeschrittenem Magenkrebs –, um zu sehen, ob es ihm helfen würde. Der Veteran kalauerte, er habe sein ganzes Leben alle möglichen Schüsse verpasst bekommen, und jetzt sei mal einer fällig, der zu einem guten Ende führe.[101] Aber es funktionierte nicht, und er starb innerhalb von zwei Monaten. Rosenberg räumte später selbst ein, dass die Idee naiv – »in ihrer Unbedarftheit geradezu sträflich«[102] – gewesen sei, er es aber dennoch habe versuchen müssen.[103]

Als Nächstes probierte er es mit allen möglichen Arten von experimentellen Therapien. Bei einem Verfahren isolierte er Immunzellen aus dem Blut eines Patienten, nahm sie in Kultur, um sie zu vermehren, und injizierte sie dann dem Patienten erneut. Bei der Kultur seiner Zellen stützte Rosenberg sich auf den Befund, dass man menschliche Immunzellen mit Hilfe des Zytokins IL-2 dazu bringen kann, sich zu teilen. Wie genau die Kulturbedingungen für Immunzellen auszusehen haben, musste durch Versuch und Irrtum ausgetüftelt werden – noch heute steckt in der Kultur von menschlichen Zellen genauso viel Handwerk wie Wissenschaft. Und selbst bei einer großen Zahl an Immunzellen war nicht gesagt, dass sie überleben würden, wenn man sie dem Patienten erneut injizierte, oder dass sie noch die Fähigkeit haben würden, den Tumor anzugreifen. Es gab so viele Unbekannte in dem, was Rosenberg probierte, dass die meisten Wissenschaftler sich noch nicht einmal ernsthaft mit Überlegungen zu solch ehrgeizigem Vorgehen befasst haben würden, aber egal, wie viele Wenn und Aber es auch geben mochte, Rosenberg war beseelt von dem einen Gedanken: *Wenn* wirklich eins von den Dingen funktionierte, wäre er imstande, Krebs zu heilen.

Keiner von Rosenbergs ersten sechsundsechzig Patienten wurde durch seine experimentellen Therapien geheilt. Dann kam im Jahr 1984 seine siebenundsechzigste Patientin, Linda Taylor. Die dreiunddreißigjährige Navy-Offizierin kam mit einem metastasierenden Melanom zu Rosenberg – einer Krebserkrankung, die neben der Haut alle möglichen anderen Organe in Mitleidenschaft zieht.[104] Zwei Jahre zuvor hatte man angesichts eines wuchernden Muttermals bei ihr die Diagnose gestellt und ihr noch siebzehn Monate gegeben. Sie hatte es mit einer experimentellen Interferon-Behandlung versucht, aber diese hatte nichts gebracht.[105] Der fruchtlosen Behandlungen müde, beschloss sie, dass eine Reise durch Europa die beste Art sei, die ihr verbliebene Zeit zu nutzen. Aber ihre Familie drängte sie weiterzukämpfen – und zu sehen, was Rosenberg tun könne.

Rosenberg verabreichte ihr Infusionen aus ihren eigenen weißen Blutkörperchen und mehrmals hochdosiertes Zytokin IL-2.[106] Die Behandlung war alles andere als ein Spaziergang: drei Injektionen IL-2 pro Tag und alle zwei bis drei Tage Immunzell-Infusionen. Taylor erbrach sich häufig, war zu schwach, ihre Familie zu sehen, und hatte Probleme beim Atmen. Einmal setzte ihre Atmung aus. Ihr Puls fiel auf zwanzig Schläge pro Minute, und sie überlebte nur dank einer Reanimation. Rosenberg rannte mit aller Macht gegen die Grenzen dessen an, was Taylors Körper verkraften konnte, wild entschlossen herauszufinden, ob seine experimentelle Behandlung irgendeine Hoffnung bot. Nach sechsundsechzig Fehlschlägen wusste er, dass er mit seinen Bemühungen bald aufhören musste, wenn sich keine Hoffnung auf einen Erfolg abzeichnete.[107] Er verabreichte Taylor weit höhere Dosen IL-2, als er sie je zuvor irgendwem gegeben hatte.

Zwei Monate später teilte Taylor Rosenberg mit, sie habe das Gefühl, dass ihre Tumoren sich zurückbildeten. Und sie hatte recht. Ihre Metastasen waren abgestorben, und die toten Tumorzellklumpen wurden von ihrem Körper entsorgt. Jeder dachte, die Tumoren würden garantiert zurückkommen. Aber das geschah nicht. Taylor war geheilt.[108]

Die Fehde zwischen Krebs und dem Menschen ist eine besondere. Wird ein Mensch durch eine neue Art von Behandlung geheilt, so ist das eine Nachricht von internationalem Format. Taylors Geschichte zierte die Titelseiten von Zeitungen auf der ganzen Welt.[109] In weiser Vorsicht versuchte Rosenberg die Dinge vor der

New York Times herunterzuspielen: »Dies ist ein vielversprechender erster Schritt.«[110] In seiner Autobiographie beschreibt er, wie er sich seinerzeit fühlte: »… zufrieden. Nicht siegestrunken oder bestätigt … Zufriedenheit spricht etwas tief im eigenen Inneren an, eine Erfüllung, ein Gefühl des Friedens und der Erfüllung, das tiefer reicht als jeder Triumph.«[111] Dreißig Jahre später kam Taylor zurück, um Rosenberg zu besuchen, und der Augenblick wurde für eine Fernsehdokumentation festgehalten. Sie umarmten einander, es wurde emotional, und sie erklärte: »Ich weine nie – nur in Ihrer Nähe.«[112]

Studien mit größeren Patientenzahlen zeigten, dass bei Rosenbergs Behandlung IL-2 die entscheidende Zutat gewesen war und nicht die Immunzellen.[113] Aber leider wurde bald klar, dass IL-2 auch kein Wundermittel war. Weniger als ein Jahr nach Rosenbergs Erfolg bei Taylor starb ein Patient, der mit hohen Dosen IL-2 behandelt worden war. Dieser Patient hatte viele Tumoren – zwanzig allein in der Leber – und nur noch wenige Monate zu leben, aber es war Rosenbergs Behandlung, die ihn letztlich das Leben kostete. IL-2 unterdrückt die normale Immunität des Körpers gegen bakterielle Infektionen, und das führte dazu, dass sich seine Lungen mit Wasser füllten. »Es war eine dunkle Zeit«, schrieb Rosenberg später.[114] Die Mutter des Patienten gab Rosenberg keine Schuld, aber sie schrieb ihm in Briefen über das Leben ihres Sohnes. Rosenberg, von gläubigen jüdischen Eltern erzogen, erinnerte diese Geste an etwas, das er über den Holocaust gelernt hatte – dass »diejenigen, die darin hatten leiden müssen, am meisten Angst davor hatten, in Vergessenheit zu geraten«.[115]

IL-2 schien für die Betroffenen entweder spektakulären Erfolg oder Tragödie bereitzuhalten – und weder Rosenberg noch sonst irgendjemand konnte vorhersagen, welches von beiden. Verschiedene klinische Studien, große und kleine, haben seither ergeben, dass IL-2 sich am besten für die Behandlung von Patienten mit Melanomen und fortgeschrittenem Nierenzellkarzinom eignet. Die Gesamtrate, mit der Patienten mit diesen Erkrankungen auf IL-2 ansprechen, unterscheidet sich von Studie zu Studie, liegt aber im Mittel bei um die 5 bis 20 Prozent.[116] Ein kleiner Teil derjenigen, die auf die Behandlung ansprechen, weist am Ende keine verbliebenen Spuren der Erkrankung mehr auf und kann als wahrhaft geheilt gelten.

Warum IL-2 nur bei manchen Krebsarten wirkt, ist unklar. Das maligne Melanom – die Krebsart, unter der Taylor litt – weist mehr Mutationen auf als die meisten anderen Krebserkrankungen. Eine mögliche Erklärung dafür, dass IL-2 bei Melanomen besser wirkt als bei den meisten anderen Krebsarten, könnte daher lauten, dass Melanomzellen durch die große Zahl an Mutationen von gesunden Zellen irgendwie besonders gut unterscheidbar und daher für das Immunsystem relativ leicht erkennbar und angreifbar sind. Warum manche Patienten auf eine Behandlung mit IL-2 gut ansprechen, andere hingegen nicht, ist und bleibt leider bisher unklar. Möglich wäre, dass die Behandlung am besten bei Patienten anschlägt, bei denen bereits eine Immunreaktion gegen den Tumor im Gang ist, die durch die Behandlung verstärkt wird.

Kurz zusammengefasst hat dieser Haufen Pioniere von Lindenmann und Isaacs bis hin zu Gutterman und Rosenberg zunächst die Existenz und dann die Macht der Zytokine entdeckt. Sie haben die Saat ausgebracht für ein riesiges wissenschaftliches Unterfangen – die Immuntherapie bei Krebs –, das inzwischen über Hunderte an Ablegern verfügt, deren jeder sich mit einer anderen Möglichkeit befasst, unserer Immunreaktion gegen einen Tumor auf die Sprünge zu helfen. Das Ergebnis ist eine Vielfalt an Krebstherapien mit vielen weiteren am Horizont. Wir werden uns später diesem Unterfangen erneut widmen. Für den Augenblick wollen wir uns einer völlig anderen therapeutischen Revolution zuwenden, die sich aus unserem zunehmenden Wissen über Zytokine ergeben hat – nicht dem Kampf gegen Krebs, sondern der Behandlung von Autoimmunkrankheiten, das heißt nicht durch das Ankurbeln der Immunabwehr, sondern durch ihr Abbremsen. Auftritt: die *Anti*-Zytokine.

4 EIN MILLIARDEN-DOLLAR-BLOCKBUSTER

Manchmal verdanken sich neue Therapien wirklich großen Ideen, und Sir Marc Feldmann hatte so eine. Die Familie des 1944 geborenen Polen war unmittelbar nach dem Krieg nach Frankreich und später, als Feldmann acht Jahre alt war, nach Australien gezogen. »Einwanderer sind extrem motiviert, hart zu arbeiten und Erfolg zu haben«, glaubt er. Seine Arbeitsethik verdankte er einem Vater, der trotz langer Arbeitszeiten als Buchhalter noch nebenbei die Abendschule absolvierte.[1] Er selbst langweilte sich im Medizinstudium über dem Auswendiglernen der menschlichen Anatomie zu Tode, aber die Ungewissheiten und der Ideenreichtum wissenschaftlicher Artikel begeisterten ihn. Während der Forschungsarbeit für seine Dissertation am Walter and Eliza Hall Institute in Australien – »berauscht von Kaffee und der Musik der Rolling Stones«[2] – tat er den ersten Schritt zu seinem großen Beitrag zur Immunologie, der letztlich Millionen Menschen Linderung ihrer Schmerzen gebracht und den Grundstein gelegt hat für eine heute milliardenschwere Industrie.

Es fing an mit einem Gefühl der Unzufriedenheit. Kurz zuvor war gezeigt worden, dass an einer Immunreaktion viele verschiedene Zellen beteiligt sind – man denke an Steinman und die Entdeckung der dendritischen Zellen (Kapitel 2) –, und wenn Feldmann durch sein Mikroskop schaute, konnte er feststellen, dass Immunzellen höchst lebendig herumwuselten.[3] Die Untersuchungen aber, die er an diesen isolierten Zellen anstellte, schienen ihm viel zu reduktionistisch, zu weit weg von dem, was wirklich im Körper passiert. Theorien, die in einer bestimmten Situation unter genau definierten Bedingungen gewonnen wurden, lassen sich häufig nicht auf die komplexe, nicht reduktionistisch vereinfachte Wirklichkeit übertragen, schrieb er später.[4] Natürlich sind alle wissenschaftlichen Experimente in gewisser Weise reduktionistisch, es wäre unmöglich, Nennenswertes – oder überhaupt irgendetwas – zu schlussfolgern, ohne die besonderen Aspekte des Ganzen, das man untersuchen möchte, in gewissem Maße einzuengen. Aber worauf es Feldmann ankam, war, dass er wissen wollte, was im System insgesamt passiert, nicht nur, was in einer einzelnen Art von Immunzelle vor sich geht. Er mutmaßte, dass verschiedene Arten von Immunzellen miteinander kommunizieren.

Um dem nachzugehen, konstruierte er eine Doppelkammer-Kulturflasche mit zwei ineinandergeschobenen konzentrischen Glasröhrchen, jedes davon mit einer durchlässigen Membran an ihrem Ende, und füllte die Flasche mit Kulturmedium. Das Medium konnte frei durch die Membranen diffundieren, aber größere Partikel wie Zellen nicht. Bei dieser Versuchsanordnung konnte er in das innere und das äußere Glasröhrchen verschiedene Arten von Immunzellen geben und diese getrennt voneinander, wohl aber im selbem Kulturmedium, halten. Er richtete mehrere dieser Flaschen ein und verglich, was darin geschah, mit dem Geschehen in Flaschen ohne getrennte Röhrchen, in denen die Zellen sich beliebig bewegen und frei interagieren konnten. Auf diese Weise bekam er ein Bild davon, welche Arten von Immunreaktionen auf den direkten Kontakt zwischen Zellen angewiesen waren und welche über Sekrete stattfanden, die die Zellen ins Kulturmedium abgaben. Eine Handvoll Wissenschaftler in aller Welt führte ähnliche Experimente durch, und auch wenn sie so gut wie nichts darüber wussten, was genau da in der Flüssigkeit war und seine Wirkung tat, untersuchten sie allesamt die Wirkung von Zytokinen. Im Jahr 2016 fragte ich Feldmann, was er aus diesen frühen Experimenten gelernt habe, und er gab mit leisem Lachen zurück: »Wie haben herausgefunden, dass das Leben kompliziert ist.«[5]

Feldmann gehörte zu den Pionieren des ersten Zytokin-Workshops von 1976 – rund vierzig Wissenschaftler trafen sich in einem

Hotel nahe der amerikanischen National Institutes of Health, um sich ein einigermaßen zusammenhängendes Bild davon zu machen, was Zytokine bewirkten. Zu Anfang schien es eine nahezu aussichtslose Aufgabe, denn es gab keine Verfahren zur Isolierung dieser Botenstoffe, so dass sich nicht sagen ließ, ob die verschiedenen Einflüsse auf die einzelnen Immunzellarten jeweils von einem oder mehreren Zytokinen verursacht wurden.[6] Erst nachdem die entsprechenden Gene isoliert worden waren und sich die jeweiligen Zytokinproteine einzeln herstellen ließen, konnte die Wirkung jedes einzelnen systematisch untersucht werden. Man lernte dabei, dass jedes Zytokin viele verschiedene Aufgaben hat, was zu jener Zeit anfänglich eine durchaus umstrittene Vorstellung war, denn man ging allgemein davon aus, dass jedes Protein im Körper nur eine einzige Aufgabe zu erfüllen hat.[7] Viele Abkürzungen, die man zur Benennung der einzelnen Zytokine eingeführt hatte, mussten wieder aufgegeben werden, weil etliche darunter, wie sich zeigte, dasselbe Molekül bezeichneten. Als schlussendlich das Instrumentarium zur Hand war, die Zytokin-Welt adäquat auseinanderzudröseln, entstand so etwas wie die Euphorie eines Goldrauschs und elektrisierte (oder vergiftete, das kommt darauf an, wie man diese Dinge beurteilt) einige der beteiligten Wissenschaftler durch die Aussicht auf Ruhm und Geld.

Auf dem vierten Zytokin-Workshop im Oktober 1984 erlitt die vermeintliche ethische Lauterkeit der Wissenschaft einen schweren Schlag. In einem exklusiven Hotel in den Bayrischen Alpen verkündete Philip Auron aus dem Labor von Charles Dinarello am Massachusetts Institute of Technology (MIT), dass seine Arbeitsgruppe das Gen für ein Zytokin namens IL-1 isoliert habe.[8] Einer der Wissenschaftler unter den Zuhörern erinnert sich lebhaft an die anschließende Aufregung,[9] ein anderer nennt dies »den großen Augenblick des Workshops«.[10] Zu Beginn seines Vortrags hatte der Leiter der Sitzung erklärt, fotografieren sei ausdrücklich verboten, eine Bedingung, die Auron gestellt hatte, bevor er sich bereit erklärte, seine Daten zu präsentieren. Im Verlauf des Vortrags ließ er die Gensequenz von IL-1 ganz kurz aufblitzen.[11] Sobald Auron mit seinem Vortrag geendet hatte, sprintete jemand zum Zuhörermikrophon und rief: »Das ist nicht IL-1.«[12]

Der Zwischenrufer war Christopher Henney, der 1981 die Biotechnologiefirma Immunex in Seattle mitgegründet hatte.[13] Henny ging auf die vierzig zu, als er zusammen mit Steve Gillis, beide damals am Fred Hutchinson Cancer Research Center, Immunex aus der Taufe hob. »Ich konnte mir nicht vorstellen, weitere fünfundzwanzig Jahre dasselbe zu tun«, berichtet Henney. »Manche Leute lassen sich eine Dauerwelle ins Haar machen, hängen sich Goldkettchen um und gehen auf Mädelsjagd. Ich beschloss, eine Firma zu gründen.«[14] Am Zuhörermikro erklärte Henney, seine Firma habe das Gen für IL-1 isoliert, und die Sequenz, die Auron soeben gezeigt habe, stimme damit nicht überein.[15] Auron forderte Henny auf zu zeigen, was er für die korrekte IL-1-Sequenz halte, aber Henny weigerte sich und ging an seinen Platz zurück.

In dem kurz darauf veröffentlichten Berichtsband über den Workshop hieß es, »dieser Mangel an Anstand war höchst verwunderlich … insbesondere da Christopher Henny vor seinem Weggang zu Immunex auf eine lange und hoch angesehene Universitätslaufbahn zurückblicken konnte«.[16] Kurz nach der Veranstaltung veröffentlichte Immunex die Sequenzen von zwei Formen des IL-1-Gens – alpha und beta – in der Wissenschaftszeitschrift *Nature*. Eine davon war tatsächlich identisch mit der, die die MIT-Forscher gefunden und auf dem Workshop präsentiert hatten.[17] Das MIT-Team ließ einen Brief in *Nature* veröffentlichen, in dem es erklärte, dies zeige, dass man völlig richtig gelegen und Immunex auf dem Zytokin-Workshop komplett zu Unrecht einen derartigen Aufstand vom Zaun gebrochen habe.[18] Doch hier stand mehr auf dem Spiel als verletzter Stolz. Eine kleine Biotechnologiefirma namens Cistron arbeitete mit dem MIT-Team zusammen. Beide, Cistron und Immunex, hatten Patentanträge für die IL-1-Gene gestellt. Bei genauerem Hinsehen und dem Versuch zu klären, wer was getan hatte, um den Patentstreit zu schlichten, zeigte sich, dass es sich hier nicht um einen normalen Fall von wissenschaftlichem Wettstreit handelte.

Cistron beschuldigte Immunex des Betrugs. Man behauptete, Immunex-Mitbegründer Gillis habe seine Informationen über eines der IL-1-Gene aus dem Artikel des MIT-Teams, der ihm von *Nature* zur Begutachtung geschickt worden war, ein, wie man annehmen sollte, streng vertraulicher Vorgang.[19] *Nature* hatte den Artikel aufgrund der dafür abgegebenen Gutachten abgelehnt. Pikanterweise enthielt der Patentantrag, den Immunex eingereicht hatte, Fehler in der Gensequenz, die identisch waren mit denen, die sich im vorläufigen Artikel des MIT-Teams fanden – dass dies Zufall sein sollte, war hoch unwahrscheinlich. Cistron vertrat die Ansicht, dies beweise, dass Immunex sein Patent für IL-1 auf der Grundlage genetischer Daten beantragt habe, die ihm vertraulich zur Begutachtung zugesandt worden seien. Immunex konterte, es habe sich um einen schlichten Schreibfehler gehandelt. Und die Anwälte der Firma stellten sich bei ihrer Argumentation auf den Standpunkt, dass es ohnehin keine festgeschriebenen Regeln gäbe, die bei der Begutachtung wissenschaftlicher Arbeiten durch andere Vertraulichkeit forderten.[20]

Es dauerte zwölf Jahre, bis der Fall entschieden war, und bei dem Vergleich, der am Ende der Verhandlungen stand, musste Immunex 21 Millionen Dollar an Cistron zahlen.[21] Dem Vernehmen nach sollen sich sowohl Henney als auch Gillis persönlich an den Zahlungen beteiligt haben.[22] Zu diesem Zeitpunkt hatte Cistron eine Pleite hinter sich, und die umstrittenen Patente waren ohnehin nur noch die Hälfte wert, da sich hohe Dosen IL-1 inzwischen als toxisch erwiesen hatten.[23] Immunex wiederum hatte zu dieser Zeit eine lange Liste an Genen entdeckt und untersucht, die für das Immunsystem von Bedeutung sind, und im Jahr 2002 wurde die Firma von dem Biotechnologieunternehmen Amgen für 16 Milliarden Dollar aufgekauft.[24] Henney und Gillis traten neue Stellen als Leiter anderer Biotech-Unternehmen an.

Ein Jahr bevor das IL-1-Debakel in den Bayrischen Alpen losgetreten wurde – Immunex und Dinarellos Team am MIT wetteiferten noch um die Isolierung der Zytokingene –, machte Feldmann Urlaub an der spanischen Costa Brava in einer kleinen Stadt, dominiert von einer Burgruine aus dem 15. Jahrhundert. Entspannt und weit weg von dem täglichen Getriebe kam ihm eine Erleuchtung. Er bemängelt, dass Urlaub heutzutage in Labors einen so schlechten Ruf genieße: »Ferien«, schrieb er später, »schenken nicht nur Gelegenheit, Familie, Freunde und die Schönheit unseres Planeten zu genießen, sondern auch Zeit, kreativ und strategisch zu denken.«[25] Seine große Idee, die er später in *Lancet* veröffentlichen sollte, hatte mit der Ursache von Autoimmunerkrankungen zu tun.[26]

Er sinnierte, ob Immunzellen einander über ihre Zytokinausschüttung womöglich in einem solchen Ausmaß stimulieren könnten, dass die Aktivierung zum Selbstläufer wird und einen Teufelskreis entstehen lässt, der das gesamte Immunsystem überstimuliert und dem Körper Schaden zufügt. Das war eine brillante neue Überlegung. Obwohl er so gut wie keinerlei Belege für deren Wahrheitsgehalt hatte, setzte er sie trotzdem in die Welt, in der, wie er sich erinnert, »leicht vermessenen Art der Jugend«.[27] Heutzutage wäre es nahezu unmöglich, eine Idee wie diese ohne einen Wust an Ergebnissen zu deren Beleg zu veröffentlichen – erst recht in einem renommierten Blatt wie *Lancet* –, aber damals herrschten in der Biologie andere Zeiten: Es gab weniger Wissenschaftler, weniger Gerangel um Platz in den Zeitschriften, und die Herausgeber waren vermutlich offener für Artikel, die neue Ideen vorstellten, als heute. In jedem Fall können uns Ideen auch ohne schlagende Beweise weiterbringen, und die wichtigste Folgeüberlegung in diesem Fall war, zumindest vom medizinischen Gesichtspunkt aus betrachtet, dass die Hemmung eines Zytokins möglicherweise Immunzellen daran hindern könnte, sich gegenseitig anzustacheln, und damit gegen Autoimmunkrankheiten helfen müsste.

Feldmann beschloss, sich vor allem auf eine Autoimmunkrankheit zu konzentrieren, die rheumatoide Arthritis, eine langwierige

Gelenkentzündung, die zu starken Schmerzen, Steifigkeit und in manchen Fällen zu schweren Einschränkungen führt. Quer durch alle Länder ist ungefähr einer von hundert Menschen davon betroffen.[28] Wir verstehen nicht genau, wie die Krankheit anfängt, vermutlich ist das von Mensch zu Mensch verschieden, aber die Symptome entstehen dadurch, dass sich in den Gelenken Immunzellen ansammeln und im Laufe der Zeit Knorpel und Knochen zerstören. Zu einem geringen Grad kommt rheumatoide Arthritis in Familien gehäuft vor, und man hat sechsundvierzig Gene identifiziert, die sich mit der Krankheit in Zusammenhang bringen lassen.[29] Wenn aber jemand mit rheumatoider Arthritis einen eineiigen Zwilling hat (der definitionsgemäß über genau die gleiche genetische Ausstattung verfügt), liegt das Risiko, dass dieser ebenfalls erkrankt, nur bei 20 Prozent. Grund dafür ist, dass an der Entstehung der Krankheit jede Menge nichtgenetischer Faktoren beteiligt sind, die wir bisher nicht sonderlich gut verstehen. Der Genuss von sehr viel Kaffee (in einer Studie definiert als vier Tassen und mehr) korrelierte in einer Untersuchung leicht mit einem ansteigenden Risiko.[30] Diese Verknüpfung ist aber nicht ganz eindeutig, denn unterschiedliche Studien kommen zu unterschiedlichen Ergebnissen,[31] aber selbst wenn wir sie als Tatsache betrachten, ist schwer auseinanderzudividieren, ob dies ein direkter Effekt von überdurchschnittlich viel Kaffee ist oder ob die Menge des genossenen Kaffees vielleicht Ausdruck einer anderen Ursache ist. Zu der Zeit, als Feldmann sich in den Kopf setzte, sich mit rheumatoider Arthritis zu befassen, herrschte in der Fachwelt die Ansicht, dass es sich hierbei um eine sehr komplizierte Krankheit handle, an der viele Faktoren beteiligt sind, und dass eine einfache Behandlung kaum möglich sein werde – ganz sicher keine mit einem Medikament, das auf ein bestimmtes Molekül zielt.

Nach Abschluss seiner Dissertation war Feldmann nach London gezogen, unter anderem, weil »es dort mehr Geld für Forschung gab als in Australien«.[32] Dort ermöglichte ihm der Kliniker Sir Ravinder »Tiny« Maini, sich der rheumatoiden Arthritis konzentriert zu widmen. Der 1937 im indischen Ludhiana geborene Maini zog 1942 mit seiner Familie nach Uganda, wo sein Vater Minister in der britischen Protektoratsregierung war, und 1955 dann ins Vereinigte Königreich.[33] Er wurde Feldmann als Arzt empfohlen, der für neue Ideen offen war. Zwei Tage nach ihrem ersten Telefonat kam Maini Feldmann in seinem Büro in London besuchen, und das war der Beginn einer langen Freundschaft. »Es war ein Treffen zweier gleich gesinnter Geister«, erinnert sich Maini.[34] Auch wenn Freundschaft für eine erfolgreiche Zusammenarbeit nicht unbedingt erforderlich ist, hält Feldmann freundschaftliches Vertrauen für unerlässlich.[35] Beide brachten einen unterschiedlichen Hintergrund und unterschiedliche Erfahrungen mit – Feldmann war eher als Immunologe bekannt, Maini brachte klinische Erfahrung ein –, aber sie hatten genug gemein, um dieselbe Sprache zu sprechen. Keiner von beiden sah sich als Herr über den anderen – beide wurden zu zwei gleichberechtigten Hälften eines Teams. »Eine Einheit«, wie Maini es ausdrückt.[36]

Die Entscheidung, sich mit rheumatoider Arthritis und nicht mit einer anderen Autoimmunkrankheit zu befassen, war ein kluger Schachzug, denn das betroffene Gewebe ist einer Untersuchung gut zugänglich. Maini konnte Feldmann problemlos Punktionsproben aus den Gelenken seiner Patienten zur Verfügung stellen, während die Gewebeproben, die man für die Untersuchung anderer Autoimmunerkrankungen benötigt hätte, nur sehr schwer zu bekommen waren und immer noch sind – man denke an Multiple Sklerose (Rückenmark und Gehirn) oder Diabetes (Bauchspeicheldrüse). Sie entschieden, dass ihr erstes Ziel darin bestehen müsse, festzustellen, welche von all den Zytokinen die Immunzellen produzieren, die sich in den entzündeten Gelenken ihrer Patienten tummelten.[37] Dass sie Zellen und Flüssigkeit aus den Gelenken erkrankter Personen untersuchten, unterschied Feldmann und Maini von den meisten anderen Forschern und sollte sie letztlich auf die richtige Spur zu einer Möglichkeit bringen, die Krankheit anzugehen. Sie entdeckten, dass viele Zytokine vorhanden waren, jedoch eines davon – mit dem leicht sperrigen Namen »Tumornekrosefaktor-alpha«, meist abgekürzt als TNF-α[38] – in besonders hohen Mengen zu finden war.[39]

TNF war 1975 entdeckt worden als Faktor, der von Immunzellen freigesetzt wird und die Fähigkeit besitzt, Tumorzellen zum Absterben zu bringen.[40] Das hatte sofort zu großem Interesse an diesem Zytokin geführt, hoffte man doch, es als Tumorkiller zur Behandlung von Krebspatienten einsetzen zu können – eine Hoffnung, die rasch zu Nichts zerstob, als klarwurde, dass dieses Zytokin auch für den Körper hochtoxisch ist, und das in Dosen, die zu gering sind, um einen Tumor anzugreifen. Aber jedes Zytokin verfügt über eine ganze Reihe von Wirkungen, und die Fähigkeit, in hoher Dosierung Tumoren zum Absterben zu bringen, interessierte Feldmann und Maini im Grunde nicht. Sie beschlossen zu testen, was geschieht, wenn sie die Aktivität von TNF in den entzündeten Gelenken von Arthritis-Patienten hemmten. Um das tun zu können, benötigten sie ein Anti-Zytokin, und das lässt sich in Gestalt eines *Antikörpers* herstellen.

Antikörper werden von weißen Blutkörperchen ausgeschüttet, die man als B-Zellen bezeichnet, und stellen so etwas wie die »Wunderwaffen« unseres Körpers dar, wie es der deutsche Nobelpreisträger Paul Ehrlich ausdrückte. Es handelt sich um lösliche Proteinmoleküle, die sich an alle möglichen Arten von Erregern und potentiell gefährlichen Molekülen anheften und diese neutralisieren können. Jede einzelne B-Zelle produziert einen Antikörper mit einer einzigartig geformten »bindenden Region«, wie man das Ende nennt, das an das Zielmolekül – das sogenannte Antigen – bindet, beispielsweise ein Molekülende auf der Außenseite eines Bakteriums oder eines Virus. Antikörper werden jedoch nicht von vorneherein auf bestimmte Erreger maßgeschneidert. Die Form der Antigen-Bindungsstelle eines Antikörpers ist mehr oder minder ein Zufallsprodukt und verdankt sich einem Prozess des Zerschneidens und Umarrangierens von Genen in den noch unreifen B-Lymphozyten, nach deren Vorlage der Antikörper gebildet wird – das allein ein wahrlich bemerkenswerter Vorgang. B-Lymphozyten, die einen Antikörper produziert haben, der gesunde Zellen oder Gewebe erkennt, werden abgetötet (oder inaktiviert), so dass die einzigen B-Lymphozyten, die im Blut zirkulieren dürfen, solche sind, deren Antikörper sich an etwas anheften, dass normalerweise im Körper nicht vorkommt. Wir haben diesen Prozess in Kapitel 1 näher kennengelernt, auf diese Weise unterscheiden diese Zellen zwischen *selbst*, Bestandteilen des eigenen Körpers, und *nichtselbst*, allem, was kein Teil von ihm ist.

Um ins Detail zu gehen: Jeder B-Lymphozyt trägt eine Version seines Antikörpers auf der Oberfläche (den B-Zell-Rezeptor, dem wir in Kapitel 1 begegnet sind) und bekommt daher rasch mit, wenn im Körper etwas herumspukt, was dort nicht hingehört, wenn sein Antikörper daran andockt. Hat eine B-Zelle den richtigen Antikörper für etwas Fremdes und Bedrohliches auf ihrer Oberfläche, reift sie und teilt sich, so dass der hilfreiche Antikörper in Massen hergestellt werden und das eingedrungene Molekül oder den Erreger unschädlich machen kann. Bei rund 10 Milliarden B-Zellen, die wir Menschen in unserem Immunsystem mit uns herumtragen, verfügt jeder von uns über die Möglichkeit, rund 10 Milliarden unterschiedlich geformte Antikörper zu bilden, von denen jeder irgendetwas anderes erkennt, das sich zuvor nicht in unserem Körper befunden hat. Damit ist sichergestellt, dass gegen so gut wie alles, was dem Körper fremd ist, Antikörper gebildet werden können. All das ist unentbehrlich, wenn unsere Immunabwehr Erreger unschädlich machen soll, mit denen der Körper zuvor nicht konfrontiert gewesen ist – ja, sie bekämpft sogar solche, die es vorher gar nicht gab. Für die Zwecke von Feldmann und Maini war wichtig, dass folglich auch jedes Tier Antikörper gegen ein Protein aus irgendeinem anderen Tier herstellen kann. Deshalb wird eine Maus, die mit dem Zytokin TNF immunisiert wurde, Antikörper herstellen, die sich an das menschliche Zytokin anheften und es so daran hindern können, seine Funktion zu erfüllen – mit anderen Worten, man hat ein Antizytokin.

Genau diese Art Antikörper wurden von dem Wissenschaftler Jan Vilček an der Medizinischen Hochschule der New York University hergestellt. Der 1933 in der Tschechoslowakei geborene Vilček war Sohn jüdischer Eltern, die stolz auf ihre Herkunft, aber nicht religiös waren. Seine Familie war 1942 von den seinerzeit gängigen Restriktionen ausgenommen worden, er und seine Verwandten mussten beispielsweise den gelben Davidstern nicht tragen und behielten ihre Arbeitsstelle.[41] Solche Ausnahmen erforderten saftige »Verwaltungsgebühren«, genauer gesagt wohl Bestechungsgelder, und die Konversion zum Christentum, wurden offiziell aber mit der Begründung gewährt, das Land sei darauf angewiesen, dass die Betreffenden ihre Arbeit weiter taten. Vilčeks Mutter war Augenärztin, sein Vater arbeitete im Bergbau, beides vermutlich von hinreichender Wichtigkeit.[42] Mit acht Jahren wurde Vilček zu seiner Sicherheit in ein Waisenhaus gegeben, das von katholischen Ordensschwestern geführt wurde.[43] Als die deutschen Truppen 1944 einen Aufstand des slowakischen Widerstands niedergeschlagen hatten, sorgten sich Vilčeks Eltern, dass eine neue Hardliner-Regierung ihren Sonderstatus in Bezug auf die Restriktionen gegen Juden möglicherweise nicht anerkennen würde. Vilček versteckte sich zusammen mit seiner Mutter viele Monate bei einer Handvoll Kleinbauern und später in einem abgelegenen Dorf.[44]

Als die Familie nach dem Krieg wieder vereint war, studierte Vilček in der kommunistischen Tschechoslowakei, in der »eine Atmosphäre der Angst und des Misstrauens das Leben durchdrang«,[45] Medizin. Zu jener Zeit war der Begriff »Gen« praktisch verboten, weil Stalin die Sichtweise bevorzugte, dass Merkmale, die im Laufe eines Lebens erworben wurden, direkt an die nächste Generation weitergegeben werden, und viele Wissenschaftler, die dem nicht zustimmten, wurden eingesperrt.[46] Während eines Vortrags von Alick Isaacs, dem Mitentdecker des Interferons, der damals zu Besuch in der Tschechoslowakei weilte, wurde Vilček von der Zytokinforschung mitgerissen.[47] Da er sehr gut Englisch sprach, wurde er Isaacs als Reiseführer an die Seite gestellt und lernte ihn auf diese Weise ein wenig kennen.[48] Letzteres sollte sich in der Folge als wichtige persönliche Beziehung erweisen.

Nach dem Abschluss des Medizinstudiums ging Vilček an ein Forschungszentrum, in dem man sich mit Viren befasste, und veröffentlichte 1960 in *Nature* einen Artikel, der die Existenz von Interferon belegte.[49] Der Leiter des Instituts hatte gewünscht, dass Vilček in der tschechischen *Acta Virologica* veröffentlichte, aber glücklicherweise, wie sich bald zeigen sollte, schlug Vilček diesen Rat in den Wind.

Im Jahr 1964 setzten sich Vilček und seine Frau Marica, ihres Zeichens Kunsthistorikerin, aus der Tschechoslowakei in den Westen ab.[50] Weil er in *Nature* und nicht in der *Acta Virologica* publiziert hatte, verfügte er bereits über drei Jobangebote, noch bevor er Europa verlassen hatte und in seine neue Heimat, die USA, ausgereist war.[51] Er entschied sich für die New York University Medical School, wo er schließlich sein gesamtes Berufsleben verbringen sollte. Viel später erfuhr Vilček, dass einer der Gründe, weshalb man ihm ohne Bewerbungsgespräch eine Stelle in der Fakultät angeboten hatte, eine schriftliche Empfehlung von Isaacs gewesen war, den er sieben Jahre zuvor auf seiner Reise begleitet hatte.

Vilčeks Lebensgeschichte ist die eines beispiellosen Aufstiegs nach einer Jugend voller Widrigkeiten. Mit den Lizenzgebühren, die er aus der Herstellung des Anti-TNF-Antikörpers bekam, gründete er die Vilček Foundation, die sich zum Ziel gesetzt hat, die Beiträge von Einwanderern für das Gemeinwohl der USA zu würdigen. 2005 hatte er aus der Herstellung des Antikörpers so viel Geld verdient, dass er der New York University Medical School die größte Spende machen konnte, die eine New Yorker Einrichtung des Gesundheitswesens je erhielt: 105 Millionen Dollar.[52] Hin und wieder – sehr hin und wieder – kann eine akademische Laufbahn offenbar auch finanziell lukrativ geraten. Vilček amüsiert sich bei dem Gedanken an all das: »Reich zu werden hat wirklich nie zu meinen Zielen gehört. Um ehrlich zu sein, es ist mir noch immer ein bisschen peinlich.«[53]

Um den Antikörper herzustellen, benötigte Vilček zuerst eine Probe des menschlichen Zytokins, die er Mäusen injizieren konnte. Ende 1985 hatte die Firma Genentech das TNF-Gen isoliert, es in Bakterien exprimiert und so größere Mengen des Proteins gewonnen. Vilček arbeitete bei einem anderen Projekt mit der Firma zusammen und konnte daher 1988 ein paar Proben ergattern. Um die Antikörper in Mäusen herstellen zu lassen, wählte er ein Verfahren, dass César Milstein und Georges Köhler 1975 in Cambridge ausgearbeitet hatten – eine für die Zukunft der Biologie ungeheuer wichtige Methode, für die die beiden 1984 mit dem Nobelpreis bedacht wurden.[54] Zuerst wurden die Mäuse mit dem TNF-Protein immunisiert. Nach ein paar Tagen wurden aus der Milz der Tiere B-Zellen isoliert, denn man konnte davon ausgehen, dass nun viele davon Antikörper gegen TNF synthetisierten. Außerhalb des Organismus überleben B-Zellen nicht lange, maximal ein paar Wochen, wenn man das geeignete Nährmedium zur Verfügung hat, aber Vilček bediente sich eines Tricks, sie am Leben zu halten, namentlich des nobelpreisträchtigen Kunstgriffs von Milstein und Köhler,[55] der darin bestand, die B-Zellen mit Tumorzellen – Myelomzellen in diesem Falle – zu fusionieren: Die so entstandenen Hybridzellen – treffend als Hybridomazellen bezeichnet – vereinen die Wachstumsmerkmale von Tumorzellen mit den Antikörper produzierenden Eigenschaften der ursprünglichen B-Zellen. Es handelt sich mithin um unsterbliche Versionen der B-Zellen aus den immunisierten Mäusen. Anschließend trennte Vilček die einzelnen Hybridomazellen voneinander und legte von jeder einzelnen eine Minikultur, einen Klon, an – in der Praxis werden die Zellen dabei einzeln in rechteckige Gewebekulturplatten mit vielen kleinen Vertiefungen überführt und mit Medium »gefüttert«. Auf diese Weise lassen sich die Antikörper von jeder einzelnen Zelle auf ihre Fähigkeit testen, die Wirkung von TNF zu blockieren. Zellen, die den geeigneten Antikörper herstellen, werden dann in Kultur genommen, auf diese Weise kann man einen nahezu grenzenlosen Nachschub an TNF-Antikörpern erzeugen.

Diese Art Antikörper bezeichnet man als *monoklonale Antikörper*, denn sie entstammen einer einzelnen B-Zelle. Mit Hilfe dieses Verfahrens kann man Antikörper herstellen, die auf jedes beliebige Molekül unserer Wahl passen. Solche Antikörper werden als Arzneimittel verwendet, aber auch für alle möglichen wissenschaftlichen Experimente: um beispielsweise bestimmte Zellen sichtbar zu machen, die Aktivität von irgendetwas zu hemmen, die Aktivität von etwas anderem anzukurbeln, die Menge zu erfassen, in der etwas produziert und ausgeschüttet wird, und so weiter. »Keine einzige Klasse von Reagenzien hat unsere Kreativität derart beflügelt, unseren Zielen und unserem Erfolg so gedient, ja unsere Träume mit so viel Eleganz wahrgemacht wie monoklonale Antikörper«, sagte einst ein Experte.[56]

Vilček hatte seit langem eine Absprache mit der damals noch jungen Firma Centocor, der er Antikörper aus seinem Labor zur kommerziellen Verwertung überließ.[57] Als Gegenleistung übernahm die Firma einen Teil der Laborkosten Vilčeks,[58] unter anderem das Gehalt für den jungen Postdoc Junming »Jimmy« Le,[59] der an der Herstellung des Anti-TNF-Antikörpers beteiligt gewesen war.[60] Dass ein Antikörper gegen TNF von medizinischer Relevanz sein könnte, wurde jedoch nicht hier offenbar, sondern andernorts in New York: Bruce Beutler, jener Nobelpreisträger, dem wir in Kapitel 1 begegnet sind, und der beteiligt war an der Entdeckung, dass Toll-ähnliche Rezeptoren Bakterien erkennen, hatte früher in seiner Laufbahn mit Anthony Cerami am Rockefeller University Hospital gearbeitet und dort die Mausversion von TNF entdeckt. 1985 stellte er fest, dass TNF eines von den Zytokinen ist, die bei der Maus im Verlauf einer Sepsis gebildet werden – jener umgangssprachlich als »Blutvergiftung« bezeichneten Reaktion, die im Prinzip nichts anderes ist als eine überschießende Immunreaktion meist auf eine bakterielle Infektion.[61] Beutler und Cerami machten die eminent wichtige Beobachtung, dass die Hemmung von TNF Mäuse vor den Symptomen einer Sepsis bewahrt.

Beim Menschen kann eine Sepsis (wenn es dabei zu einem

heftigen Blutdruckabfall, einem septischen Schock, kommt) einen Patienten binnen weniger Stunden das Leben kosten, und da sich viele Fälle nicht einfach mit Antibiotika in den Griff bekommen lassen, kostet die Therapie dieser Krankheit die Krankenhäuser der Vereinigten Staaten jährlich zweistellige Milliardenbeträge.[62] Centocor hatte sich die Behandlung der Sepsis als Kerngebiet der Firma auf die Fahnen geschrieben.[63] Angeregt durch die Arbeit von Beutler und Cerami wollte man dort nun versuchen, Sepsis auch beim Menschen durch die Hemmung von TNF zu behandeln.

Nun konnte man Vilčeks Anti-TNF nicht einfach auf der Stelle beim Menschen ausprobieren, denn der Antikörper war in Mäusen hergestellt worden und musste modifiziert werden, damit er den beim Menschen natürlicherweise vorkommenden Molekülen ähnlicher wurde. Andernfalls wäre der Antikörper selbst im menschlichen Körper als Fremd-Antigen wahrgenommen worden und hätte eine eigene Immunreaktion in Gang setzen können. Um dem aus dem Weg zu gehen, wurden Segmente der Gene für den Maus-Antikörper mit menschlichen Antikörper-Genen kombiniert, um einen neuen Antikörper halb Maus, halb Mensch zu konstruieren.[64] Genau genommen war dieser 34 Prozent Maus und 66 Prozent Mensch, die Antigen-Erkennungsstelle wurde in der Mausvariante belassen, von der man wusste, dass sie das Zytokin effizient bindet, das andere Ende wurde von menschlichen Genen kodiert – eine Chimäre, so etwas wie ein Löwe mit dem Kopf einer Ziege, auf molekularer Ebene.

Im Jahr 1991 testete Centocor seinen chimären Antikörper bei Sepsis-Patienten.[65] Zwar fielen keine größeren Nebenwirkungen ins Auge, doch auch der therapeutische Effekt war nicht klar auszumachen. Was bei Mäusen funktionierte, funktionierte beim Menschen nicht sonderlich gut – ein altbekanntes Thema in der medizinischen Forschung. Es hatte den Anschein, als würde der Antikörper gegen TNF als wissenschaftliches Werkzeug enden – vielleicht als Teil eines diagnostischen Tests auf die Zytokinmenge im Blut oder Ähnliches –, aber nicht als medizinisches Präparat taugen.[66] Anfang 1991 suchte Feldmann schließlich Centocor auf schlug vor, den Antikörper bei Patienten mit rheumatoider Arthritis zu testen.

Zu jenem Zeitpunkt hatte Feldmann bereits einige Hinweise darauf gesammelt, dass TNF bei rheumatoider Arthritis eine wichtige Rolle spielt und es den Patienten helfen könnte, wenn man seine Aktivität hemmte. Mainis Arbeitsgruppe hatte gezeigt, dass das Zytokin zur rechten Zeit am rechten Ort war, um maßgeblich an der Symptomatik beteiligt sein zu können. In Feldmanns Team hatte (die traurigerweise 2012 an Brustkrebs verstorbene) Fionula Brennan geschaut, was passiert, wenn man den Antikörper gegen TNF zu Zellen gibt, die man aus dem entzündeten Gelenk eines Patienten entnommen hat. Das Ergebnis war eine Offenbarung. Brennan stellte fest, dass, sobald TNF blockiert war, auch die Produktion anderer Zytokine eingestellt wurde.[67] Sie wiederholte das Experiment siebenmal, um sich absolut sicher zu sein.[68] Demnach musste TNF an der Spitze einer Kaskade von Ereignissen stehen oder Knotenpunkt in einem Netzwerk sein, die oder das dazu führte, dass andere entzündungsfördernde Zytokine gebildet wurden. Diese Ergebnisse verstießen komplett gegen die einhellige Lehrmeinung jener Zeit, derzufolge für etwas so Komplexes wie die Entzündung bei einer rheumatoiden Arthritis nie und nimmer ein einzelnes Molekül verantwortlich sein könne. Damit nicht genug, glaubten die meisten Wissenschaftler, es bestehe innerhalb des Zytokinsystems ein hohes Maß an Austauschbarkeit (Redundanz), so dass es für die Entzündung insgesamt ziemlich unerheblich wäre, wenn man eine Komponente hemmte, weil andere Zytokine in die Bresche springen würden. Dieses Bild sei falsch, argumentierte Feldmann, und die Blockade des einen Zytokins TNF könne diese Autoimmunkrankheit aufhalten.

Ein anderer Mitarbeiter in Feldmanns Team, Richard Williams, testete die Überlegung bei Mäusen. Die Symptome – allerdings nicht die zugrunde liegenden Ursachen – der menschlichen Arthritis-Erkrankung wurden bei Mäusen nachgebildet, indem man den

Tieren Kollagen, einen Hauptbestandteil von Knorpel, spritzte, so dass sich eine Immunreaktion gegen dieses Protein entwickelte, durch die sich die Gelenke entzündeten und anschwollen. Den betroffenen Mäusen wurde dann eine Injektion mit Anti-TNF verabreicht, und bei hinreichend hoher Dosierung ging die Entzündung zurück, die Knorpelschädigung in den Gelenken der Tiere hörte auf.[69] Das zeigte, dass Mäuse durch eine Injektion mit Anti-TNF-Antikörpern von den Symptomen einer Arthritis geheilt werden konnten.[70] Dennoch waren viele bei Centocor skeptisch, dass dies auch bei Menschen funktionieren würde – teils auch deshalb, weil der einzige Rheumatologe der Firma seine eigenen Vorstellungen davon hatte, was zur Behandlung von rheumatoider Arthritis zu tun sei.[71]

Wichtig für die weitere Entwicklung war, dass James »Jim« Woody, der einst in London unter Feldmann die Forschungsarbeiten für seine Dissertation durchgeführt hatte, nun wissenschaftlicher Leiter von Centocor war und Gefallen an der Idee gefunden hatte. Ja, als er die Stelle bei Centocor antrat, wusste er bereits, dass diese Möglichkeit am Horizont winkte, und half, ihr den Weg zu bereiten, indem er Feldmann bei anderen Projekten von Centocor einband, so dass dieser, als er sich mit seiner Idee zur Behandlung von rheumatoider Arthritis aus der Deckung wagte, in der Firma bereits als führender Wissenschaftler anerkannt war. Vilček glaubt, dass Centocor den Anti-TNF-Antikörper nicht bei Patienten ausprobiert hätte, wäre Woody nicht gewesen und hätte sich als Fürsprecher seines ehemaligen Chefs eingesetzt, weil das Ganze »so spekulativ« war.[72] Aber Woody *war* da, und Centocor willigte ein, genügend Antikörper für eine kleine klinische Studie bereitzustellen. Oft ist eine persönliche Beziehung das Einzige, was nötig ist, um die Dinge ins Rollen zu bringen.

Centocor erlaubte Feldmann und Maini, am Charing Cross Hospital in London eine kleine Studie mit zunächst nur zehn Patienten durchzuführen, später mit noch einmal zehn, alle ohne Placebo-Kontrollen. Sie verzichteten deshalb auf solche Kontrollen, weil zu diesem Zeitpunkt jeder das Ganze für ein wissenschaftliches Experiment hielt, das grob zeigen sollte, ob die Hemmung von TNF in irgendeiner Weise geeignet wäre, Patienten zu helfen, und – auch wenn es sich im Rückblick seltsam ausnimmt – niemand ernsthaft glaubte, dass sich der Antikörper selbst als Medikament würde einsetzen lassen.[73] Maini rekrutierte Patienten, die auf andere Präparate, die zu jener Zeit verfügbar waren, nicht angesprochen hatten. Jeder, den er fragte, war nur zu froh, teilnehmen zu dürfen, auch wenn er ihnen lang und breit die Risiken eines möglicherweise gefährlichen Experiments auseinandersetzte.[74]

Centocors Studie bei Sepsis-Patienten hatte 1991 gezeigt, dass der Antikörper im Großen und Ganzen einigermaßen sicher war, aber Feldmann und Maini waren trotzdem vorsichtig, und jede Infusion wurde zu Beginn sehr langsam gegeben. Beim ersten Patienten, behandelt am 28. April 1992, ließen sie eine Krankenschwester Nachtwache halten. Sie hätte sich keine Sorgen zu machen brauchen. Viele Patienten erklärten, sie hätten sich auf der Stelle besser gefühlt, sobald sie die Infusion bekommen hatten. »Es war eine sehr aufregende Zeit«, erinnert sich Feldmann, »allen Patienten, die wir behandelten, ging es unglaublich schnell besser.«[75] Graphiken, Säulendiagramme und statistische Analysen veranschaulichten die Ergebnisse – nach zwei Wochen war ein signifikanter Rückgang der Schwellungen und der Berührungsempfindlichkeit bei den Gelenken der Patienten festzustellen[76] –, aber der Videomitschnitt von Patientin Nummer acht sagte alles.

Vor der Behandlung geht die Patientin sehr langsam, Stufe um Stufe, eine kurze Treppe hinauf und hinunter, sie hält sich am Geländer fest und hat eindeutig Schmerzen. Vier Wochen nach der Behandlung rennt sie die Treppe genauso schnell herunter, wie jeder andere es tun würde. Unten angekommen, reißt sie die Arme hoch und ruft Tada!! Das Glück in ihrem Gesicht macht deutlich, worum es hier geht.

Vilček erinnert sich, dass er das Video, kurz nachdem es aufgenommen worden war, in den Räumlichkeiten von Centocor zu sehen bekam.[77] Obwohl es bei dieser kleinen Studie keinerlei Kontrollpatienten gab, war ihm klar, dass eine derart tief greifende Veränderung im Wohlbefinden eines Patienten auf keinen Fall durch einen Placeboeffekt – sprich die positive Vorwegnahme einer Besserung durch das Gehirn – zustande gekommen sein konnte. Aber noch war eine riesengroße Frage unbeantwortet: Wie lange würde die Besserung anhalten? Alle Beteiligten – Patienten, Kliniker und Wissenschaftler – wussten, dass die nächsten paar Monate von entscheidender Bedeutung sein würden. Alle Patienten kehrten mit neuer Gesundheit in ihren normalen Alltag zurück. Ein Zahnarzt – Patient Nummer drei – konnte bereits zwei Wochen nach der Behandlung wieder Golf spielen und fing bald darauf wieder an zu arbeiten.[78] Aber leider war die Besserung nur von kurzer Dauer, alle erlitten einen Rückfall.

Offensichtlich war der Antikörper keine Heilung, sondern vermochte lediglich die Symptome zu lindern. Das bedeutete, dass der nächste logische Schritt darin bestand zu schauen, was passiert, wenn man das Zytokin wiederholt hemmte. Feldmann und Maini erhielten die Erlaubnis der Ethikkommission, einige der Patienten erneut zu behandeln, und wieder war bei allen eine deutliche Besserung zu verzeichnen. Noch immer handelte es sich bei den Ergebnissen um Einzelfallberichte und keine kontrollierten Studien. Nur zwanzig Personen hatten die erste Dosis bekommen, nach dem Rückfall waren acht ein weiteres Mal behandelt worden. Als wissenschaftliches Experiment mochte es einen gewissen Informationswert haben, aber medizinischer Fortschritt erfordert eine ordentliche klinische Studie – randomisiert und doppelblind, damit weder Arzt noch Patient wissen, wer das neue Mittel bekommt und wer nicht.

Die Ergebnisse der ersten formal korrekten Studie waren eindeutig: Anti-TNF-Antikörper verbesserten den Zustand von Patienten mit rheumatoider Arthritis. Detaillierte Blutanalysen bestätigten, dass der Antikörper genauso arbeitete, wie Feldmann und Maini es vorhergesagt hatten: Die Ausschaltung dieses einen

Zytokins drosselte die Produktion anderer entzündungsfördernder Zytokine, und Biopsien zeigten, dass in die entzündeten Gelenke weniger Immunzellen einwanderten. Feldmann ist der Ansicht, dass eine derart detaillierte Untersuchung dessen, was sich da bei den Patienten abspielte – das Entnehmen von Biopsiematerial und die Untersuchung von 400 ml Blut von jedem einzelnen Patienten –, nur möglich war, weil die Studie von Akademikern und nicht von einer Firma durchgeführt worden sei. Die meisten klinischen Programme, glaubt er, investieren weder die Zeit noch das Geld in so umfassende Analysen, und das ist überaus bedauerlich.[79]

Damit soll nun nicht gesagt sein, dass in den Händen der Wissenschaftler alles reibungslos glatt lief. Irgendwann taute eine Gefriertruhe ab, und entscheidend wichtige Proben verdarben. »Es tat körperlich weh, an all die wissenschaftlichen Möglichkeiten zu denken, die da verloren gegangen waren«, erinnert sich Feldmann.[80] Bei der nächsten klinischen Studie – einem umfassenden Vergleich des TNF-Antikörpers mit herkömmlichen Therapien, eine sogenannten Phase-III-Studie – war Centocor schwer darauf erpicht, den Antikörper so rasch wie irgend möglich als Arzneimittel zugelassen zu bekommen, weswegen weniger Proben genommen wurden und, so Feldmann, die detaillierte Analyse in den Hintergrund trat.

Die Phase-III-Studie ergab, dass der Antikörper gegen TNF als Behandlung wirksam und besser als alle anderen zu jener Zeit verfügbaren Therapien war. Experimente an Mäusen zeigten, dass seine Wirksamkeit erhöht werden konnte, wenn man ihn mit anderen Medikamenten kombinierte, die die Immunantwort dämpfen halfen, und daraus ging direkt das hervor, was Patienten heute normalerweise verschrieben wird: Anti-TNF in Kombination mit einem anderen Wirkstoff wie Methotrexat, der viele Wirkungen im Körper hat, unter anderem drosselt er, wie sich gezeigt hat, T-Zell-vermittelte Immunreaktionen. Dies war ein frühes Beispiel für den Einsatz von Arzneimittelkombinationen zur Behandlung von Krankheiten, etwas, das heute weit geläufiger ist. Polypharmazie nennt Feldmann es.[81]

Das ehrgeizige Ziel, eine Sepsistherapie zu finden, erreichte Centocor nie. Diese Krankheit bleibt notorisch schwer zu behandeln, vermutlich deshalb, weil sich im Körper derart rasch ein Entzündungssturm zusammenbraut, dass es furchtbar schwer ist, diesen unter Kontrolle zu bekommen. Als klarwurde, dass seine Bemühungen um ein Mittel gegen die Sepsis fruchtlos blieben, fiel der Preis der Centocor-Aktie 1992 binnen weniger Monate von 50 auf 6 Dollar, die Belegschaft wurde von 1600 auf 400 verkleinert.[82] Die Anti-TNF-Therapie rettete die Firma. Ihr chimärer Mensch-Maus-Antikörper kam als Medikament Remicade auf den Markt.[83] Letztlich wurde die Firma 1999 von Johnson & Johnson für 4,9 Milliarden Dollar aufgekauft.[84] Vilček erinnert sich, dass der Preis seinerzeit hoch erschien – zu Anfang lief der Verkauf von Remicade sehr schleppend, weil es sich um eine so radikal neue Art von Medikament handelte und die Ärzte sich nicht eben darum rissen, so etwas zu verschreiben –, im Nachhinein aber sollten sich die 4,9 Milliarden als gutes Geschäft erweisen.[85]

Feldmann bedauert, dass die Hemmung des Tumornekrosefaktors schon wieder eine britische Erfindung war, deren kommerzielle Ernte in den Vereinigten Staaten eingefahren wurde. Er war an verschiedene Firmen im Vereinigten Königreich herangetreten, aber niemand hatte Interesse gezeigt: Lediglich die charismatischen Köpfe bei Centocor ließen sich auf das Ganze ein.[86] Viele der Konkurrenten von Centocor auf dem amerikanischen Markt – unter ihnen Abbott, Roche und Immunex – stellten in der Folge weitere Medikamente her, die TNF ebenfalls hemmen. Beutler half, eine der Alternativen zu entwickeln: eine lösliche Version des natürlichen TNF-Rezeptors. Diese konkurriert sozusagen als Lockvogel mit dem eigentlichen Rezeptor und verhindert, dass das Zytokin seinen richtigen Adressaten auf der Oberfläche von Immunzellen erreicht. Die von Immunex geleitete klinische Entwicklung von Beutlers Präparat begann zwei Jahre nach der von

Centocor, legte aber ein solches Tempo vor, dass es im November 1998 tatsächlich als erstes Anti-TNF-Mittel gegen rheumatoide Arthritis auf den amerikanischen Markt kam, damals unter dem Handelsnamen Enbrel.[87] Andere US-Firmen stellten alternative Varianten des TNF-Antikörpers her, darunter eine komplett menschliche Version, die ab 2002 verfügbar war.[88] All diese Medikamente waren ausgesprochen erfolgreich. Herkömmlicherweise gilt innerhalb der pharmazeutischen Industrie und auch zum Beispiel nach den Konventionen der Europäischen Kommission ein Medikament dann als Kassenschlager, wenn es einen Umsatz von einer Milliarde erreicht, und Centocors Antikörper schaffte ein Vielfaches davon. Unternehmen im Vereinigten Königreich gingen bei einer Therapie, die allein im Jahr 2013 9,3 Milliarden Gewinn machte, weitgehend leer aus. Das kann man für wichtig oder nebensächlich halten, zweifellos wichtig aber ist, dass aufgrund von Medikamenten, die TNF hemmen, weit weniger Menschen mit rheumatoider Arthritis im Rollstuhl landen.

Wäre rheumatoide Arthritis die einzige Krankheit, die man durch die Hemmung des Tumornekrosefaktors heilen kann, wäre die Therapie noch immer ein Renner, aber es zeigte sich, dass das Verfahren bei einem sehr viel weiteren Kreis von Krankheiten von Nutzen ist. Die Hemmung dieses Zytokins hilft Entzündungen in vielen anderen Situationen eindämmen: bei entzündlichen Darmerkrankungen wie Morbus Crohn oder Colitis ulcerosa zum Beispiel, in der Haut bei Schuppenflechte und in den Gelenken der Wirbelsäule beim Morbus Bechterew. Rund um den Erdball wurden bislang mindestens 1,8 Millionen Menschen mit dem Anti-TNF-Antikörper von Centocor behandelt.[89]

Dieser Erfolg fiel weder vom Himmel, noch verlief er geradlinig: Eine Menge kleiner Schritte war nötig, bis Centocor den Antikörper halb Maus, halb Mensch hergestellt hatte, den Feldmann und Maini testen konnten und der auf jenem basierte, den Vilček entwickelt hatte. Dem Triumph gingen Phantasie und harte Arbeit voraus, aber auch ein Gewirr aus glücklichen Fügungen und Zufallsereignissen. In seiner Autobiographie zieht Vilček zur Illustration dessen ein Zitat von E. B. White heran, dem Autor der Kinderbücher *Stuart Little* und *Charlotte's Web*: »Niemand sollte nach New York ziehen, wenn er nicht vorhat, Glück zu haben.«[90]

Alle, die unmittelbar zur Entdeckung der Anti-TNF-Präparate beigetragen haben, verdienen gefeiert zu werden. Viele haben, sehr zu Recht, prestigeträchtige wissenschaftliche Preise gewonnen. 2013 erhielt Vilček die amerikanische National Medal for Technology and Innovation aus den Händen von Präsident Barack Obama, der Vilčeks Leben in ein paar bewegenden Sätzen zusammenfasste. Vilček wünschte, seine Eltern wären noch am Leben gewesen, um sie zu hören.[91] Im Jahr 2003 gewannen Feldmann und Maini den renommierten Albert Lasker Award for Medical Basic Research (Albert-Lasker-Preis für medizinische Grundlagenforschung) und 2014 den Canada Gairdner International Award. Aber auch diejenigen, die an anderen Zytokinen und Krankheiten arbeiteten, leisteten wichtige Forschung. Schließlich hätte es durchaus sein können, dass die Hemmung anderer Zytokine Patienten mit rheumatoider Arthritis hilft – tatsächlich wissen wir, dass die Blockade von IL-6 ebenfalls zuträglich ist –, und vielleicht hätte sich beispielsweise auch gezeigt, dass die Hemmung von TNF zur Behandlung von Sepsis taugt. Man braucht einen großen Kreis von Leuten, um alle Möglichkeiten zu testen.

Tatsächlich basiert die Anti-TNF-Therapie im Unterschied zur Impfung – deren Wirksamkeit entdeckt wurde, lange bevor irgendwer sich einen Reim darauf machen konnte, wie sie funktioniert – direkt auf dem Wissen um die Zellen und Moleküle, die zusammen unser Immunsystem ausmachen: Wissen, das von Tausenden Wissenschaftlern zusammengetragen wurde. Wir erzählen die Geschichte von Individuen – und vielleicht ist es auch das Ego, das Wissenschaftler zum Handeln treibt –, aber kein Wissenschaftler ist eine Insel. In gewisser Weise verdankt sich diese Therapie dem kollektiven wissenschaftlichen Drang, das Wesen der Immunität zu verstehen. Maini ist besonders stolz auf den Umstand, dass seine Arbeit dazu beitrug zu zeigen, welches Potential die solchermaßen ins Kleinste gehende Molekularwissenschaft Immunologie hat, medizinischen Fortschritt zu bewirken.[92]

*

Wissenschaft kennt keine Enden. Entdeckungen werden gemacht, neue Therapien gefunden, aber alles führt zu etwas anderem. Die Entdeckung der Anti-TNF-Therapie war insofern ein Einschnitt, als damit eine neue Strategie zur Bekämpfung von Krankheiten gefunden war: ein Eingriff in das Immunsystem (statt der direkten Bekämpfung von Erregern etwa mit Antibiotika), und zwar auf ganz andere Weise als mit einer Impfung. Feldmanns nächster großer Schritt war die Überlegung, wie viele andere Krankheiten sich wohl noch mit Medikamenten würden behandeln lassen, die als Zytokinhemmer wirken. Obwohl wir bisher noch nicht wissen, in welchem Maße Asthma, Diabetes, Husten, Erkältungen und Schlaganfälle durch die Manipulation des Zytokinspiegels angegangen werden können, sind all die hier genannten und viele andere Krankheiten und Leiden potentielle Ziele. Pharmaunternehmen und viele wissenschaftliche Forschungslabors sind an dieser Sache dran und setzen darauf, dass der Erfolg der Hemmung von TNF kein einmaliger Glücksfall, sondern der Anfang von etwas weit Größerem ist.

Damit soll nicht gesagt sein, dass die Blockade von TNF die perfekte Heilmethode ist – weit gefehlt! Es gibt bei dieser Therapie mindestens drei wichtige Probleme: Erstens wird durch die teilweise Hemmung des Immunsystems unausweichlich unsere Verteidigung gegen Infektionen geschwächt.[93] Schwerwiegende Probleme kommen nicht allzu oft vor, aber bei Menschen mit einer latenten Tuberkulose zum Beispiel – die keine Krankheitssymptome zeigen, weil ihr Immunsystem die Infektion im Normalfalle unter Kontrolle hält – besteht ein erhöhtes Risiko für eine

Reaktivierung der Krankheit, wenn ihr Immunsystem durch ein Anti-TNF-Präparat gedämpft wird.[94]

Ein weiteres Problem bei der Anti-TNF-Therapie ist, dass sie bei einem beträchtlichen Teil der Patienten nicht anschlägt: Immerhin vier von zehn Rheumatikern erleben keine deutliche Besserung.[95] Die Kombination mit anderen Mitteln vermag die Ansprechrate zu erhöhen, aber leider haben wir momentan keine Möglichkeit, im Voraus abzuschätzen, wer reagieren wird und wer nicht. Die Standardvorgehensweise besteht in der medizinischen Praxis in diesem Falle aus Versuch und Irrtum: Man gibt den Patienten einfach eines von den Präparaten, die TNF hemmen, und wenn sich nach etwa drei Monaten keine deutliche Besserung einstellt, wechselt man zu einer anderen Anti-TNF-Strategie oder etwas ganz anderem. Maini glaubt, dass es für die Frage, ob jemand reagiert oder nicht, unter anderem darauf ankommen könnte, wie lange das Problem bereits andauert.[96] Besteht die Entzündung in den Gelenken des Patienten bereits über einen sehr langen Zeitraum, ist sie Mainis Ansicht nach möglicherweise – wie und warum, ist im Moment noch offen – komplexer und daher schwerer unter Kontrolle zu bringen. Vielleicht begründet das auch, warum manche Patienten zuerst gut auf die Therapie ansprechen, das Mittel aber mit der Zeit seine Wirksamkeit einbüßt.[97] Das dritte Problem schließlich ist, dass die Hemmung von TNF im besten Falle eine wirksame Behandlung ist, aber keine Heilung.[98] Die Suche nach Heilung geht unvermindert weiter.

Die Forschungen von Feldmann und Maini waren allein deshalb von so außerordentlicher Tragweite, weil das Präparat, das sie verwendeten, etwas so Besonderes war. Seinerzeit hatte sich das Potential von Antikörpern als Arzneimittel noch nicht allzu weit herumgesprochen, denn diese waren – und sind immer noch – sehr teuer in der Herstellung. Die Hybridomazellen, die die Antikörper produzieren, muss man in einem Nährmedium züchten, das um die fünfzig Zutaten enthält. Sogar bei optimalen Bedingungen und in einem perfekt eingestellten Bioreaktor produziert jede einzelne Zelle nur eine winzige Menge an Antikörper, die dann aufgereinigt werden muss, bis sie den Standard erreicht hat, der für den Einsatz als Arzneimittel als sicher gilt. Ein paar Firmen, darunter auch Centocor, gründeten sich, weil sie fest glaubten, dass man mit Antikörpern Geld verdienen könne. Aber selbst sie gingen davon aus, dass es höchstwahrscheinlich sehr viel leichter sein würde, die Zulassung für den Einsatz von Antikörpern in diagnostischen Blutuntersuchungen zu bekommen als für eine Behandlung im eigentlichen Sinne. Centocors erstes Antikörperprodukt war zum Beispiel ein Test auf das Hepatitis-B-Virus.[99] Der therapeutische und kommerzielle Erfolg des Antikörpers gegen TNF führte jedermann die eigentlichen Dimensionen des Potentials dieser neuen Art von Arzneimittel vor Augen.

Der Antikörper gegen TNF war genau genommen nicht das erste Präparat dieser Art, das eine Zulassung als Arzneimittel erhielt. Vor ihm gab es ein anderes, 1985 unter dem Namen Orthoclone zugelassen, das an weiße Blutzellen aus der T-Zell-Gruppe binden und diese eliminieren oder deaktivieren sollte. Man hoffte, dass dieser Antikörper eine Immunreaktion bei Transplantationspatienten im Keim ersticken würde, die anderweitig zur Abstoßung des transplantierten Organs führen würde. Orthoclone war zugelassen für den Einsatz bei Patienten mit Nieren-, Herz- und Lebertransplantationen, wird aber heute nicht mehr verwendet. Es war nicht besonders wirksam, und die Nebenwirkungen waren schwerwiegend. Manche Patienten entwickelten lebensbedrohliche Symptome, weil die Behandlung in manchen Fällen T-Zellen dazu veranlasste, große Mengen an Zytokinen auszuschütten. Seit Köhler und Milstein gelernt hatten, Antikörper nach Maß zu schneidern, lag die Möglichkeit in der Luft, dass es dafür eine Anwendung in der Medizin geben müsse.[100] In der Praxis aber hat es fast zwanzig Jahre gedauert, bis der Antikörper gegen TNF entwickelt war, das Unterfangen hatte viel Ähnlichkeit mit der Suche nach dem Ende eines Regenbogens.

Einer der wichtigsten therapeutischen Antikörper, die in der

Folge entwickelt wurden, ist Rituximab. Er ist kein Zytokinhemmer, sondern bindet direkt an ein Molekül auf der Oberfläche von B-Zellen, worauf diese spezielle B-Zelle zerstört wird. Für den Mechanismus gibt es drei unterschiedliche Wege. Erstens kann der Antikörper die B-Zelle dazu veranlassen, sich selbst zu zerstören. Milliarden unserer Zellen sterben täglich auf diese Weise und sorgen so für einen gesunden Zellumsatz. Rituximab kann zum einen dieses Zelltod-Programm direkt in Gang setzen. Außerdem kann er B-Zellen mittelbar zum Absterben bringen, indem er bestimmte Proteinfaktoren aus dem Blut anlockt: Während der Antikörper mit seinem antigenbindenden Ende an die B-Zelle angedockt hat, heften sich bestimmte Proteine an sein anderes Ende, die dann eine Abfolge von Reaktionen in Gang setzen, die letztlich zur Zerstörung der Zelle führen. Drittens schließlich kann dieses Ende auch von den natürlichen Killerzellen des Immunsystems erkannt werden, die sich dann abflachen, um die B-Zelle herumlegen und diese eliminieren. Auch diese beiden letztgenannten Prozesse sind Teil unserer normalen, naturgegebenen Immunantwort: Antikörper binden auf dieselbe Weise an Erreger oder infizierte Zellen, eben alles, was aus der Welt geschafft gehört. Rituximab sorgt im Prinzip dafür, dass die körpereigenen B-Zellen eines Menschen vom Immunsystem als etwas erkannt werden, das eliminiert werden muss.

Der B-Zell-Niedergang, den dieser Antikörper bewirkt, lässt nun seinerseits die Entzündungsreaktion in den Gelenken des Patienten abflauen, daher wird Rituximab als Alternative für diejenigen Patienten mit rheumatoider Arthritis eingesetzt, die von einer Anti-TNF-Therapie nicht profitieren.[101] Erstmals zugelassen wurde der Antikörper 1997 allerdings nicht zur Linderung der Symptome bei rheumatoider Arthritis, sondern zur Behandlung von Krebs. Er wurde seither bei mehr als 750 000 Krebspatienten eingesetzt. Auf den ersten Blick mag es einem unwahrscheinlich vorkommen, dass ein Präparat, das gegen Krebs wirkt, auch bei rheumatoider Arthritis anschlägt, weil beide Krankheiten äußerlich betrachtet nicht sehr viel gemeinsam haben. Aber ein Antikörper, der B-Zellen abtötet, hilft bei solchen Arten von Krebserkrankungen – chronischer lymphatischer Leukämie und Non-Hodgkin-Lymphomen –, deren Ursache B-Zellen sind, die ihre eingebaute Kontrolle verloren haben und bösartig entarten. Ja, dieser Antikörper ist derart wichtig, dass er Eingang gefunden hat in die Liste der unentbehrlichen Arzneimittel der WHO, in der alle Präparate zusammengefasst sind, mit denen sich laut WHO »die dringlichsten Bedürfnisse einer Bevölkerung zur medizinischen Versorgung befriedigen« lassen.[102]

Unser zunehmend detaillierteres Wissen um Antikörper und Zelltod eröffnet immer neue Möglichkeiten, Designs zu optimieren: So lassen sich beispielsweise Antikörper mit leicht veränderter Struktur herstellen, die den Angriff von natürlichen Killerzellen besonders wirksam auslösen. Man hat darüber auch entdeckt, dass manche Menschen über eine genetische Variante verfügen, die ihre natürlichen Killerzellen weniger effizient im Abtöten von Zellen mit Antikörpern auf der Oberfläche machen. Bei Lymphompatienten gibt es Belege dafür, dass diese Variante mit einer weniger guten Reaktion auf Rituximab korreliert (aber das Thema ist noch nicht abschließend ausdiskutiert, weil diese Beobachtung nur in einigen Studien gemacht wurde).[103]

Nicht alle Antikörper, die an B-Zellen binden, sind gleich effizient, wenn es darum geht, den Zelltod anzustoßen. Ein wichtiges wissenschaftliches Ziel besteht daher darin zu verstehen, wann und warum Rituximab wirklich effizient ist. In meinem Labor nehmen wir mit modernsten Mikroskopen, die mit Laserstrahlen arbeiten – und von denen jedes über eine halbe Million Pfund kostet –, Videos auf, die zeigen, wie Rituximab an eine Tumorzelle bindet und dann Immunzellen zum Angreifen veranlasst.[104] Wir haben beobachtet, dass Rituximab eine entartete Zelle nicht gleichmäßig bedeckt, sondern sich meist auf einer Seite der Zelle anreichert, dabei einige Proteine an und in den Bereich lockt, wo der Antikörper gebunden hat, und andere auf die gegenüberliegende Zellseite treibt. Damit schafft der Antikörper der nahezu runden Zelle ein

Hinten und ein Vorne, oder, wie wir sagen: sorgt für eine Polarisierung der Zelle. Wir haben festgestellt, dass Krebszellen, die solcherart polarisiert wurden, leichter zum Absterben zu bringen waren; warum das so ist, wissen wir bislang nicht.

Allein beim Blick durch ein Mikroskop können wir den Schluss ziehen, dass die Wirksamkeit von Rituximab als Arzneimittel zum Teil auf seine Fähigkeit zurückzuführen ist, die Struktur einer Tumorzelle so zu verändern, dass diese anfälliger für den Angriff von Immunzellen wird. Daher könnte es bei der Entwicklung neuer antikörperbasierter Arzneimittel, die auf eine bestimmte Art von Zellen zielen, hilfreich sein, nicht nur nach solchen zu suchen, die an die richtige Art von Zellen binden, sondern auch nach solchen, die die entsprechenden Veränderungen in der Struktur der Zielzelle bewirken. Das ist allerdings noch ein Grenzgebiet der Forschung – mehr Hypothese als Tatsache –, und man weiß nicht genau, wie wichtig dies für den Organismus letztlich wirklich ist, denn wir können diese Vorgänge nur in Kultur beobachten. Es ist leider unmöglich zu sagen, ob Antikörper diese Prozesse auch im Patienten anstoßen. Genau dies aber hat Feldmann von Anfang an gefordert: Wir müssen wissen, was im Körper geschieht, wenn das gesamte System beteiligt ist, nicht nur, was in isolierten Kulturzellen passiert. Die Linsen von Mikroskopen und Teleskopen haben uns alle möglichen Arten von neuen Welten eröffnet: im Weltraum, in Tümpeln und in uns selbst. Neue Technologien, die unser Sehen erweitern können – insbesondere unser Sehen *ins Innere* des menschlichen Körpers –, werden in der medizinischen Forschung noch auf Jahre hinaus eine zunehmend wichtige Rolle spielen.

Mit dem Erfolg der Anti-TNF-Therapie und von Rituximab wurde es eine Weile zur Mode, nach immuntherapeutischen Strategien auf Antikörperbasis zu suchen, aber 2016 ließ der Enthusiasmus gewaltig nach. Als eine klinische Studie, bei der ein neuer Antikörper namens TGN1412 getestet wurde, furchtbar aus dem Ruder lief, entbrannte eine hitzige Debatte. Bei der Studie – durchgeführt von einem kleinen Unternehmen, das kurz darauf Insolvenz anmelden musste – wurde ein Antikörper eingesetzt, der T-Zellen aktivieren sollte, ohne dass zuvor wie üblich dendritische Zellen – Steinmans Alarmzellen – die Gefahr entdeckt haben mussten. Die Überlegung war, dass diese T-Zellen Tumorzellen bereitwilliger angreifen würden.

Bei Tieren verursachte das Präparat keinerlei Probleme, also wurde es bei Menschen getestet – zum Glück in extrem niedriger Dosierung. Alle sechs Probanden, denen das Medikament verabreicht wurde, erlitten Herz-, Leber- und Nierenversagen und durchlebten »viele Monate lang die Hölle«, wie ein Opfer später der BBC im Interview berichtete.[105] Wie wir bereits gesehen haben, verhalten sich Medikamente bei Menschen oft anders als bei Mäusen. Bei den Probanden aktivierte das Präparat die T-Zellen in einem solchen Ausmaß, dass diese begannen, gesunde Gewebe und Organe des Körpers anzugreifen. Die hyperaktiven Immunzellen setzten Zytokine in solchen Massen frei, dass sie für den Körper toxisch wurden. Das, was mit den Patienten während der Erprobung passierte, ähnelt in vielem dem, was bei einer Sepsis abläuft, einer Überreaktion des Immunsystems nach einer bakteriellen Infektion. Alle Patienten bekamen hohes Fieber, bei einem entwickelte sich eine Lungenentzündung, der Blutdruck sank rapide, Finger und Zehen liefen schwarz an. Zum Glück starb bei dieser Studie niemand, aber das Ganze war eine echte Tragödie.

Viele Wissenschaftler behaupten – im Nachhinein versteht sich –, ihnen sei schon immer klar gewesen, dass das Auslösen einer umfassenden Immunreaktion unter Umgehung der normalen Kontrollen und Vorsichtsmaßnahmen des Körpers keine gute Idee sein könne. Eine offizielle Untersuchung kam allerdings zu dem Schluss, dass die Probleme auf eine »nicht vorhergesehene biologische Wirkung des Medikaments beim Menschen« zurückzuführen seien.[106] Ob die Katastrophe nun vorhersehbar war oder nicht, die Nachwehen waren gigantisch, unter anderem kam es zu einer Überarbeitung der Regularien für klinische Studien am Menschen. Beispielsweise darf nun einer Gruppe Patienten ein neues

Medikament nicht mehr zur selben Zeit verabreicht werden: Ein Zeitintervall zwischen den einzelnen Gaben schafft die Chance, bei Nebenwirkungen frühzeitig einzugreifen. In diesem Falle erlitten die Patienten eine derart vehemente Entzündungsreaktion, dass man diese bei einem Zeitintervall von neunzig Minuten bemerkt hätte.[107] Das Abwarten dieser kurzen Zeitspanne hätte den anderen Probanden denselben Horror erspart. Die wichtige Lektion für die Wissenschaft aber bestand darin, herausgefunden zu haben – wenn auch allzu dramatisch –, dass das Herumspielen an unserem Immunsystem ähnlich ist wie die Nutzung von Kernenergie: Das Potential ist riesig, aber ein Fehler kann katastrophale Auswirkungen haben.

Schließlich und endlich hat uns die Entwicklung der Anti-TNF-Therapie vor Augen geführt, dass ein detailliertes Wissen über das Immunsystem sich auszahlt – nicht nur, weil es die verborgene Schönheit im Wirken des menschlichen Körpers enthüllt, sondern weil es sich hier um eine Gebiet der Wissenschaft handelt, aus dem sich neue medizinische Präparate gewinnen lassen. Dennoch ist der Weg zu neuen Arzneimitteln keine Autobahn. Es ist eine enge gewundene Gasse, auf keinem Navi verzeichnet und voller unübersichtlicher Kurven. Schnelles Fahren ist gefährlich. Wir müssen mehr von unserem Immunsystem kartieren, um die Grenzen zu verstehen, innerhalb derer es sicher arbeitet, und, ganz wichtig, wir müssen verstehen, wie es mit unseren anderen Körpersystemen vernetzt ist – und darauf wollen wir unser Augenmerk als Nächstes richten.

TEIL ZWEI

DIE GALAXIE IN UNSEREM INNEREN

5 FIEBER, STRESS UND DIE MACHT DES GEISTES

Anfang 1996 stolperte ich eines Tages über eine Möglichkeit, wie man Immunzellen dabei helfen könnte, Tumorzellen zu bekämpfen. Ich war damals fünfundzwanzig, hatte gerade in Glasgow meine Dissertation in Physik abgeschlossen und war soeben in einem Labor an der Harvard University eingetrudelt, wo ich mich mit Untersuchungen zum Immunsystem befassen wollte. Der Leiter des Labors, Jack Strominger, hatte in den 1950er Jahren maßgeblich dazu beigetragen, aufzudecken, wie Penicillin wirkt, und sich seither mit der Frage befasst, wie T-Zellen im Körper Krankheitserreger und sonstige Problemfälle erkennen, Studien, die ihm einen Platz auf der Kandidatenliste für den Nobelpreis eingebracht hatten.[1] Seine Arbeitsgruppe quoll über vor motivierten und begabten Wissenschaftlern, etwa zwanzig auf dem Hauptcampus der Harvard University und noch einmal so viele ein paar Kilometer weiter auf dem Campus der Harvard Medical School. Jeder von ihnen wusste weit mehr über das Immunsystem als ich mit meinem Physikstudium. Ich hatte das Gefühl, ich sei durch irgendeinen Fehler der Verwaltung hierher geraten.

Zu der Zeit, als ich dort anfing, konzentrierte sich Stromingers Labor darauf zu verstehen, wie und in welchem Maße unsere natürlichen Killerzellen – eine Untergruppe unserer weißen Blutzellen – Tumorzellen anzugreifen vermögen. Um dieser Frage nachzugehen, wurden natürliche Killerzellen aus Blut isoliert – Blut von den Wissenschaftlern auf dem Stockwerk – und mit verschiedenen Arten von Tumorzellen vermischt. Die Tumorzellen waren zuvor mit einem radioaktiven Isotop markiert worden, so dass bei ihrem Absterben Radioaktivität aus den zerstörten Zellen in das Nährmedium gelangte, in dem die Zellen lebten. Aus der im Medium gemessenen Radioaktivität konnten wir dann schlussfolgern, wie viele Tumorzellen von den natürlichen Killerzellen erledigt worden waren. Eines Tages fragte ich mich – warum auch immer, vielleicht weil ich Physik und nicht Biologie studiert hatte –, was wohl passieren würde, wenn wir die Zellen ein wenig erwärmten. Ich hatte dazu keine Hypothese, die ich testen wollte, oder irgendeine Vorhersage, was dabei wohl passieren würde, sondern war einfach nur neugierig. Also erwärmte ich die Tumorzellen kurz auf etwa 41 Grad und stellte fest, dass sie nun sehr viel effizienter zerstört wurden.

Ich bin dieser Beobachtung nie nachgegangen, aber ein paar Jahre darauf gelang anderen Wissenschaftlern ein Durchbruch, der die Erklärung hierfür brachte: Eine erhöhte Temperatur kann bestimmte Arten von Tumorzellen dazu bringen, auf ihrer Oberfläche sogenannte »stressinduzierbare Proteine« zu installieren – ihren Namen verdanken sie, wie sich denken lässt, dem Umstand, dass sie gebildet werden, wenn Zellen unter Stress stehen. Nicht gestresst im alltäglichen Sinne des Wortes, wie wir ihn verstehen, sondern Zellen zeigen eine Stressreaktion, wenn sie zum Beispiel durch zu hohe Temperaturen, Toxine und UV-Licht geschädigt werden. Proteinmoleküle werden durch Wärme verformt, UV-Licht kann das Erbgut schädigen, und wenn eine Zelle solche Probleme bekommt, installiert sie auf ihrer Oberfläche Proteinmoleküle, die sich auf gesunden Zellen nicht finden. Diese Proteine fungieren dann wie eine Signalboje, und wenn natürliche Killerzellen sie auf einer Zelle entdecken, greifen sie sie an.[2] Meine eigenen Beobachtungen waren in diesem Zusammenhang belanglos, die große Erkenntnis kam von denen, die die Vorgänge verstanden – aber es zeigt sehr schön, wie Wissenschaft manchmal einen Schritt nach vorn tun kann, wenn jemand vom Seitenrand eine Frage stellt. Das ist der Grund dafür, dass viele Laborleiter gerne Leute aus verschiedenen Forschungsrichtungen einstellen. Heute, inzwischen selbst Leiter eines Labors, weiß ich, dass es kein Fehler war, dass ich mit meinem Doktor in Physik in ein Spitzenlabor der Biologie aufgenommen wurde. Die Professoren in Harvard wissen, dass man durch Vielfalt vorankommt.

Die Idee, Krebs mit Übertemperatur zu behandeln, ist alles andere als neu. Ja, sie findet sich in der ältesten uns bekannten Beschreibung der Krankheit: dem dreieinhalbtausend Jahre alten Papyrus Edwin Smith.[3] Der vermutlich als Kopie eines altägyptischen medizinischen Lehrbuchs angefertigte Text beschreibt unter anderem detailliert, wie man mit heißen Klingen und Brennbolzen einem Tumor in der Brust zu Leibe rücken kann. Dahinter stand vermutlich mehr der Versuch, die Tumorzellen auszubrennen, als irgendetwas anderes. Moderne Experimente zeigen jedoch, dass hohe Temperaturen auch jenseits des Ausbrennens von erkrankten Zellen bei manchen Arten von Krebs in der Tat dabei helfen können, den Tumor zu behandeln. Bei Mäusen mit einer bestimmten Form von Lungenkrebs beispielsweise vermag eine erhöhte Temperatur im Fieberbereich die Ausbreitung des Tumors zu verlangsamen.[4] Und hält man Mäuse in Käfigen bei um die 30 Grad, dann lässt sich unter bestimmten Umständen die Anzahl an T-Zellen erhöhen, die einen Tumor infiltrieren und angreifen.[5] (Damit ist nicht gesagt, dass es sich hierbei um einen unmittelbaren Effekt handeln muss: Mäuse, die in warmer Umgebung gehalten werden, ruhen mehr, trinken mehr und so weiter, und jeder einzelne von diesen Faktoren kann sich auf ihre Immunantwort auswirken.)

In der heutigen Medizin werden beispielsweise mit Hilfe von Radiowellen manchmal Temperaturen von über 50 Grad erzeugt, um Tumorzellen direkt zu zerstören. Und in anderen Fällen hält man während der Verabreichung eines Präparats lokal oder im ganzen Körper die Temperatur im Fieberbereich, um dessen Wirksamkeit zu erhöhen – man bezeichnet diese Behandlung als Hyperthermie.[6] Als Routinebehandlung wird sie allerdings nicht eingesetzt, weil sich das Zusammenspiel von Temperaturerhöhung, stressinduzierbaren Proteinen, Entzündung und Krebs als weit komplexer erwiesen hat, als seinerzeit, da ich mein eigenes Experiment durchführte, irgendwer hätte ahnen können.

Zunächst einmal kann unser Immunsystem zwar Krebszellen in ihrer Entwicklung hindern oder zerstören, aber es kann auch das Gegenteil tun, und es gibt mindestens zwei Möglichkeiten, wie ein Tumor von einer Immunreaktion profitieren kann – und die Anwendung von Wärme kann hier kontraproduktiv wirken. Erstens machen sich viele Tumorzellen Eigenschaften von Immunzellen zu eigen – exprimieren zum Beispiel Proteinarrangements, die auch von Immunzellen verwendet werden, so dass sie selbst auf Zytokine und andere lösliche Faktoren reagieren, die im Verlauf einer Entzündung ausgeschüttet werden. Das ermöglicht es Tumorzellen, sich derselben Signalwege zu bedienen, die auch Immunzellen nutzen, um sich zu vermehren und im Körper zu zirkulieren, so dass auch sie wachsen und sich ausbreiten können. Zweitens profitieren solide Tumoren gelegentlich von lokalen Entzündungsreaktionen, weil diese dem Tumor eine gute Versorgung mit Nährstoffen und Sauerstoff gewährleisten. Ja, Immunzellen können Tumorzellen derart nützlich sein, dass manche Tumoren gar nicht versuchen, sich dem Angriff des Immunsystem zu entziehen, sondern tatsächlich Proteinmoleküle ausschütten, die Immunzellen anziehen, um dann in einer Art Symbiose mit ihnen zu leben.[7] Solche Tumoren schütten häufig Hormone aus, die das Wesen der Immunreaktion am Ort des Tumors verändern und die Angriffsfähigkeiten der Immunzellen lahmlegen, während sie eine dem Tumor förderliche Entzündung begünstigen.[8] Ein Tumor, der eine lokale Entzündung aufrechterhält, wird manchmal als eine nie heilende Wunde angesehen.

Eine weitere Komplikation besteht darin, dass Tumorzellen, die auf ihrer Oberfläche stressinduzierbare Proteine tragen – die, wie oben beschrieben, von natürlichen Killerzellen als Krankheitssignale erkannt werden –, manchmal lösliche Varianten eben dieser Proteine in ihre Umgebung ausschütten können. Diese können dann als »Attrappe« wirken, die an die Rezeptoren der Immunzellen bindet und diese daran hindert, die eigentlichen Tumorzellen zu entdecken.[9] Aber auch hier ist wieder genau das Gegenteil möglich. In manchen Experimenten wurde festgestellt, dass lösliche Varianten der stressinduzierbaren Proteine von Tumorzellen natürliche Killerzellen in erhöhte Alarmbereitschaft versetzen und nur umso effizienter im Angreifen von Tumorzellen machen können.[10] Mit anderen Worten: Von Tumorzellen ausgeschüttete Substanzen können unter gewissen Umständen einen Angriff des Immunsystems abwehren, in anderen hingegen verstärken. Das jedenfalls ist der allerneueste Stand der Forschung, von hier an wird unser Wissen verschwommen, und das erklärt auch, warum es so schwer ist zu sagen, ob, wann und für welche Arten von Krebs es sinnvoll sein kann, die Produktion von stressinduzierbaren Proteinen zu erhöhen – sei es durch Wärme oder auf andere Weise.

Den Sonderfall Krebs für den Augenblick einmal beiseitegelassen, ist die Tatsache, dass alle gleichwarmen Tiere imstande sind, ihre Kerntemperatur im Verlauf einer Infektion zu erhöhen – was wir als Fieber bezeichnen –, ein klares Indiz dafür, dass diese Fähigkeit einen ungeheuren Überlebensvorteil bedeutet haben muss – insbesondere deshalb, weil sie Unmengen an Energie verschleißt: Der Anstieg der Körpertemperatur um 1 Grad Celsius erfordert eine Erhöhung des Stoffwechselumsatzes um 10 bis 12 Prozent.[11] Noch erstaunlicher aber ist, dass auch wechselwarme Tiere – Reptilien, Fische und Insekten – ihre Temperatur im Verlauf einer Infektion zu erhöhen vermögen. Da sie ihre Temperatur nicht aus sich heraus verändern können, bewerkstelligen sie dies, indem sie sich in eine wärmere Umgebung begeben. Diesem wärmesuchenden Verhalten eines infizierten Leguans oder Thunfischs lässt sich (man höre und staune) mit fiebersenkenden Medikamenten wie Aspirin entgegenwirken.[12] Das heißt, dass zumindest ein Teil der chemischen und biologischen Prozesse, die einen Fisch oder ein Reptil dazu veranlassen, während einer Infektion ein wärmeres Habitat aufzusuchen, denen ähneln muss, die sich bei uns während eines Fieberschubs abspielen. Sogar Pflanzen sind allem Anschein nach zu etwas Fieberähnlichem in der Lage: Bei Bohnenpflanzen erhöht sich im Falle einer Pilzinfektion die Temperatur in den Blättern.[13]

Den überwiegenden Teil der Menschheitsgeschichte hindurch wurde Fieber als etwas Dämonisches oder Übernatürliches betrachtet, ein Problem, das es abzustellen gilt. Im Verlauf des 18. und 19. Jahrhunderts hieß es oft, jemand sei an einem Fieber gestorben: Gelbfieber, Denguefieber, Parientalfieber (Typhus) und so weiter.[14] Die Ärzte griffen zum Teil zu schaurigen Methoden, um dem Fieber abzuhelfen, ließen ihre Patienten schwitzen, erbrechen oder zur Ader. Heute wissen wir, dass Fieber Teil der körpereigenen Reaktion auf eine Erkrankung ist und keine eigenständige Krankheit. Wir alle haben hin und wieder Fieber, eine kleine Erinnerung daran, wie sehr unser Wohlbefinden von der Grundphysiologie unseres Körpers abhängt.

Die Temperatur zu erhöhen hilft dem Körper auf alle mögliche Art und Weise, Infektionen zu begegnen: Fieber greift Erreger direkt an und erhöht die Aktivität unseres Immunsystems. Die meisten Erreger, die uns heimsuchen, hat die Evolution so geformt, dass sie bei normaler Körpertemperatur gedeihen. Die Vermehrungsrate eines Virus beispielsweise sinkt auf ein Zweihundertstel, wenn die Temperatur auf 40 bis 41 Grad steigt.[15] Fieber hilft dem Immunsystem auch, indem es die Zahl der Immunzellen erhöht, die von ihrem Entstehungsort im Knochenmark ins Blut entsendet werden. Dies und die Tatsache, dass Wärme außerdem Immunzellen dazu veranlasst, Rezeptorproteine herzustellen, die sie zum Ort der Entzündung führen, bedingt, dass Fieber den Strom von Immunzellen dahin lenkt, wo sie gebraucht werden.[16] Sind die Zellen am richtigen Ort angelangt, werden durch die erhöhte Temperatur alle möglichen Arten von Immunzellaktivitäten verstärkt: Makrophagen vertilgen verstärkt Bakterien, B-Zellen produzieren mehr Antikörper, dendritische Zellen (Steinmans Haustierchen) aktivieren verstärkt T-Zellen und so weiter. Aber wie alles, was mit dem Immunsystem zu tun hat, kann dieser Prozess auch entgleisen. Fieber kann hin und wieder zu Krämpfen führen – auch wenn diese selten wirklich gefährlich sind, weit häufiger ist das Empfinden, dass Geist und Körper einem nicht mehr gehören.[17]

Der Seelenschmerz, der mit Fieber einhergeht, illustriert das Band zwischen unserem Immunsystem und unserem Geisteszustand. Es ist ein Gefühl, das sich mit Worten schwer ausdrücken lässt – sogar für jemanden so Wortgewaltigen wie Virginia Woolf: »Das Englische, das die Gedanken Hamlets und die Tragödie des Lear ausdrücken kann, hat keine Worte für Fieberschauer und Kopfweh. Es hat sich nur in eine Richtung entwickelt. Das kleinste Schulmädchen, wenn es sich verliebt, hat Shakespeare oder Keats, die ihm aus der Seele sprechen; aber ein Leidender versuche, den Schmerz in seinem Kopfe dem Doktor zu beschreiben, und sogleich versiegt die Sprache.«[18]

Der Auslöser, auf den hin der Körper – bei uns und vermutlich allen anderen Tieren auch – die Temperatur erhöht, besteht im Erkennen von typischen Erregerstrukturen durch die Mustererkennungsrezeptoren des Immunsystems – jenen in Kapitel 1 besprochenen, von Janeway vorhergesagten und dann in Taufliegen und später beim Menschen entdeckten Oberflächenproteinen. Wenn sich diese Rezeptoren beispielsweise an die Außenhülle eines Bakteriums oder eines Virus heften, setzen sie eine Immunreaktion in Gang, in deren Verlauf unter anderem Zytokine ausgeschüttet werden. Letztere rufen, wie wir in Kapitel 3 gesehen haben, alle möglichen Arten von Immunzellen auf den Plan, aber sie beeinflussen auch das Verhalten vieler anderer Arten von Zellen, unter anderem von Neuronen. Ja, einer der Gründe dafür, dass sich die Hemmung von Zytokinen bei manchen Patienten mit rheumatoider Arthritis als eine so wirksame Behandlungsoption erwiesen hat, besteht vermutlich darin, dass diese nicht nur der Entzündung Einhalt gebietet und so die Beweglichkeit der Gelenke wieder erhöht, sondern dass die Hemmung von Zytokinen überdies den Einfluss der Entzündung auf das Nervensystem dämpft, so dass die Patienten sich sehr oft rasch besser *fühlen*.[19]

Außer den Zytokinen regt die Erkennung von Erregern durch Mustererkennungsrezeptoren auch die Produktion des Gewebshormons Prostaglandin E2 an. Prostaglandin E2 kann von so gut wie allen Zellarten produziert werden, doch während einer Immunantwort wird es in erster Linie von Immunzellen und Zellen hergestellt, die auf die von diesen produzierten Zytokine ansprechen.[20] Die Produktion von Zytokinen und Prostaglandin E2 ist im Prinzip der Hauptmechanismus, über den das Immunsystem das Gehirn vor einer Gefahr warnt und eine Fieberreaktion in Gang setzt.[21] Aspirin senkt Fieber, indem es die Bildung von PGE2 unterbindet.[22] (Vielleicht ist Ihnen PGE2 schon einmal über den Weg gelaufen als aktiver Bestandteil von Gels oder Tabletten, die man Schwangeren verabreicht, um die Wehen einzuleiten. Seine wehenfördernde Eigenschaft steht übrigens in keinem direkten Zusammenhang mit seiner Rolle bei der Entstehung von Fieber. Es ist einfach so, dass jedes Hormon und jedes Zytokin mannigfaltige Wirkungen im Körper hat, und die muskelentspannende Eigenschaft von PGE2 kann dabei helfen, Gebärmutterkontraktionen für die Geburt auszulösen.)

Bei Fieber wirken Zytokine und Hormone auf eine Gehirnregion namens Hypothalamus. Dieser gibt dem Körper in Reaktion darauf das Signal zur Produktion eines weiteren Hormons, des Noradrenalins, das die Blutgefäße in den Extremitäten des Körpers verengt und das braune Fettgewebe dazu anregt, Fettsäuren zu verbrennen und Wärme zu produzieren (das ist der Hauptjob dieser Art von Fettzellen), sowie Acetylcholin, das unter anderem auf Muskeln wirkt und uns zittern lässt – all das im Dienste einer Erhöhung der Körpertemperatur. Der Hypothalamus kontrolliert auch unseren Hunger, unseren Durst und unseren Schlaf, dazu komplexere Emotionen wie die Suche nach Nähe zu anderen Menschen und unseren Sexualtrieb. Aus diesem Grund sorgen die Substanzen des Immunsystems nicht nur dafür, dass wir schläfrig werden und keinen Appetit haben, sondern beeinflussen mögliche Arten von Verhalten und Emotionen. Obwohl dies noch nicht in allen Einzelheiten untersucht ist, steht fest, dass unser Immunsystem unsere Stimmungen und Gefühle formt. Manches davon ist vielleicht nur ein Zufallsprodukt der Wechselwirkung von Hormonen und Zytokinen, aber manches ist wahrscheinlich aus gutem Grund im Laufe der Evolution so geworden. Beispielsweise ist es evolutionär gesehen sicher von Vorteil, wenn man krank ist, Trost bei anderen zu suchen, die einen versorgen können. Nicht nur Musik, so scheint es, ist der Liebe Nahrung, Nähe und Zugewandtheit lassen sich auch durch chemische Reaktionen von Immunzellen befeuern, die soeben einen Erreger ausgemacht haben.

Ganz allgemein lässt sich sagen: Unser Immunsystem und unser Nervensystem stehen in einem unablässigen Austausch, das eine beeinflusst das andere über den Fluss an Zytokinen und Hormonen in unserem Körper. Es gibt viele Hormone, die Einfluss auf unser Immunsystem haben, unter anderem die Geschlechtshormone Östrogen und Testosteron, unsere Stresshormone jedoch sind in dieser Hinsicht zweifellos die mächtigsten. Wir alle wissen, was Stress ist, aber definieren lässt er sich schlecht. Er kann etwas so Allumfassendes sein wie hohes Fieber oder etwas so Flüchtiges wie Schmetterlinge im Bauch. Klar ist, dass Stress durch seinen Einfluss auf das Immunsystem von großer Tragweite für unsere Gesundheit sein kann. Die Herabsetzung von Belastung kann zum Beispiel unser Immunsystem stärken. Und was wir über die Verknüpfung zwischen Stress, Hormonen und Immunsystem gelernt haben, hat – wie wir im Folgenden sehen werden – einem der größten medizinischen Triumphe der Menschheit den Weg geebnet.

*

Am 1. April 1929 hatte der amerikanische Arzt Philip Hench einen Routinetermin mit einem seiner Patienten in der Mayo Clinic in Rochester, Minnesota. Dieser Patient – damals fünfundsechzig Jahre alt – erwähnte beiläufig, dass die Schmerzen, die ihm seine rheumatoide Arthritis bereiteten, im Verlauf seiner Gelbsucht (in der Regel eine Begleiterscheinung einer schweren Lebererkrankung) nachgelassen hätten. Der Patient berichtete Hench, dass er einen Tag, nachdem sich seine Haut gelb verfärbt hatte, über eine Strecke von anderthalb Kilometern schmerzfrei hatte laufen können, etwas, das ihm zuvor seit langem nicht mehr möglich gewesen war. Hench, ein großer Fan von Arthur Conan Doyles Sherlock Holmes,[23] nahm die Aussagen seines Patienten als zweckdienlichen Hinweis. Er fragte sich, ob wohl irgendetwas im Körper des Patienten, das sich auf die Gelbsucht zurückführen ließ, seine Arthritis gelindert haben könnte. Er nannte es Substanz X.

Im Laufe der nächsten paar Jahre traf Hench auf andere, die eine ähnliche Erfahrung gemacht hatten, und stellte fest, dass Patienten mit Gelbsucht bei den verschiedensten Gesundheitsproblemen Linderung erfuhren – nicht nur bei rheumatoider Arthritis, sondern auch bei Heuschnupfen und schwerem Asthma.[24] Er begann auch, Einzelfallberichte über Schwangere mit rheumatoider Arthritis zusammenzutragen, die ebenfalls berichteten, dass ihre Schmerzen während der Schwangerschaft nachließen. Hench versuchte durch Versuch und Irrtum Substanz X auf die Spur zu kommen. Er injizierte – oder verabreichte oral – Leberextrakte, verdünnte Galle, sogar Blut, um Arthritis-Patienten zu helfen. Nichts von alledem schlug an.

Andernorts an der Mayo Clinic hatte sich der Biochemiker Edward Kendall einer anderen Mission verschrieben: Er wollte die Hormone isolieren, die von der Nebenniere produziert wurden – wobei der Begriff »Hormon« noch gar nicht so alt war: Der Londoner Physiologe Earnest Starling hatte ihn 1905 erstmals verwendet für »die chemischen Botenstoffe, die vermittels des Blutstroms von Zelle zu Zelle eilend Aktivität und Wachstum verschiedener Teile des Körpers koordinieren können«.[25] An der Universität Basel verfolgte der in Polen geborene Chemiker Tadeusz Reichstein unabhängig von Kendall dasselbe Ziel.[26] Um einen Eindruck von den Mühen zu geben, die dies beinhaltete: Eine Tonne Nebennierengewebe von Rindern – bezogen aus dem lokalen Schlachthof – ergab ungefähr fünfundzwanzig Gramm aktiven Hormonextrakt.[27] Kendall hatte einige Substanzen daraus abgetrennt und einfach mit Buchstaben von A bis F benannt. Eine darunter, von Kendall als Substanz E und von Reichstein als Substanz Fa bezeichnet, war Tierexperimenten nach zu urteilen biologisch besonders aktiv. Zum Durchbruch kam es, als Hench und Kendall im Januar 1941 ihre scheinbar so unterschiedlichen Forschungsinteressen besprachen.[28]

Hench wusste nichts von Verbindung E und Kendall hatte keine Ahnung von rheumatoider Arthritis, aber beim Gespräch am Kaffeetisch über ihre jeweiligen Erfahrungen wurde eine Idee geboren.[29] Hench und Kendall kamen zu dem Schluss, dass es sich lohnen würde zu testen, ob die Nebennierensubstanz E identisch sein könnte mit Substanz X. Selbst wenn dem nicht so wäre, wären die Ergebnisse möglicherweise interessant. Hench notierte die Idee in sein Notizbuch, aber es sollte fast acht Jahre dauern, bis genügend Substanz E zur Verfügung stand, um sie zu testen.[30] Am 21. September 1948 wurde eine neunundzwanzig Jahre alte Frau aus Indiana mit schwerster rheumatoider Arthritis mit Substanz E behandelt, die Kendall von der Pharmafirma Merck bezogen hatte. Zwei Tage später konnte sie wieder laufen und begab sich zur Feier des Tages aus dem Krankenzimmer schnurstracks auf eine dreistündige Shopping-Tour.[31]

Das Glück hatte seine Hand im Spiel gehabt: Hench hatte ins Blaue eine geeignete Dosis des Hormons geschätzt, die gut wirkte – eine Dosis, die von den meisten Ärzten als viel zu hoch empfunden worden wäre –, und Kristalle von genau der richtigen Größe erwischt, die sich im Körper mit der erforderlichen Geschwindigkeit lösten.[32] Das Glück war auch in weit weniger wissenschaftlicher Hinsicht zur Stelle: Als die kostbare Substanz-E-Probe für den ersten Versuch in der Klinik eintraf, fiel das Glasröhrchen auf den Marmorboden und blieb heil.[33]

Als Kendall zu der Patientin gebeten wurde, um sie kennenzulernen, erhob sie sich von ihrem Bett und sagte: »Lassen Sie mich

Ihnen die Hand schütteln.«[34] Für den Chemiker, der so gut wie nie Patienten zu Gesicht bekam, war dieser Augenblick ungeheuerlich – die Krönung von achtzehn Jahren Arbeit. Auch Hench war die Größenordnung ihres Erfolgs klar – so sehr, dass er darauf bestand, die Substanz in Substanz H umzubenennen und nichts mehr darüber am Telefon verlauten zu lassen, damit niemand durchs Mithören womöglich auf ihre Entdeckung würde aufspringen können.[35]

Im Laufe der nächsten Monate behandelte Hench weitere Patienten. Viele waren an den Rollstuhl gebunden, lernten aber rasch wieder das Laufen. Hench stellte seine Ergebnisse am 20. April 1949 auf einer Zusammenkunft seiner Kollegen an der Mayo Clinic erstmals vor.[36] Das Gerücht, dass etwas Großes verkündet werden würde, hatte bereits die Runde gemacht, und der Raum war gestopft voll. Wohl weil er unter einem Sprachfehler litt, war Hench einer der ersten Vortragenden an der Klinik, die Dias und andere visuelle Darstellungshilfen verwendeten.[37] Bei dieser Gelegenheit zeigte er einen ruckeligen Farbfilm seiner Patienten vor und nach der Behandlung – zu einer Zeit, als Filme und Fotos in aller Regel in Schwarzweiß daherkamen und das Fernsehen noch in den Kinderschuhen steckte. Die Veränderungen bei den Patienten waren bemerkenswert, und der Augenblick war von besonderer Emotionalität, weil viele der Anwesenden die Patienten persönlich kannten. Noch bevor der Film zu Ende war, erntete er donnernden Applaus. Am Ende trat Hench ans Rednerpult und bekam Standing Ovations.[38] Als Nächster sprach Kendall, der darüber referierte, dass Grundlagenchemie imstande sei, die Basis neuer Arzneimittel zu legen.[39] Wenig später – 1950 – wurde Hench, Kendall und Reichstein der Nobelpreis verliehen. Nie zuvor und nie wieder danach ist ein Nobelpreis in zeitlich so nahem Abstand zu einer Entdeckung verliehen worden.[40]

Wir wissen heute, dass eines der Hormone, die von unseren Nebennieren produziert werden, für unser Immunsystem von besonderer Bedeutung ist: die Rede ist von Cortisol.[41] Die Wirkung von Cortisol macht den Körper in Stresssituationen handlungsbereit, indem es beispielsweise Flucht oder Angriff vorbereitet: Es lässt unseren Blutzuckerspiegel steigen, erweitert die Blutgefäße, damit Muskeln den Körper zur sofortigen Aktion bereitmachen. Wichtig ist auch, dass Cortisol das Immunsystem dämpft – vielleicht verhindert es damit das Einsetzen oder Überschießen entzündlicher Reaktionen, wenn der Körper ohnehin bis an die Grenzen belastet ist, vielleicht ist es auch so, dass eine Immunreaktion in einer Situation auf Messers Schneide nicht so vorrangig wichtig ist und die Energie andernorts sinnvoller eingesetzt wird. Alles in allem hat Cortisol einen unglaublichen Einfluss auf den menschlichen Körper: Es beeinflusst die Aktivität von rund einem Fünftel unserer 23 000 Gene.[42]

Substanz X, Substanz E, Substanz Fa, Substanz H oder, genauer gesagt: Die Substanz, die Merck hatte synthetisieren können, erhielt den Namen Cortison (es ist eng verwandt mit Cortisol, Enzyme im Körper wandeln das eine in das andere um)[43] und wurde rasch zum meistbegehrten Präparat der Geschichte. Drei Jahre herrschte eine massive Nachfrage nach den knappen Cortisonvorräten, bis die Pharmaunternehmen einen Weg gefunden hatten, es in großen Mengen herzustellen.[44] Dennoch wusste man noch nicht im Einzelnen, wie es als Medikament funktionierte. Dies war zu einer Zeit, in der man soeben erst begonnen hatte, randomisierte klinische Studien durchzuführen,[45] und nur sehr wenig über die Bestandteile des Immunsystems bekannt war. Daher verdankte sich die Nachfrage nach dem Hormon und die Frage, wie es einzusetzen sei – die Dosis, gegen welche Art von Krankheit oder Symptomen –, Spontanbeobachtungen, Gerüchten und Einzelfallberichten. Vermutlich ist es ein Glücksfall, dass es so kam. Wenn jemand heute vorschlagen würde, dass eine Substanz, die die Aktivität von einem Fünftel aller menschlichen Gene beeinflusst, vielleicht ein nützliches Arzneimittel sein könnte, würde niemand ihn ernstnehmen. Das Ganze klänge viel zu chaotisch und komplex, als dass man die Chance sehen würde, dass es funktioniert.[46]

Hench wusste, dass Cortison kein Wundermittel gegen rheumatoide Arthritis sein würde, auch wenn die Presse es teilweise als solches feierte. Es linderte lediglich für kurze Zeit die Symptome. »Cortison ist der Feuerwehrmann, der das Feuer löscht, nicht der Zimmermann, der das zerstörte Haus wieder aufbaut«, erklärte er.[47] Zudem zeigte sich bald, dass es signifikante Nebenwirkungen gab, wenn man Cortison wiederholt in hinreichend hohen Dosen gab, um Patienten mit rheumatoider Arthritis zu helfen.[48] Unter anderem beobachtete man Muskelschwäche, Müdigkeit und Gewichtszunahme. Aber genau zu der Zeit, als die Nebenwirkungen offenbar wurden, zeigte sich auch seine wahre und anhaltend hohe medizinische Bedeutung. Es stellte sich heraus, dass Cortison bei Asthma und einigen anderen Krankheiten in sehr viel geringeren Dosen wirkte, als man sie bei Behandlung von rheumatoider Arthritis einsetzen musste. Seither gehören Cortison und seine Abkömmlinge – oft kurz als Steroide bezeichnet, so lautet der offizielle Name für diese Klasse von Verbindungen mit ganz ähnlicher chemischer Struktur – Jahr für Jahr zu den meistverschriebenen Medikamenten der Welt.

Auch Cortisol selbst wird als Arzneimittel verwendet – in diesem Fall wird es oft als Hydrocortison bezeichnet – beispielsweise in Salben, mit denen sich Schwellungen oder leichte Hautreizungen behandeln lassen. Eine dem Cortisol sehr ähnliche synthetische Verbindung – Dexamethason – ist bei der Unterdrückung von Immunreaktionen ungefähr vierzigmal so wirksam wie Cortisol und wird in zahllosen Präparaten zur Behandlung rheumatischer Entzündungen, Hauterkrankungen, schwerer Allergien und mehr eingesetzt. Andere dem Cortisol ähnliche Präparate werden in Asthma-Inhalatoren verwendet.

Wenn es in wissenschaftlichen Büchern um den medizinischen Fortschritt geht, werden als emotionaler Aufhänger für die Erzählung gerne Einzelfallberichte über Patientenschicksale angeführt. Von meinem Verleger diesbezüglich ermuntert fragte ich meinen Sohn – damals zwölf Jahre alt –, was er von seinem Asthmaspray halte. Er sah mich an, als hätte ich soeben gefragt: »Sollen wir heute zum Mars fliegen?« und marschierte aus dem Zimmer. Recht hatte er. Viele Menschen mit leichtem Asthma müssen sich heute nicht mehr als Patienten betrachten. Inhalatoren sind Teil des alltäglichen Lebens geworden: Ergebnis einer der größten Detektivgeschichten der Wissenschaft.

Es mag überraschen, aber Henchs und Kendalls wissenschaftliche Laufbahn endete nicht so ruhmreich, wie man es womöglich erwarten würde. Auch wenn bei Hench nie eine offizielle Diagnose gestellt wurde, glauben viele – darunter auch sein Sohn John –, dass er unter Depressionen zu leiden begann, zumindest veränderte sich sein Verhalten nach der Verleihung des Nobelpreises. Als Wissenschaftler und Kliniker Cortison wegen seiner Nebenwirkungen zu kritisieren begannen, nahm Hench dies persönlich. Sein Sohn erinnert sich, dass »Vater es ... wie vielen anderen Menschen ... die keine Grenzen zwischen ihrer Arbeit und ihrem übrigen Leben zu ziehen vermögen, sehr schwerfiel, Kritik an seiner Arbeit und seinen Leistungen nicht als Illoyalität zu empfinden«.[49]

Hench hatte vorgehabt, ein Buch über die Geschichte des Gelbfiebers zu schreiben. Das Thema ist nicht so obskur, wie es vielleicht scheinen mag: Amerikanische Armeeärzte hatten die These eines kubanischen Wissenschaftlers bestätigt, derzufolge die Krankheit von Moskitos übertragen wird, und das hatte zu neuen Paradigmen in der Humanmedizin und -ethik geführt. Für seine Darstellung ging Hench mit genau derselben strikten Sorgfalt zu Werke, die ihn zu einem so großen Biologen gemacht hatte. Zwanzig Jahre lang häufte er Tausende Dokumente, Fotografien und Fundstücke an, führte Gespräche mit vielen der beteiligten Ärzte und Wissenschaftler. Seine Sammlung füllte 153 Schachteln.[50] Aber er starb mit neunundsechzig, das Buch blieb ungeschrieben.

Auch für Kendall erwies sich vergangener Erfolg nicht als Garantie für künftigen Triumph. Es spricht vielleicht für sich, dass seine Memoiren, die er 1971 veröffentlichte, mit der Nobelpreisverleihung von 1950 enden.[51] Bald nachdem er den Preis erhalten hatte, wurde er gezwungen, die Mayo Clinic zu verlassen, weil diese strikt an ihrer Regel festhielt, dass jeder dort Tätige mit fünfundsechzig in den Ruhestand zu gehen hatte. Er wechselte nach Princeton, New Jersey, wo er sich auf die Suche nach einem anderen Nebennierenhormon konzentrierte, von dem er annahm, dass es dem Vitamin C ähnlich sei. Er verbrachte zwanzig Jahre mit der Suche, aber es gab kein solches Hormon. Erfolg ist – selbst auf allerhöchster Ebene wie der Entdeckung eines der wichtigsten Arzneimittel der Welt und der anschließenden Verleihung des Nobelpreises – letztlich doch ein flüchtig Ding.

*

Abgesehen davon, dass Cortisol eines der wichtigsten medizinischen Präparate der Welt ist, hat seine Entdeckung uns auch die Augen geöffnet für die molekularen Grundlagen der Verknüpfung von Körper und Geist des Menschen. Dreihundertfünfzig Jahre nach Descartes, der über die Trennung von Körper und Geist philosophiert hatte, brachte Cortisol die beiden zusammen und zeigte, dass eine geistige Erfahrung – Stress – physiologische Auswirkungen hat. Dieser Bezug zwischen unserem seelischen Befinden und unserem Immunsystem gehört zu den besonders faszinierenden, aber auch besonders kontrovers diskutierten Fragen der gegenwärtigen Forschung.

Der Grundstein für unser modernes Verständnis von Stress wurde 1936 von Hans Selye – 1907 in Wien geboren und zu jener Zeit an der McGill University in Montreal tätig – gelegt, der entdeckte, dass Ratten, die man ganz unterschiedlichen Arten von belastenden Situationen aussetzte – chirurgischen Eingriffen, Drogen, Kälte –, eine überaus ähnliche physiologische Reaktion zeigten, die von der Art der auslösenden Situation unabhängig war.[52] Zu Anfang stieß seine Arbeit auf wenig Resonanz, aber bald gelangte er zu Berühmtheit und wurde mehrmals für den Nobelpreis nominiert.[53] Als er 1982 mit fünfundsiebzig Jahren starb, hatte er

1600 Artikel und dreiunddreißig Bücher über Stress veröffentlicht.[54] Selye sah Stress als »allgemeine Anpassungsreaktion« des Körpers auf jede Art von hoher Anforderung.[55] Oder, wie er in einem seiner Bestseller schrieb: »Der Soldat, der im Kampfe Wunden davonträgt, die Mutter, die um diesen Sohn sich Kummer macht, der Spieler, der das Rennen beobachtet, das Pferd und der Jockey, auf die er gesetzt hat: sie alle stehen unter Stress.«[56] Als man Selye fragte, ob er der Ansicht sei, dass das moderne Leben zu stressbelastet ist, gab er zur Antwort: »Die Leute stellen mir diese Frage häufig, manchmal vergleichen sie dabei unser Leben mit dem eines Höhlenmenschen … Sie vergessen, dass der Höhlenmensch Angst davor haben musste, im Schlaf von einem Bären angefallen zu werden, oder davor, Hungers zu sterben, Dinge, vor denen heutzutage nur wenige Menschen Angst haben müssen … Es ist nicht so, dass die Menschen heute mehr Stress erdulden. Es ist nur so, dass sie glauben, sie hätten mehr Stress.«[57] Und Selye betonte auch häufig, dass Stress nicht nur etwas Schlechtes sei, er sei auch, so seine Worte, die Würze des Lebens.[58]

Wie wir gesehen haben, bringt Stress – ob es sich dabei nun um das Ablegen von Prüfungen, Beziehungskrisen oder anstrengenden Sport handelt – unsere Nebennieren dazu, Hormone in unseren Körper zu pumpen, eines davon ist das Cortisol.[59] Seine Funktion besteht darin, den Körper bereitzumachen für eine Veränderung seines Aktivitätszustands. Die Cortisolkonzentration im Blut ändert sich übrigens nicht nur bei Stress, sondern auch mit der Tageszeit. Am höchsten ist sie am Morgen, sie erreicht ihren Spitzenwert zwischen 7 und 8 Uhr, am geringsten ist sie bei Nacht. Man nimmt an, dass das morgendliche Hoch dem Körper hilft, sich auf das Aufwachen und die damit assoziierte Aktivitätsveränderung vorzubereiten.[60] Bei Stress erfährt die Cortisolkonzentration jedoch eine weit dramatischere Veränderung, die unsere Immunreaktion abschwächt. Cortisol bewirkt solches, indem es die Effizienz herabsetzt, mit der Immunzellen Erreger phagozytieren, Zytokine produzieren oder erkrankte Zellen abtöten. Eine

Zeit lang ist das völlig in Ordnung, aber wenn der Stress unvermindert anhält, kann unser Immunsystem insgesamt geschwächt werden.

Es gibt Belege dafür, dass Leute, die über einen längeren Zeitraum gestresst sind, schwerer unter Virusinfektionen zu leiden haben, länger brauchen, bis etwaige Wunden verheilt sind, und schlechter auf Impfungen reagieren.[61] Alle möglichen Arten von Stress vom arbeitsbedingten Burn-out bis hin zur Arbeitslosigkeit sind mit einer herabgesetzten Immunreaktion in Verbindung gebracht worden. Selbst Naturkatastrophen wie ein Hurrikan vermögen den Status des Immunsystems zu beeinflussen.[62] Gut über hundert klinische Studien sind zu dem Schluss gekommen, dass Stress zu einer Verschlechterung des Gesundheitszustands beitragen kann, was viele Menschen zu der Annahme verleitet, dass eine übermäßig angespannte Lebensweise das Risiko für alle möglichen Leiden von Autoimmunkrankheiten bis hin zu Krebs erhöht.[63] Das Thema bleibt allerdings umstritten, weil sich auf unsere Fähigkeit, Krankheiten zu widerstehen, so viele Faktoren auswirken, dass es schwierig ist, den Effekt eines einzelnen zu beurteilen.

Um dem Zusammenhang zwischen Stress und Gesundheit auf den Grund zu gehen ohne die zusätzliche Komplikation, dass gestresste Menschen mit erhöhter Wahrscheinlichkeit unter anderem dazu neigen, wenig Sport zu treiben, schlecht zu schlafen, Alkohol zu konsumieren und zu rauchen, entscheiden sich manche Wissenschaftler für Mäuse als Beobachtungsorganismen, weil sich bei ihnen die verschiedenen Variablen besser kontrollieren lassen.[64] Bei Mäusen kann man Stress zum Beispiel verursachen, indem man die Tiere in einen Tunnel setzt, in dem sie frei vor- und zurücklaufen, sich aber nicht umdrehen können. Diese Sorte von Zwang hat, wenn man das Experiment bei Nacht durchführt, wenn Mäuse normalerweise am aktivsten sind, dramatische Auswirkungen auf das Immunsystem. Verabreicht man den Tieren eine Dosis Grippeviren, ist die Immunreaktion bei den gestressten Mäusen deutlich verzögert. Die Immunzellen wandern in geringerer Anzahl in die infizierten Lungen, und die Zytokinkonzentrationen fallen geringer aus.[65] Verabreicht man den gestressten Mäusen ein Präparat, das die Wirkung von Cortisol von vorneherein blockiert, reagiert das Immunsystem normal. Das spricht in hohem Maße dafür, dass Stress und das Immunsystem über die Cortisolkonzentration direkt miteinander verknüpft sind. Ganz ähnlich wird bei Ratten, die man durch den Geruch eines Räubers stresst oder in kaltem Wasser schwimmen lässt, die Fähigkeit gemindert, eine Pilzinfektion (in diesem Falle mit *Candida albicans*) unter Kontrolle zu bringen.[66]

Beim Menschen hat man bei älteren Personen, die für einen dementen Partner zu sorgen hatten, eine verminderte Immunantwort auf eine Grippeimpfung beobachtet.[67] Es gibt außerdem Belege dafür, dass Stress unsere Reaktion auf HIV beeinflussen kann. Unser Immunsystem kann das Virus eine ganze Weile in Schach halten, bis es letztlich zu einer AIDS-Erkrankung kommt, wie lange genau, das variiert von einem Menschen zum anderen. Im Verlauf einer fünfeinhalbjährigen Studie wurde festgestellt, dass sich bei HIV-infizierten Männern die Wahrscheinlichkeit, an AIDS zu erkranken, um das Doppelte bis Dreifache erhöhte, wenn die Betroffenen unter überdurchschnittlichem Stress litten oder sozial nicht gut vernetzt waren.[68] Eine gesonderte Studie über homosexuelle Männer ergab, dass AIDS bei Männern, die ihre sexuelle Orientierung verheimlichten, rascher voranschritt, wenngleich nach den Gründen hierfür nicht gefragt wurde.[69] Zahlreiche andere Studien haben gezeigt, dass gestresste Personen anfälliger sind für eine Reaktivierung von Herpes.[70] Insgesamt ist der schädliche Einfluss von Stress auf unsere Gesundheit die vermutlich bestuntersuchte Verknüpfung von Lebensweise und Immunsystem.

Abgesehen von Stress haben auch andere Gemütszustände höchstwahrscheinlich Auswirkungen auf unser Immunsystem, wobei hier die Beweislage weniger gesichert ist.[71] Bei Rugby-Spielern beispielsweise steigt vor einem Spiel der Zytokin-Pegel im Blut, wenn sie Ärger oder Aggression empfinden.[72] Da Aggression häufig die Vorstufe zur Gewalt ist, passt dieser Befund ins Bild – ein alarmiertes Immunsystem nämlich ist von Vorteil, wenn es darum geht, mit Krankheitserregern fertigzuwerden, die in offene Wunden eindringen. Auch Lachen hilft möglicherweise, das Immunsystem anzukurbeln. Zuckerkranke Patienten, die Filmkomödien anschauten, wiesen eine erhöhte Aktivität immunsystemrelevanter Gene auf.[73] Das könnte auf das Lachen an sich zurückzuführen sein, aber auch auf die soziale Verbrüderung durchs Lachen.[74] Die physischen Auswirkungen von Gelächter sind ganz allgemein nur wenig verstanden.

Während man bei vielen Emotionen lediglich mutmaßt, dass sie Einfluss auf das Immunsystem haben könnten, ist im Falle von Stress der Zusammenhang allgemein akzeptiert, womit sich automatisch die Frage aufdrängt, ob Maßnahmen zum Stressabbau – von Malbüchern für Erwachsene bis hin zur Psychotherapie – unsere Immunabwehr vielleicht unmittelbar stärken könnten. Es gibt beliebig viele Möglichkeiten, sich zu entspannen, aber bei zwei Beispielen ist die Wirkung auf das Immunsystem untersucht worden – bei Tai-Chi und Achtsamkeitstraining.

Wer Tai-Chi – eine ursprünglich in China entwickelte Form von Kampfkunst – oder verwandte Bewegungsübungen wie Qigong praktiziert, vollführt eine langsame, meditative Choreographie an Bewegungen. Es gibt solide Hinweise darauf, dass Tai-Chi bei älteren Arthritis-Patienten Schmerzen lindern und die körperliche Beweglichkeit steigern kann.[75] Ob Tai-Chi Einfluss auf das Immunsystem hat, ist jedoch umstritten. In einer Untersuchung haben einstündige Tai-Chi-Sitzungen an drei Tagen in der Woche bei älteren Patienten das Ansprechen auf eine Grippeimpfung verbessert.[76] Das ist ein interessanter Befund, doch diese Art von Untersuchungen ist oftmals weniger aussagekräftig, als es zunächst den Anschein haben mag. Ein Problem besteht darin, dass bei solchen Studien häufig nur eine geringe Anzahl an Patienten beteiligt ist. In dieser speziellen Untersuchung wurden nur fünfzig Personen getestet – siebenundzwanzig davon bekamen Tai-Chi-Stunden und standen gegen dreiundzwanzig ohne. Andere Studien, die nach einem Zusammenhang zwischen Tai-Chi und Gesundheit fragten, arbeiteten mit ähnlich geringen Teilnehmerzahlen.[77] Das entspricht ungefähr den Verhältnissen bei der ersten Phase einer klinischen Studie für ein neues Arzneimittel, bei der es zunächst allein um die Sicherheit des Präparats geht und nicht darum, ob es wirkt. Bevor ein neues Medikament zugelassen werden kann, wird es in der Regel an mehreren Tausend Probanden getestet und dabei mit anderen Maßnahmen verglichen.

Ein zweites Problem ist eine potentielle immanente Ergebnisverzerrung. Bei ungefähr der Hälfte aller Untersuchungen zum Effekt von Tai-Chi auf die Immunabwehr ist nicht klar, ob diejenigen, die die Tai-Chi-Kurse belegt hatten, im Unterschied zu denen, die keine bekamen, wirklich zufällig ausgewählt worden waren oder nicht.[78] Wenn diejenigen mit Tai-Chi-Stunden diesen Sport schon vorher betrieben hatten und lediglich als Gruppe von Tai-Chi-Ausübenden gewählt worden waren, dann gibt es keine Möglichkeit festzustellen, ob die beobachteten Effekte sich den Stunden selbst verdankten oder irgendeinem gemeinsamen Zug oder Merkmal, das zufällig auch dazu führt, dass Menschen sich Tai-Chi zuwenden. Streng genommen sollte man die Kontrollgruppe – diejenigen, die diesen Sport nicht praktizieren – eine andere Form von Aktivität ausüben lassen, um einen möglichen »Nebennutzen« der Tai-Chi-Stunden zu erfassen, der nicht auf das Tai-Chi als solches zurückzuführen ist –, beispielsweise der soziale Kontakt mit einer Gruppe während dieser Zeit.[79]

Ein drittes Problem – vermutlich das am schwersten zu behebende – ist die Form der Messung der Ergebnisse. In der erwähnten Studie zur Wirkung von Tai-Chi bei älteren Menschen war das, was letztlich gemessen wurde, die Menge an Antikörpern im Blut der Probanden nach einer Grippeimpfung. Das kann zwar darauf hindeuten, dass Tai-Chi sich auf das Immunsystem auswirkt, aber wir wissen beispielsweise nicht, ob ein bestimmtes Maß an Anstieg ausreicht, das Wohlergehen eines mit Grippe infizierten Patienten nennenswert zu beeinflussen. Dieses Problem ist deshalb so notorisch schwer anzugehen, weil es nicht leicht ist, ein ethisch vertretbares Experiment zu entwerfen, mit dem sich unsere Reaktion auf eine Krankheit testen ließe, schließlich müsste man diese Krankheit den Probanden dann vorsätzlich zufügen.

Alles in allem kam eine zusammenfassende Betrachtung von sechzehn klinischen Studien zu dem Schluss, dass »aufgrund der methodischen Mängel der vorliegenden Studien weitere sorgfältig geplante placebokontrollierte, randomisierte Studien in großem Umfang erforderlich sind«.[80] Eine andere Analyse von vierunddreißig Untersuchungen zu den gesundheitlichen Auswirkungen von Tai-Chi, Qigong, Meditation und Yoga kam zu der ähnlichen Schlussfolgerung, dass diese Betätigungen eine positive Wirkung auf einige Richtgrößen des Immunsystems haben mögen, jedoch nicht genügend Informationen zur Verfügung stehen, um zu klären, ob sich die Immunität gegenüber einer echten Infektion verbessert hat.[81] Sowohl die amerikanischen National Institutes of Health als auch der National Health Service im Vereinigten Königreich informieren darüber, dass Tai-Chi in verschiedener Hinsicht von gesundheitlichem Nutzen sein *könnte*.[82]

Dass es helfen *könnte*, ist bei einer Menge Dinge alles, was wir wissen. Als unsere Kinder sich in den Kopf gesetzt hatten, dass meine Frau und ich ihnen ein Trampolin für zu Hause kaufen sollten, fanden sie jede Menge Belege dafür, dass das Hüpfen auf einem Trampolin großen gesundheitlichen Nutzen mit sich bringt – und behaupteten, dies sei von der NASA bestätigt. Beeindruckt vom Engagement der amerikanischen Raumfahrtbehörde bei diesem speziellen Thema, schaute ich mir die Sache näher an. Wie sich zeigte, war die fragliche Studie nicht ganz so gründlich durchgeführt worden wie das Abenteuer, einen Menschen auf dem Mond landen zu lassen: Die Versuchspersonen bestanden aus nur acht Studenten.[83] Und nicht genug damit, dass es nur so wenige Probanden waren und sich keine Frauen darunter befanden, nein, allen acht waren für den Test außerdem dieselben Nike-Schuhe gegeben worden. Wären die Ergebnisse anders ausgefallen, wenn sie andere

Schuhe getragen hätten, oder gar keine? Keine Einzelstudie ist für sich allein aussagekräftig. Es ist entscheidend wichtig, dass Studien von anderen Wissenschaftlern wiederholt und die Ergebnisse akribisch reproduziert werden, damit wir ihnen vertrauen können und die Möglichkeit ausgeschlossen wird, dass irgendwelche Besonderheiten eines Versuchsdurchlaufs die Ergebnisse beeinflusst haben. Wir erklärten unseren Kindern, man müsse die Sicherheitsrisiken eines Heimtrampolins gegen die gesundheitlichen Vorzüge abwägen.[84]

Am Ende sind Sie es (oder Ihre Eltern), die entscheiden, ob ein Trampolin angeschafft wird oder nicht. Und im Falle mancher Dinge von dubiosem gesundheitlichem Nutzen – wie einem Trampolin – scheint es recht und billig, dass die Entscheidung bei Ihnen liegt. Aber wenn es um pharmazeutische Präparate geht, wollen wir nicht selbst entscheiden müssen – wir wollen gründliche klinische Studien, die uns Aufschluss darüber geben, ob und wann sie wirken. Dinge wie Tai-Chi liegen irgendwo dazwischen.

Was Tai-Chi vom Gehüpfe auf einem Trampolin unterscheidet, ist, dass es nicht nur eine Möglichkeit bietet, sich körperlich zu betätigen, sondern dass sich dahinter auch ein gesundheitsverheißendes Grundkonzept verbirgt. Die Bewegungen im Tai-Chi gehorchen einem strengen Ablaufplan: Die Ausübenden bewegen dabei der zugehörigen Lehre zufolge Energien im Körper, um ihr Chi auszubalancieren. Die Überzeugungskraft des einbettenden Narrativs ist häufig Teil der Heilung. Deshalb ist es so wichtig, einer Krankheit einen Namen zu geben, deshalb hat das Verhalten eines Arztes, seine Beschreibung der Krankheit und sein Umgang damit einen so immensen Einfluss auf die Reaktion der Patienten. Diese Macht des Tai-Chi – der Einfluss seines theoretischen Hintergrunds – ist sehr schwer zu quantifizieren.

Um ein anderes Beispiel heranzuziehen: In jüngster Zeit hat sich ein großes Interesse am Trainieren der eigenen Achtsamkeit – einer nicht religiösen Form von Meditation – als Mittel zur Förderung und Stabilisierung von Gesundheit entwickelt. Die 1979 von

Jon Kabat-Zinn – dem Sohn eines Immunologen übrigens[85] – an der Medizinischen Hochschule der University of Michigan entwickelte Technik versucht mit Hilfe von Strategien zur Etablierung von Aufmerksamkeit, das Bewusstsein auf den Moment und die gegenwärtige Erfahrung zu lenken. Wie Ruby Wax, Comedian, Autorin und selbst praktizierende Achtsamkeitsschülerin, es ausdrückt: »Achtsamkeit ist eine Methode, die Ihre Fähigkeit, aufmerksam zu sein, schult: Wenn Sie Ihre Konzentration auf etwas lenken können, kommen kritische Gedanken zur Ruhe.«[86]

Eine Übersichtsstudie über siebenundvierzig Untersuchungen mit insgesamt 3515 Teilnehmern kam zu dem Schluss, dass Achtsamkeit in der Tat die negativen Auswirkungen von Stress, Angst, Depressionen und Schmerzen zu lindern vermag. Der Effekt ist nicht sehr groß, kommt aber an den heran, den man in vielen Fällen mit einem Antidepressivum auch erreicht.[87] In einer klinischen Studie hat man die Wirkung von Achtsamkeit direkt mit der von Antidepressiva verglichen und stellte fest, dass beide das Wohlbefinden von Patienten mit rezidivierenden Depressionen in ähnlichem Maße zu steigern vermochten.[88]

Außer als Mittel, Menschen dabei zu helfen, Depressionen oder Ängsten zu begegnen, wird Achtsamkeit auch allgemeiner als Möglichkeit praktiziert, mit alltäglichen Belastungen zurechtzukommen. Für ihre leidenschaftlichen Anhänger ist sie der Königsweg zum Umgang mit dem alles beherrschenden Problem unserer Zeit: Ablenkung.[89] Man könnte annehmen, dass die Verringerung von Stress durch Achtsamkeitstraining genau wie Tai-Chi den Cortisolpegel eines Menschen zu senken und damit das Immunsystem zu aktivieren vermag. Im Jahr 2016 ging eine Analyse von zwanzig Studien mit insgesamt 1602 Teilnehmern dieser Überlegung nach.[90]

Man stellte fest, dass Achtsamkeit bei HIV-positiven Personen in der Tat einige Entzündungsmarker zu senken und die Anzahl bestimmter T-Zellen zu erhöhen vermag, aber andere Messgrößen – die Menge an Zytokinen oder Antikörpern im Blut beispielsweise – wurden nur in einzelnen Studien beeinflusst, in anderen hingegen nicht. Die Autoren kamen zu dem Schluss: »Wir warnen vor überoptimistischen Einschätzungen der positiven Effekte von Achtsamkeitsmeditationen auf die Dynamik des Immunsystems, bis diese Effekte sich haben wiederholen und durch weitere Studien bestätigen lassen.«[91] Tatsächlich ist im Augenblick nicht geklärt, ob Achtsamkeitsübungen überhaupt Einfluss auf den Cortisolspiegel haben. Unterschiedliche Studien kommen zu unterschiedlichen Schlussfolgerungen.[92] So unbefriedigend das auch sein mag, ist das Einzige, was wir wissen, dass Achtsamkeit *vielleicht* hilft.

Dass wir nicht ganz sicher wissen, ob Tai-Chi oder Achtsamkeit das Immunsystem auf Trab bringen können, liegt unter anderem an den unerhört hohen Kosten dafür, es herauszufinden. Ganz allgemein lägen die Kosten für eine klinische Studie, die umfangreich genug wäre, die FDA zu einer Zulassung zu veranlassen, falls ihre Ergebnisse positiv ausfielen, bei um die 40 Millionen Dollar. Mit dem möglichen Profit vor Augen, sind Pharmaunternehmen willens, solche Summen aufzubringen, um ihre neuartigen Verbindungen zu testen. Aber wer würde, sollte oder könnte dafür bezahlen, eine nicht patentierbare Betätigung wie Tai-Chi zu testen?

Während die medizinische Bedeutung von Cortisol und seinen Abkömmlingen geklärt ist, bleibt noch eine Menge darüber zu lernen, wie Körper, Gehirn und Verhalten einander gegenseitig beeinflussen. Unser Immunsystem ist nachweislich ein Ort der Interaktion nicht nur zwischen unserem Körper und anderen Organismen, sondern auch zwischen unserem körperlichen und seelischen Wohlergehen. Und wie wir im Folgenden sehen werden, ist es sogar mit dem Sonnensystem verknüpft.

6 ZEIT UND RAUM

Das Licht des Tages und die Dunkelheit der Nacht schaffen ein Band zwischen unserem Leben und der Zeit. Weil uns das nimmermüde Rotieren der Erde abwechselnd mit der sengenden Helligkeit der Sonne und der Schwärze des Raumes konfrontiert, gehorcht nahezu alles in uns einem Vierundzwanzigstundenrhythmus und stimmt unser Leben mit den unabänderlichen Oszillationen unserer Umgebung ab. Ja, alles Leben auf der Erde – Tiere, Pflanzen, Bakterien und Pilze – gehorcht demselben Rhythmus. Einem Rhythmus, den die Erdumdrehung vor vermutlich 2,5 Milliarden Jahren in lebenden Systemen verankert hat.[1]

Die Aktivität unserer Gene, Proteine, Zellen und Gewebe schwankt nicht nur einfach im Rhythmus von Tag und Nacht auf und ab, sondern jedes davon hat seinen eigenen Zyklus und trägt den menschlichen Körper Welle um Welle durch alle möglichen Arten von Hochs und Tiefs. Unser Schlaf ist am tiefsten gegen zwei Uhr morgens, der Körper am kühlsten gegen halb fünf, um halb neun ist die Testosteronausschüttung am höchsten, um halb vier nachmittags unsere Reaktionsgeschwindigkeit, und um halb sieben erreicht unser Blutdruck seinen Spitzenwert.[2] Der beste Zeitpunkt für Sex ist allem Anschein nach gegen zehn Uhr abends.[3]

Der Tagesrhythmus unseres Körpers beeinflusst unser Wohlbefinden auf alle mögliche Weise. Arbeitsunfälle ereignen sich meist nachts.[4] Autounfälle häufen sich um drei Uhr morgens.[5] Echte Katastrophen wie die Reaktorkatastrophe in Tschernobyl und die Havarie der *Exxon Valdez* ereignen sich offenbar ebenfalls bevorzugt bei Nacht. Vielleicht ist das so, weil unsere Wachsamkeit bei Nacht nachlässt.[6]

Auch das Ergebnis chirurgischer Eingriffe kann mit der Tageszeit schwanken. Patienten haben mit erhöhter Wahrscheinlichkeit Probleme, wenn mit ihrer Behandlung (beispielsweise ihrer Narkose) am Nachmittag begonnen wird – wobei sich die entstehenden Probleme auf nichts wirklich Ernsthaftes, sondern eher auf harmlose Komplikationen wie leicht vermehrtes Erbrechen oder stärkere Schmerzen nach einer OP beschränken.[7] Es ist allerdings schwer, bei solchen Beobachtungen mit Sicherheit etwas über die zugrunde liegenden Ursachen zu sagen. Der Erfolg oder Misserfolg einer Operation kann ebenso Stress oder Müdigkeit seitens des Chirurgen geschuldet sein, der Planung besonders kniffeliger Eingriffe zu bestimmten Tageszeiten, einer veränderten Heilungsbereitschaft beim Patienten oder dem unausweichlichen Auf und Ab der Wachsamkeit des Chirurgen durch den zirkadianen Rhythmus des menschlichen Körpers.

Um dahinterzukommen, ob und wie die Tageszeit das Immunsystem beeinflusst, muss man diese vielen Variablen eliminieren, und darum wenden sich viele Wissenschaftler Tieren als Versuchsorganismen zu. Es gibt eine Menge Hinweise darauf, dass bei Mäusen die Immunreaktion im Falle einer Infektion von der Tageszeit abhängt, zu der die Infektion erfolgt ist. Mäuse sind nachtaktiv. Infiziert man sie um zehn Uhr morgens – zu Beginn ihrer Ruhezeit – mit Salmonellen, erhält man eine stärkere Immunantwort als bei einer Infektion abends um zehn, wenn sie gerade beginnen, aktiv zu werden.[8] In einem anderen Experiment wurde gezeigt, dass Mäuse, die man mit Bakterien infiziert, die eine Lungenentzündung hervorrufen, am stärksten reagieren, wenn die Infektion am Morgen erfolgt.[9] Das Immunsystem der Maus oder zumindest seine Reaktionsfähigkeit gegen diese speziellen Arten von Erregern arbeitet bei Tag, wenn die Tiere normalerweise ruhen, offenbar wirkungsvoller. Und im Großen und Ganzen gilt dasselbe für uns, auch unser Immunsystem arbeitet besser während unserer natürlichen Ruhezeit, in unserem Falle eben bei Nacht.

Einer der Gründe hierfür ist, wie wir im vorangegangenen Kapitel gesehen haben, dass das immunsuppressive Hormon Cortisol bei Nacht niedrig gehalten wird. Ein weiterer ist, dass viele Arten von Immunzellen bei Nacht in größerer Anzahl im Blut zirkulieren als bei Tag. Für ein paar Immunzellen gilt allerdings genau das Gegenteil – manche Arten von T-Zellen beispielsweise sind bei Tag im Blut zahlreicher vertreten[10] – die Vorstellung, das Immunsystem arbeite bei Tag einfach besser und bei Nacht schlechter, ist daher zu holzschnittartig. Auch wenn es weniger einprägsam klingt, wäre es zutreffender zu sagen, es befindet sich bei Tag und bei Nacht *in einem unterschiedlichen Zustand*.

Möglicherweise hat sich unser Immunsystem im Verlauf der Evolution so entwickelt, weil wir zu unterschiedlichen Zeiten mit unterschiedlichen Erregern klarkommen müssen. Viele krankheitsübertragende Moskitos etwa sind bei Nacht aktiver, es kann daher von Vorteil sein, wenn unser nachtaktives Immunsystem darauf eingestellt ist, Malariaparasiten oder andere Erreger anzugehen, die von Moskitos übertragen werden. Verkompliziert wird das Ganze durch den Umstand, dass manche Moskitos bei Tag aktiver sind – jene beispielsweise, die Dengue- und Zikaviren übertragen –, und auch einige der malariaübertragenden Arten Asiens stechen bei Tag oder in der Dämmerung. Die These, dass unser Immunsystem seinen Zustand ändert, um bei Tag und bei Nacht unterschiedlichen Erregern gerecht werden zu können, ist schwer direkt zu überprüfen.[11] Es ist sogar möglich, dass unsere innere Uhr hier statt uns zu helfen gegen uns arbeitet. Parasiten, die für den Transport von einem Körper zum nächsten auf Insekten angewiesen sind, könnten eine nächtliche Veränderung des Körpers zum Beispiel als Signal wahrnehmen, sich vermehrt in der Haut anzusammeln und auf den Stich von Insekten zu lauern.[12] Von einem Parasiten, der in Truthähnen zu finden ist, weiß man beispielsweise, dass er seinen Aufenthaltsort in den Tieren zyklisch verändert, damit er leichter von Insekten aufgenommen werden kann.[13]

Ein weiterer möglicher Grund dafür, dass unser Immunsystem sich bei Tag und Nacht unterschiedlich verhält, ist schlicht der, dass ihm, wie es ein Wissenschaftler ausdrückt, »nichts anderes übrig bleibt«.[14] »Die Funktion des Schlafs«, so der Forscher Till Roenneberg, »besteht darin, uns für das Wachsein fit zu machen.«[15] Von diesem Standpunkt aus betrachtet, hat sich unser Immunsystem im Laufe der Evolution womöglich nicht wegen eines besonderen Vorteils zu unterschiedlichem Verhalten bei Tag und Nacht entwickelt, sondern schlicht als Nebeneffekt des uns innewohnenden Vierundzwanzigstundenrhythmus, der sich seinerseits herausgebildet hat, um den Energieverbrauch des Körpers zu optimieren. Man ist sich gegenwärtig wohl gemeinhin darin einig, dass die Aktivität von 10 bis 15 Prozent unserer Gene tag- und nachtabhängig schwankt – in erster Linie, um den Stoffwechsel adäquat zu regulieren –, und dass von diesen Veränderungen alle Prozesse des Körpers beeinflusst werden, darunter auch das Immunsystem.

Ob diese Veränderungen sich in der Evolution dem Immunsystem »zuliebe« entwickelt haben, oder nicht – ihre Tragweite ist erheblich. Die Symptome von Leiden wie Asthma – hervorgerufen durch eine Entzündung der Luftwege – zeigen sich zum Beispiel verstärkt nachts, und plötzlich eintretende asthmabedingte Todesfälle ereignen sich häufig gegen vier Uhr morgens.[16] Gicht, eine Gelenk- und Sehnenentzündung, die durch eine unerwünschte Immunreaktion gegen die Ansammlung von Harnsäurekristallen ausgelöst wird, verschlimmert sich ebenfalls im Laufe der Nacht.[17] Patienten mit rheumatoider Arthritis hingegen neigen vor allem morgens zur Verschlimmerung ihrer Symptome – Steifigkeit der Gelenke zum Beispiel. Das korreliert mit dem Befund, dass die immunstimulierenden Zytokine im Laufe der Nacht zunehmen, während das immunsuppressive Cortisol abnimmt.[18] Auch Krankheiten, die mit unserem Immunsystem weniger direkt zusammenhängen, sind betroffen: Aus bislang ungeklärten Gründen erreicht der Migränekopfschmerz häufig zu bestimmten Tageszeiten – meist am Morgen – seinen Höhepunkt, Zahnschmerzen hingegen gegen neun Uhr abends.[19] Ein plötzlicher Herzstillstand ist zwischen neun und elf Uhr vormittags wahrscheinlicher, und die Krämpfe einer Epilepsie im Schläfenlappen treten zwischen drei

Uhr nachmittags und sieben Uhr abends häufiger auf.[20] Kurz: Viele Krankheitssymptome schwanken in ihrer Intensität mit der Tageszeit, aber es gibt keine Faustregel, die beschreiben würde, wie – es ist bei jeder Krankheit anders.

Der vierundzwanzigstündige Biorhythmus unseres Körpers bildet einen so festen und einflussreichen Teil unserer Physiologie, dass Störungen darin sich schädlich auswirken können. Jetlag ist, wie jeder weiß, etwas anderes als Müdigkeit. Er kommt dadurch zustande, dass der Körper sich an einen neuen Rhythmus von hell und dunkel, Aktivität und Ruhe anpassen muss. Man hat bei Mäusen sich wiederholende Episoden von Jetlag simuliert, indem man bei ihnen die »Tageslichtzeiten« ihrer künstlichen Umgebung zehn Tage lang jeden zweiten Tag um acht Stunden vorverlegt hat, und beobachtet, dass ihre Gesundheit darunter litt: Tumoren wuchsen bei jetlaggeplagten Mäusen rascher, ihre Überlebensrate bei Krebserkrankungen sank.[21] Beim Menschen hat man über lange Zeit ausgeübte Nachtschichtarbeit mit einem erhöhten Brustkrebsrisiko in Zusammenhang gebracht.[22] Aber diese Beziehung hat bisher nicht dazu geführt, dass neue Regelwerke oder Richtlinien erlassen wurden, weil das Thema noch nicht zu Ende diskutiert ist: Das erhöhte Brustkrebsrisiko zeigte sich nur bei Frauen, die dreißig oder mehr Jahre Nachtschichtarbeit geleistet hatten, überdies ließ sich dieser Anstieg auch schlüssig durch andere Faktoren erklären – mangelnde sportliche Betätigung beispielsweise.[23]

Um die Folgen von Nachtarbeit in einer besser kontrollierten Umgebung zu untersuchen, ließ man freiwillige Probanden sechs Tage in einem Labor leben, in dem ihre normalen Schlafgewohnheiten um zehn Stunden verschoben wurden.[24] Manche Aspekte des Immunsystems der Probanden wurden dadurch beeinflusst, andere hingegen nicht: beispielsweise veränderte sich der Zeitpunkt, zu dem Immunzellen die meisten Zytokine ausschütten, bestimmte Arten von Immunzellen im Blut aber blieben bei Nacht zahlreicher. Einer der Gründe für solche komplexen Verhältnisse ist der Umstand, dass im menschlichen Körper nicht nur *ein* zeitgebendes System arbeitet. Wir haben verschiedene innere Uhren, die alle gleichzeitig laufen. Die meiste Zeit über ticken sie synchron, dennoch hat jede davon ihre eigene Mechanik und kann in einen eigenen Rhythmus verfallen.

Die taktgebende Hauptuhr des Körpers, die als eine Art Dirigent wirkt, besteht aus 20 000 Nervenzellen im Hypothalamus tief innen in unserem Gehirn. Dieser erhält seine Signale direkt von unseren Augen. Millionen lichtempfindlicher Zellen im Augenhintergrund – die Stäbchen und Zapfen – zeichnen ein Mosaikbild der Außenwelt, lassen uns sehen, aber die Masteruhr im Hypothalamus reagiert auf etwas anderes. Im Jahr 1991 brachte ein Experiment Hinweise darauf, dass unser Sehsinn dem Gehirn Informationen über die Welt übermitteln kann, die über den bloßen Augenschein hinausgehen. Man stellte fest, dass Mäuse, deren Stäbchen und Zapfen nicht richtig arbeiteten – mit anderen Worten blinde Tiere –, ihre innere Uhr unverändert am Hell-Dunkel-Zyklus ausrichteten.[25] Der Entdecker dieses Umstands, Russell Foster, damals am Imperial College in London, mutmaßte, dies könne bedeuten, dass es eine weitere Art von Zellen im Auge geben müsse, deren Aufgabe anders als bei Stäbchen und Zapfen nicht darin besteht, ein Bild von der Welt kreieren zu helfen, sondern deren Fotorezeptoren darauf spezialisiert sind, genau zu bemessen, *wie viel* Licht – Helligkeit – vorhanden ist, um die innere Uhr des Körpers zu steuern.

Das wissenschaftliche Establishment reagierte auf seine These ungefähr nach dem Motto: »Schauen Sie, wir untersuchen das Auge seit 150 Jahren, wollen Sie uns ernsthaft erzählen, dass wir etwas derart Großes übersehen haben?«[26] Fosters Anträge auf Fördermittel zur Überprüfung seiner These wurden schlankweg abgelehnt. Einmal rief einer unter den Zuhörern bei einem seiner Vorträge »Bullshit!« und stapfte hinaus. Aber Foster tröstete sich mit dem Beispiel Thomas Henry Huxleys – der sich Mitte des 19. Jahrhunderts jahrzehntelang gegen das Establishment stellte, um den Ideen seines Freundes Charles Darwin Gehör zu verschaffen.

Letzten Endes häuften sich die Beobachtungen zugunsten Fosters – genauso wie bei Huxley vor ihm –, und jedermann begann seine einst als ketzerisch erachtete Überlegung zu akzeptieren, dass ein paar Zellen im Augenhintergrund nicht dazu da sind, ein Bild zu formen, sondern stattdessen auf die Helligkeit unserer Umgebung reagieren – Informationen, die das Gehirn als eine Art Vierundzwanzigstundenmetronom nutzt.[27]

Ich traf 1999 mit Foster am Imperial College zum ersten Mal zusammen – kurz nachdem seine Überlegungen von der Fachwelt akzeptiert worden waren, und ich vor der Aufgabe stand, zwei Stockwerke über ihm mein eigenes neues Labor einzurichten. Sein Rat lautete, so viel Forschungsmittel zu beantragen wie irgend möglich und einen Teil davon mit besonderer Dringlichkeit. Du weißt nie, was bewilligt wird, erklärte er mir. Foster sagte oft, die Tatsache, dass sich seine These schließlich bestätigt hatte, habe bei ihm »das Gefühl verstärkt, dass du einfach nicht aufhören darfst, gegen die verdammte Tür zu treten, bis die Mistkerle dich reinlassen«.[28]

Wie Foster herausgefunden hat, erhält die Hypothalamus-Uhr Informationen von bestimmten Zellen im Auge, aber das allein treibt den Biorhythmus des Körpers noch nicht an. Während der Hypothalamus als Dirigent wirkt, für Harmonie im Ensemble sorgt, sind die Spieler – alle übrigen Zellen und Gewebe Ihres Körpers – durchaus in der Lage, ihrem eigenen Takt zu folgen, je nachdem, wie ihre Gene und Proteine fluktuieren. Selbst rote Blutzellen, die keinen Kern und keine nennenswerten Mengen an Genen mehr haben, zeigen über viele Tage auch ohne externe Signale eine oszillierende Aktivität.[29] Das Problem für Leute, die Nachtarbeit verrichten müssen, ist, dass die Masteruhr im Gehirn auch dann weiterhin dem Hell-Dunkel-Rhythmus des Tages folgt, wenn Aktivität, Nahrungsaufnahme, Verdauung und Schlaf zu anderen Zeiten erfolgen, und die Uhren der verschiedenen Gewebe und Organe anfangen, anders zu gehen: Der Dirigent ist nicht mehr mit dem Ensemble im gleichen Tritt. Wir erholen uns vom Jetlag beispielsweise, wenn all unsere einzelnen Uhren im Körper wieder in einem Vierundzwanzigstundenrhythmus »ticken«, aber sich an Nachtschichten zu gewöhnen fällt dem Körper schwerer, weil die Uhren in manchen Geweben und Organen ständig asynchron zur Hauptuhr des Hypothalamus gehen.

Die Folgen einer Störung unseres Biorhythmus fallen besonders ins Auge unter extremen Bedingungen wie beispielsweise im Weltall. Während die internationale Raumstation ISS mit fast 28 000 Stundenkilometern um die Erde flitzt, erleben die Astronauten abwechselnd fünfundvierzig Minuten Sonnenschein und fünfundvierzig Minuten Dunkelheit, für jeden Tag, den wir hier unten erleben, rauschen an ihnen sechzehn Tage vorüber. Eine Umfrage unter vierundsechzig Astronauten aus Space-Shuttle-Missionen und einundzwanzig von der Internationalen Raumstation hat offenbart, dass die meisten von ihnen Medikamente brauchen, um schlafen zu können.[30] Blutproben, die man den Astronauten der ISS im Verlauf eines halben Jahres mehrmals entnahm, zeigten, dass ihr Immunsystem in jeder Hinsicht in Unordnung geraten war.[31] Viele Arten von Immunzellen waren im Körper umverteilt worden, die Aktivitätsschwellen hatten sich verschoben und die T-Zellen waren weniger reaktionsfreudig geworden.[32]

Soweit wir wissen, hat bisher niemand im All Krebs oder eine Autoimmunkrankheit entwickelt.[33] Der Hausregel der NASA zufolge darf sich bei Astronauten das Lebenszeitrisiko für eine Krebserkrankung durch ihre Arbeit nicht um mehr als 3 Prozent erhöhen.[34] Entgegen der landläufigen Meinung haben Astronauten jedoch durchaus mit gesundheitlichen Problemen zu kämpfen.[35] Es handelt sich dabei in der Regel nicht um akute Infektionen – seit den ersten Missionen werden Vorsichtsmaßnahmen unternommen, solche Ereignisse zu verhindern. (Drei Tage vor dem Start von Apollo 13 am 11. April 1970 wurde der Pilot des Kommandomoduls Ken Mattingley durch den Reservepiloten John Swigert ersetzt, weil sich herausstellte, dass er Kontakt zu einem an Röteln erkrankten Astronauten – Charlie Duke – gehabt hatte und er selbst dagegen nicht immun war. Mattingley hatte Glück, ihm blieb jene legendäre Mission erspart, die ihre Mondlandung abbrechen musste, weil ein Sauerstofftank explodiert war, und er konnte später im Rahmen der Apollo-16-Mission zum Mond fliegen). Stattdessen kommt es relativ häufig vor, dass ein Virus, das bereits im Körper des Betreffenden vorhanden ist und dort schlummert, neuerlich aktiviert wird – so wie Windpockenviren sich später als Gürtelrose erneut bemerkbar machen können –, vermutlich deshalb, weil das Immunsystem des Astronauten nicht mehr imstande ist, das Virus zu kontrollieren. Für alle möglichen Arten von Viren (Zytomegalie-, Epstein-Barr- und Herpes-Viren) hat man bei Astronauten auf Kurz- und Langzeitmissionen Reaktivierungen beobachtet.[36] Soweit wir wissen, hat dies bisher bei niemandem zu ernsthaften klinischen Problemen im All geführt – mit anderen Worten, die Viren wurden zwar erneut aktiv und vermehrten sich, aber die Astronauten zeigten keine Krankheitssymptome – allerdings stünden die ärztliche Schweigepflicht und andere Geheimhaltungsvorschriften beim bemannten Raumflug dem Öffentlichwerden solcher Probleme, wenn sie denn vorkämen, ohnehin im Weg.

Neben einer Reaktivierung latent vorhandener Viren haben mehrere Crew-Mitglieder der Raumstation unter Hautausschlag zu leiden gehabt. In einem Fall hat man Blutproben untersucht und festgestellt, dass der Ausschlag mit Veränderungen des Immunsystems korrelierte, unter anderem einer eingeschränkten Effizienz von T-Zellen und veränderten Zytokinkonzentrationen im Blut.[37] Bei diesem Astronauten kamen zu dem Ausschlag juckende und tränende Augen und Niesanfälle hinzu, die auf eine allergische Reaktion schließen ließen. Mit an Sicherheit grenzender Wahrscheinlichkeit war diese auf eine durch den Flug bedingte Störung des Immunsystems zurückzuführen. Der Astronaut hatte derlei Probleme noch nie zuvor im Leben gehabt, und binnen weniger Tage zurück auf der Erde legten sie sich. Der Höhepunkt der Symptomatik fiel mit den schwierigsten und stressigsten Aufgaben der Mission zusammen – unter anderem einem Weltraumspazier-

Unser Verhältnis zur Zeit verändert sich gegenwärtig ohnehin dank eines der größten Triumphe der Menschheit im vergangenen Jahrhundert, vielleicht sogar der gesamten Menschheitsgeschichte: der Verlängerung unserer Lebensspanne. In Ostasien, wo diese Veränderung zuletzt am dramatischsten zu beobachten war, betrug die Lebenserwartung für Menschen, die 1950 geboren wurden, fünfundvierzig Jahre und liegt heute bei vierundsiebzig Jahren.[52] Ein Teil der Steigerung der Lebenserwartung dort lässt sich auf eine verringerte Kindersterblichkeit zurückführen, aber im Durchschnitt leben wir alle weit länger. Im Vereinigten Königreich und den USA hat sich im Verlauf der letzten dreißig Jahre die Zahl der über Neunzigjährigen verdreifacht.[53] Das stellt uns vor ein neues Problem: Unser Leben im fortgeschrittenen Alter zu optimieren, damit wir nicht nur einfach länger leben, sondern auch länger gesund und aktiv bleiben.

In den Vereinigten Staaten stellen die über Fünfundsechzigjährigen gegenwärtig 12 Prozent der Bevölkerung, nehmen aber 34 Prozent der verschreibungspflichtigen Medikamente und 50 Prozent der Krankenhausaufenthalte in Anspruch.[54] Zum Teil liegt das daran, dass unser Körper mit zunehmendem Alter Infektionen schlechter abwehren kann – 80 bis 90 Prozent derjenigen, die am Grippevirus sterben, sind über fünfundsechzig.[55] Nicht besser wird das Ganze dadurch, dass ältere Menschen schlechter auf Impfstoffe reagieren.[56]

Es ist nicht so, dass unser Immunsystem mit zunehmendem Alter einfach abstumpft, denn die Älteren haben auch sehr viel häufiger unter Autoimmunkrankheiten zu leiden, die auf unerwünschte Immunreaktionen zurückzuführen sind. Es sieht vielmehr so aus, als würde unser Immunsystem mit zunehmendem Alter anfangen, irgendwie unrund zu laufen. In Anbetracht der Tatsache, dass jeder Erdbewohner, der gegenwärtig sechzig ist, damit rechnen kann, noch weitere zwanzig Jahre zu leben, ist die Erforschung dessen, was mit unserem Immunsystem passiert, wenn wir altern, als Wissenschaftsgebiet von immenser Bedeutung. Was also ist Altern genau?

Egal wie sehr wir mit dem abnehmenden Licht auch hadern, Altern ist unausweichlich – bis hinunter auf die Ebene der einzelnen Zellen, die unseren Körper ausmachen. Hautzellen in einer Kulturschale teilen sich etwa fünfzig Mal, dann hören sie auf. Hautzellen von einem Neugeborenen können sich noch achtzig bis neunzig Mal teilen – Zellen von einem alten Menschen hingegen nur noch ungefähr zwanzig Mal. Altern manifestiert sich sogar in unseren Genen. Unser Erbgut wird mit der Zeit modifiziert – chemische Substanzen können sich daran heften, auch die Art, wie DNA gefaltet ist, kann sich verändern – und damit ändert sich auch die Bereitwilligkeit, mit der Gene an- und abgeschaltet werden. Diese Prozesse fallen in das Gebiet der sogenannten Epigenetik, der Veränderung genetisch kodierter Merkmale durch die Umwelt. Eine andere Art von Veränderung findet an den Enden unserer Chromosomen statt: Dort gibt es Abschnitte aus sich wiederholenden DNA-Fragmenten, die Telomere. Ihre Aufgabe ähnelt der der Plastikenden bei Schnürsenkeln: Sie verhindern, dass unser aufgeknäueltes genetisches Material an den Enden ausfranst oder sich verknotet. Aber so ein Telomer wird mit jeder Zellteilung ein bisschen kürzer.[57] Wir wissen nicht, ob verkürzte Telomere so wie graues Haar nur ein Symptom des Alterns oder ob sie Teil des Prozesses sind, der Zellen altern lässt. Möglich ist zum Beispiel, dass Telomere als eine Art Kerbholz fungieren, an dem sich ablesen lässt, wie oft eine Zelle sich geteilt hat, so dass sie weiß, wann es genug ist.

Verkompliziert wird das Ganze dadurch, dass manche Zellen ihre Telomere aus eigener Kraft verlängern können, und zwar mit Hilfe eines Enzyms namens Telomerase. Tatsächlich setzen Immunzellen dieses Enzym ein und verhindern so, dass ihre Telomere sich beim Teilen verkürzen – dasselbe tun Tumorzellen, wahrscheinlich ist dies einer der Faktoren, die ihre Unsterblichkeit garantieren,[58] und Medikamente, die das Enzym an seinem Tun hindern, sind aussichtsreiche Kandidaten für Krebsmedikamente (auch wenn Tumorzellen Resistenzen gegen solche Präparate entwickeln können). Es gibt überdies Hinweise darauf, dass Stress die Aktivität der Telomerase beeinflussen kann,[59] wenngleich dies vielleicht nicht so sehr überrascht, wenn man bedenkt, welche Unzahl an Folgen Stress auf den menschlichen Körper hat. Für das Potential von Praktiken zum Stressabbau zur Aufrechterhaltung und Stärkung der Gesundheit spricht zumindest eine Studie bei Brustkrebspatientinnen, die einen Zusammenhang zeigt zwischen der Durchführung von Achtsamkeitsübungen und einem verbesserten Erhalt der Telomerlänge.[60]

Vor dem Hintergrund, dass Altern einen so machtvollen Effekt auf unsere Zellen und Gene hat – die hier erwähnten sind nur einige wenige Beispiele von vielen –, schält sich eine übergreifendere Frage heraus: Warum geschieht das alles? Warum altern wir überhaupt? Einst hat man angenommen, dass Altern und der Tod als Ende sich als Mechanismus entwickelt haben, die kontinuierliche Evolution der Arten zu sichern. Jede Art braucht, damit sie eine Evolution durchlaufen kann – und sich ihre Merkmale im Laufe der Zeit verändern können –, einen gewissen Durchsatz an Individuen. Ein Problem an dieser Überlegung aber ist der Umstand, dass das meiste Leben auf der Erde nie ein hohes Alter erreicht. Die meisten Tiere werden von Räubern erlegt, sterben an Krankheiten, den klimatischen Bedingungen oder Hunger, so dass eine eingebaute Beschränkung der Lebensspanne bei Tieren kaum größere Wirkung zeigen würde. Einer anderen Sichtweise zufolge ist Altern lediglich ein Nebeneffekt der Schädigungen, die sich mit der Zeit in unserem Erbgut anhäufen, verursacht unter anderem durch reaktive Sauerstoffmoleküle (»freie Radikale«), die im Laufe von Stoffwechselprozessen entstehen, und die Einwirkung von UV-Licht. Aber während solide belegt ist, dass das Ausmaß der Schädigung in unseren Genen zunimmt, wenn wir älter werden, ist noch nicht belegt, dass dieser Umstand tatsächlich als Motor des Alterns wirkt. Die Tatsache, dass unsere Gene mit der Zeit zunehmend geschädigt werden, lässt aber noch eine andere Möglichkeit denkbar werden: Altern könnte sich im Laufe der Evolution als eine Form der Verteidigung gegen Krankheiten wie Krebs entwickelt haben. Da Zellen im Lauf der Zeit genetische Schäden anhäufen, hat die Evolution vielleicht einen Prozess hervorgebracht, der sie daran hindert, zu lange im Körper zu verharren, für den Fall, dass diese Schädigungen eine Zelle entarten lassen.

Zu einem bösartigen Tumor kommt es schließlich, wenn eine Zelle sich unkontrolliert teilt, Altern dagegen ist der Prozess, der eine Zelle genau das Gegenteil tun lässt: Entweder sie spult eine Abfolge von Ereignissen ab, die man als Apoptose bezeichnet und die im Tod der Zelle endet,[61] oder sie erreicht ein Stadium, das man Seneszenz nennt und in dem sie zwar weiterlebt, aber sich nicht mehr teilt. Seneszente Zellen sammeln sich im Laufe des Lebens überall im Körper an – vor allem in Haut, Leber, Lunge und Milz – und haben sowohl positive als auch negative Eigenschaften.[62] Von Vorteil sind sie, weil sie Faktoren ausschütten, die dabei helfen, geschädigtes Gewebe zu reparieren, aber wenn die seneszenten Zellen sich über einen längeren Zeitraum immer mehr ansammeln, können sie die normale Struktur von Organen und Geweben zerstören. Diese Zellen könnten die tiefer liegende Ursache für viele der Probleme sein, die wir mit fortgeschrittenem Alter assoziieren. Bei Mäusen, bei denen man seneszente Zellen beseitigt hat, zeigten sich Altersanzeichen mit erheblicher Verzögerung.[63] Selbst Mäuse, die bereits erste Altersanzeichen aufwiesen, profitierten von der Beseitigung seneszenter Zellen durch eine Verbesserung von Muskelstruktur und Fitness.

Eine letzte Möglichkeit, die hier noch erwähnt sein sollte, ist, dass Gene, die uns altern lassen, auch nur deshalb von einer Generation zur nächsten weitergegeben worden sein könnten, weil sie sich positiv auswirken, solange wir jung sind, und sich ihre negativen Nebeneffekte erst manifestieren, nachdem wir uns fortgepflanzt haben, so dass sie keiner allzu starken Selektion unterworfen sind.[64] Alles in allem können wir einen Großteil dessen, was sich beim Altern abspielt, sehr genau über das beschreiben, was unseren Genen, Zellen und Organen im Laufe der Zeit widerfährt, aber die fundamentale Frage, *warum* wir altern, ist nach wie vor ungeklärt. Mit großer Wahrscheinlichkeit gibt es darauf mehr als eine richtige Antwort. (Hören Sie nicht auf diejenigen, die behaupten, die großen Fragen seien bereits beantwortet.)

Um speziell zum Immunsystem zurückzukommen: Ein Teil des Problems, mit dem wir in hohem Alter zu kämpfen haben, ist der Umstand, dass unser Körper weniger Immunzellen produziert. Verschiedene Studien kommen zu leicht unterschiedlichen Ergebnissen, was die Arten von Zellen betrifft, die gleichmäßig weitergebildet werden, und welche nicht, aber insgesamt findet ein Rückgang statt. Einer der mutmaßlichen Gründe dafür ist, dass den Stammzellen im Knochenmark, aus denen die Immunzellen hervorgehen, im Laufe der Zeit ihr regeneratives Potential verloren geht, auch dies vermutlich durch eine Anhäufung von DNA-Schädigungen. Belegt wird das durch die Beobachtung, dass das Knochenmark eines älteren Menschen bei der Transplantation in einen an Krebs erkrankten Patienten mit geringerer Effizienz einen neuen Satz an Immunzellen bildet als das eines jüngeren.[65] Aus diesem Grund sind gemeinnützige Organisationen, die Knochenmarkspender rekrutieren, besonders erpicht darauf, junge Leute zu gewinnen.[66] Hinzu kommt, dass Immunzellen bei älteren Menschen Anzeichen von Erkrankungen weniger gut wahrnehmen und weniger gut auf Proteinmoleküle ansprechen, die sie zum Ort einer Verletzung oder Infektion dirigieren. Zwar sind sie in der Lage, sich genauso schnell zu bewegen wie Zellen von jüngeren Menschen, aber sie sind weniger treffsicher, wenn es darum geht, dahin zu gelangen, wo sie gebraucht werden.[67]

Das steht im Einklang mit der einfachen Bobachtung, dass das Immunsystem eines älteren Menschen schwächer ist, erzählt aber nicht die ganze Geschichte. Gleichzeitig werden Marker für eine aktive Immunreaktion – Zytokine, Gerinnungsfaktoren und andere Entzündungsmediatoren – im Blut älterer Menschen oft in höheren Konzentrationen angetroffen, auch wenn keine offenkundigen Anzeichen für eine Infektion vorhanden sind.[68] Man bezeichnet dieses Phänomen auch als Entzündungsaltern. Es gibt viele Gründe, weshalb bei älteren Menschen womöglich dauerhaft eine schwache Hintergrundentzündung vorhanden sein könnte, beispielsweise eine Anhäufung von geschädigten oder seneszenten Zellen, die Folge davon aber wäre, dass das System weniger gut in der Lage ist, zwischen Erregern und den körpereigenen Zellen und Geweben zu unterscheiden, und besonders ineffizient darin ist, Erreger zu entdecken, die es nie zuvor gesehen hat. Grob vereinfacht kann man sagen, bei älteren Menschen ist es leichter, eine Immunreaktion zu provozieren, andererseits arbeitet das System aber weniger akkurat, wenn es darum geht, angemessen zu reagieren.

Manche Veränderungen an unserer Gesundheit sind möglicherweise die unausweichliche Folge des Alterns von Immunzellen, aber natürlich erklärt das nicht sämtliche Komplikationen, die dem System insgesamt widerfahren. Wieder einmal hilft es beim Ergründen eines komplexen Phänomens wie der Frage, was mit unserem Immunsystem passiert, wenn wir altern, jeden Bestandteil für sich zu verstehen, es liefert uns jedoch nicht das ganze Bild. Wir müssen auch verstehen, wie die einzelnen Komponenten miteinander wechselwirken. Was da mit uns passiert, ergibt sich nicht allein aus dem Altern von Immunzellen, sondern aus dem Altern des Systems als Ganzem – als Folge eines viele Jahrzehnte geführten Kampfes gegen Erreger.

Wie wir gesehen haben, behält unser Körper jedes Mal, wenn wir gegen eine Infektion ankämpfen, ein paar von den Immunzellen zurück, die am besten geeignet waren, dieser Infektion zu begegnen, für den Fall, dass wir dem Erreger ein weiteres Mal begegnen. Diese langlebigen Zellen – die Gedächtniszellen unseres Immunsystems – sorgen dafür, dass der Körper bei der zweiten Runde mit einer Infektion rascher fertig wird. Genau deshalb wirken Impfstoffe, und deshalb sind Sie, wenn Sie sich ein Virus – sagen wir das Influenzavirus – zugezogen haben, gut gerüstet, genau diesem Virus noch einmal entgegenzutreten (aber nicht notwendigerweise dem der nächsten Grippesaison, denn bei ihm hat sich unter Umständen ein Teil der Genausstattung verändert). Entscheidend ist, dass aufgrund all dessen bei älteren Menschen ein höherer Anteil an Immunzellen von bereits überstandenen Infektionen geprägt ist und weniger Immunzellen für die Bewältigung neuer Infektionen übrig bleiben.

Aufgrund dieses Problems funktioniert das Organ, das viele unserer neu hergestellten Immunzellen für ihre Entwicklung brauchen, bei älteren Menschen nicht übermäßig gut. Die Rede ist vom Thymus, er hat seinen Sitz oberhalb des Herzens zwischen unseren beiden Lungenflügeln und wird unter anderem von T-Zellen für ihre Entwicklung benötigt, bevor sie anfangen können, im Körper zu zirkulieren und nach Anzeichen für Infektionen Ausschau zu halten. Erinnern Sie sich, dass T-Zellen über Rezeptoren mit zufällig arrangierten Enden verfügen, die ihnen die Fähigkeit verleihen, an alle möglichen Arten von Molekülen zu binden und auf sie zu reagieren. Alle T-Zellen, denen durch das Zufallsprinzip ein Rezeptor erwachsen ist, der eine Reaktion gegen körpereigene gesunde Zellen auslösen kann, werden im Thymus eliminiert. Im Körper patrouillieren demzufolge nur T-Zellen, die nicht auf körpereigene Zellen und Gewebe reagieren, sondern darauf geeicht sind, Moleküle aufzuspüren, die nicht zum Körper gehören, beispielsweise Bestandteile von Krankheitserregern sind. Im Unterschied zu den meisten anderen Organen aber ist der Thymus in der Kindheit am größten. Der Grund dafür ist, dass das Immunsystem die dramatischste Entwicklung durchmacht, solange wir jung sind. Jeder Mensch kommt mit einer nur vorübergehend wirksamen Immunabwehr zur Welt, die er von seiner Mutter mitbekommen hat und die dann durch ein eigenes Immunsystem ersetzt werden muss. Ab der Pubertät beginnt die Fähigkeit des Thymus, frisch hergestellte T-Zellen auszumustern und abzunehmen, das Organ verliert an Größe. Man hat einst angenommen, der Thymus sei, bis wir ins fortgeschrittene Alter kommen, so stark geschrumpft, dass er die Entwicklung neuer T-Zellen überhaupt nicht mehr gestattet – aber wir wissen heute, dass das nicht ganz stimmt. Eine gewisse Aktivität bleibt ihm erhalten.[69] Bei älteren Menschen arbeitet der Thymus mit ungefähr 1 bis 5 Prozent der Aktivität, die er im Kindesalter hatte.[70] Es hat den Anschein, als habe der Körper nach der Pubertät entschieden, dass er nun so ziemlich alle T-Zellen hat, die er für den Rest des Lebens braucht.

Wenn nur noch wenige T-Zellen mit ganz neuen Rezeptoren hergestellt werden, ist die T-Zell-Ausstattung des Körpers mehr oder weniger unwiderruflich durch die ganz persönliche Palette an Erregern geprägt, mit denen ein Mensch im Verlauf seines Lebens konfrontiert worden ist. Andere Faktoren – vielleicht sogar das Maß an sportlicher Betätigung und Stress – formen unser Immunsystem vermutlich im Verlauf unseres Alterns mit. Überzeugende Beweise dafür, dass unser Immunsystem nicht allein durch unser genetisches Erbe festgelegt wird, sondern sich mit zunehmendem Alter anpasst, hat die Zwillingsforschung geliefert, die gezeigt hat, dass sich das Immunsystem bei eineiigen Zwillingen – vor allem im höheren Alter – beträchtlich unterscheidet. Eine internationale Arbeitsgruppe unter der Leitung von Mark Davis[71] (nicht mit mir verwandt) an der Stanford University hat das Immunsystem von 105 gesunden Zwillingspaaren auf mehr als 200 Parameter untersucht, unter anderem die Mengen einzelner Immunzellen im Blut bestimmt, sowie die Bereitschaft von Immunzellen zur Ausschüttung von Zytokinen vor und nach der Injektion eines Grippeimpfstoffs.[72] Zwar weiß man seit langem, dass das Immunsystem sich von einem Menschen zum anderen unterscheidet – der Anteil der einzelnen Immunzellen im Blut beispielsweise schwankt gewaltig –, aber Davis und sein Team wollten klären, wie viel von dieser Variabilität ererbt ist und wie viel erworben. Wie sie feststellten, hängen die meisten Aspekte unseres Immunsystems weit mehr von nichterblichen Faktoren ab als von unserem genetischen Erbe. Schon lange war klar, dass unsere Gesundheit von einer Kombination aus angeborenen und erworbenen Faktoren – Natur und Umwelt – bestimmt wird, aber dass die Umwelt eine derart große

Rolle bei der Ausgestaltung der Abwehrkräfte unseres Körpers spielt, überraschte doch.

Viren wie das Zytomegalie-Virus – Verursacher einer sehr häufigen, oft symptomlos verlaufenden Infektion, die allerdings einem Baby im Mutterleib gefährlich werden kann – haben einen unerwartet lang anhaltenden Einfluss auf den Zustand unseres Immunsystems.[73] Bei jungen Erwachsenen beispielweise korreliert das Vorhandensein des Zytomegalie-Virus mit einer stärkeren Immunantwort auf einen Grippeimpfstoff.[74] Davis' Studie an eineiigen Zwillingen zeigte auch, dass die Immunsysteme junger Zwillingspaare sehr viel ähnlicher waren als die von älteren Zwillingspaaren. Demnach steigt also die Individualität unseres Immunsystems mit zunehmendem Alter. Wir werden immer mehr zum eigenen Ich.

Diese Komplexität – die ureigene Geschichte eines jeden von uns – ist einer der Gründe, weshalb es so besonders schwierig ist, Medikamente zu entwickeln, die dem Immunsystem älterer Menschen gerecht werden. Was aber nicht heißen soll, dass solches unmöglich wäre. Ein Weg dahin besteht darin, Impfstoffe speziell auf ältere Menschen maßzuschneidern. Sie erinnern sich, dass zum angeborenen Immunsystem Toll-ähnliche Rezeptoren gehören, die an charakteristische Erregerstrukturen binden – beispielsweise an ein LPS-Molekül in der Außenhülle eines Bakteriums – und so zur Entstehung einer Immunreaktion beitragen, und dass dieses Wissen zur Entwicklung von Adjuvantien geführt hat, die diese Erregerstrukturen nachbilden. Ein Ansatz, Impfstoffe für das Immunsystem älterer Menschen maßzuschneidern, könnte beispielsweise darin bestehen, Adjuvantien zu wählen, die die Sorten von Erregermolekül nachbilden, auf die die Älteren besonders gut ansprechen. Ein Molekül namens Flaggellin etwa, isolierbar aus dem Bewegungsapparat von Bakterien, ist eines der wenigen Erregermoleküle, die das Immunsystem von Menschen allen Alters leicht erkennt. Ein Impfstoff gegen das Influenzavirus, der gleichzeitig dieses bakterielle Molekül enthielt, erwies sich als sehr viel wirksamer als ein Standardimpfstoff, und das galt für betagte Mäuse[75] ebenso wie für betagte Menschen.[76]

Auch der positive Effekt, den es hat, Impfstoffe zu bestimmten Tageszeiten zu verabreichen, könnte insbesondere älteren Menschen zum Vorteil gereichen. Eine Studie befasste sich mit der Frage, ob ein Grippeimpfstoff bei älteren Menschen besser wirkte, wenn man ihn morgens verabreichte, oder eher, wenn man ihn nachmittags gab. Die Testpersonen sprachen besser auf die Impfung an – soll heißen: die Antikörperkonzentration in ihrem Blut war einen Monat nach der Impfung höher –, wenn sie die Injektion vormittags zwischen 9 und 11 Uhr erhalten hatten.[77] (Obwohl, wie bereits erwähnt, eine vorangegangene Studie vermuten lässt, dass Männer und Frauen möglicherweise unterschiedlich auf den Zeitpunkt der Impfung reagieren, fand sich in dieser größeren Studie kein solcher Unterschied.) Aber die vorteilhafte Wirkung einer Impfung am Vormittag hing davon ab, welche Variante des Influenzavirus verwendet wurde. Die Impfung gegen einen Virustyp wirkte besonders gut, wenn man sie am Vormittag und nicht am Nachtmittag verabreichte, bei einer zweiten Variante gab es einen minimal positiven Effekt, bei einem dritten hingegen war so gut wie kein bis gar kein Unterschied zu beobachten. Am wichtigsten aber ist vielleicht, dass man nicht weiß, ob die beobachteten Unterschiede – ein Anstieg der Antikörperkonzentration im Blut – sich notwendigerweise in einer besseren Abwehr gegen eine echte Grippeinfektion niederschlagen, etwas, was sich schwer direkt testen lässt, weil es, wie wir bei der Diskussion um die Wirkung von Tai-Chi auf das Immunsystem erwähnt haben, ethisch nicht vertretbar wäre, Versuchspersonen vorsätzlich realen Krankheiten auszusetzen, und seien die wissenschaftlichen Ziele noch so hehr.

Janet Lord, Leiterin des Institute of Inflammation and Ageing an der University of Birmingham, an dem diese Studie durchgeführt wurde, ist der Ansicht, dass im Falle des Grippevirus, das bei einer zeitlich abgestimmten Gabe den größten Unterschied zeigte – bei dem es sich vermutlich um eine Variante handelte, gegen die sich besonders schwer impfen lässt –, die Impfung am Morgen die Hälfte der Patienten schützen könnte. Eine Studie mit vielen Tausend Freiwilligen müsste her, um zu klären, ob eine Impfung am Morgen Menschen besser über die jährliche Grippesaison bringt oder nicht, aber Lord ist vorsichtig optimistisch. Sie glaubt, bald ein für alle Mal sicher sagen zu können, dass zumindest manche Arten von Impfstoffen – vor allem bei älteren Menschen – zu bestimmten Tageszeiten verabreicht werden sollten.[78] Ein anderer Wissenschaftler – Akhilesh Reddy am Crick Institute in London – pflichtet ihr bei. Er hat festgestellt, dass die angeborene Immunantwort von Zellen, die mit einem Virus infiziert wurden, am Morgen zehnmal so wirksam ist wie am Nachmittag, und glaubt, dass dies wahrscheinlich erklärt, warum Impfstoffe morgens besser anschlagen.[79]

Selbst wenn Lord und Reddy recht haben, bleiben viele Probleme des Alterns ungelöst. Dieses Kapitel wird leider nicht damit enden können, dass wir eine Neuentdeckung der Medizin feiern, die die Uhr eines alternden Immunsystems zurückzudrehen vermag. Vielmehr muss es mit einem Aufruf enden, alles zu versuchen, die Abläufe besser zu verstehen. Ein Großteil dieses Buches feiert Helden der Wissenschaft, die ihrer Neugier freien Lauf ließen, ausdrücklich aufgefordert und mit Mitteln versehen, ihrem Instinkt zu folgen. Wir alle ernten den Lohn ihrer Bemühungen, wenn ein neuer Prozess ans Licht kommt, der außerhalb der ausgetretenen Wege des jeweils aktuellen Stands der Wissenschaft angesiedelt ist – beispielsweise die in Kapitel 1 besprochene Entdeckung des angeborenen Immunsystems. Die Förderung riskanter Projekte, kühner Ideen und der spontanen Eingebungen Einzelner darf nie aufhören. Aber es gibt auch Platz für strategisches Denken, dafür, einen Teil der wissenschaftlichen Forschung auf Themen von besonderer Bedeutung für die Gesellschaft zu richten. Lord, um ein Beispiel zu nennen, konnte sich der Herausforderung, das alternde Immunsystem zu erforschen, nur stellen, weil die Regierungsbehörde für biologische Forschung des Vereinigten

Königreichs Mittel für eben dieses Thema zur Verfügung stellte.[80] Sie steht damit nicht allein.[81]

Das Altern des Immunsystems, ja Altern im Allgemeinen, ist, wie wir gesehen haben, ein ungeheuer komplexes Thema. Diesen Stier bei den Hörnern zu packen erfordert die Anstrengungen aller möglichen Arten von Wissenschaftlern – Immunologen, Allgemeinmediziner, Mathematiker, Computerwissenschaftler, Chemiker, Physiker, Neurowissenschaftler – und solcher, deren berufliche Laufbahn in kein Schema passt. Natürlich ist es uns bereits zuvor gelungen, komplizierte Probleme zu bewältigen. Als John F. Kennedy am 12. September 1962 in Houston, Texas, seine berühmte »Wir werden zum Mond fliegen«-Rede hielt, formulierte er eine Vision, die umzusetzen viele damals für unmöglich hielten, nämlich bis zum Ende des Jahrzehnts einen Menschen seinen Fuß auf den Mond setzen zu lassen. Die NASA hatte den Präsidenten zuvor davon in Kenntnis gesetzt, dass so etwas weit länger dauern werde – mindestens fünfzehn Jahre –, und es gab zu jener Zeit noch nicht einmal eine Rakete, die einen Menschen über die Erdumlaufbahn hinaus hätte befördern können.[82] Kennedy beendete seine visionäre, Maßstäbe setzende Rede mit den Worten: »Vor vielen Jahren wurde der britische Forschungsreisende George Mallory, der auf dem Mount Everest den Tod finden sollte, gefragt, warum es ihm ein Anliegen sei, diesen Berg zu besteigen. Er gab zur Antwort: ›Weil es ihn gibt.‹ Nun, es gibt den Weltraum, und wir werden den Aufstieg wagen, es gibt den Mond und die Planeten und es gibt neue Hoffnung auf neue Erkenntnisse und auf Frieden. Und deshalb erbitten wir, wenn wir nun Segel setzen, Gottes Segen für das gefahrenträchtigste, riskanteste und größte Abenteuer, auf das die Menschheit sich je eingelassen hat.«

Nun, unseren inneren Raum gibt es auch, und auch darin müssen wir navigieren. Die Systeme und Subsysteme des menschlichen Körpers zu erkunden erfordert Mikroskope und keine Raumschiffe, aber wir werden feststellen, dass wir komplexer sind als der Mond und die Planeten. Auch diese Forschung verheißt neue

Hoffnung auf neue Erkenntnisse und auf Frieden. Wir werden die menschliche Natur verstehen, unsere individuellen Unterschiede und unsere Gemeinsamkeiten. Wir werden verstehen, was wir heilen wollen, und wir werden neue Moleküle schaffen, die diese Heilung bringen. Wir müssen diese Reise tun – nicht weil es sie gibt, damit sie jemand tun kann, sondern weil wir danach trachten müssen, das menschliche Dasein angenehmer und erfüllender zu machen. Insbesondere, denke ich, mehr denn je unser Altern.

7 DIE WÄCHTERZELLEN

Wenn es aus der gesamten Wissenschaft eine Lehre fürs Leben zu ziehen gibt, dann die, dass nichts so einfach ist, wie es aussieht. Hinter allem steht noch etwas anderes. Es klingt ganz einfach, dass unser Immunsystem uns verteidigt, indem es schädlichen Eindringlingen an den Kragen geht, aber so einfach ist es nicht. Es gibt zahllose mögliche Komplikationen. Der menschliche Körper, den das Immunsystem nicht angreifen sollte, verändert sich mit der Zeit. Manche Bakterien sind nicht schädlich und erfordern keine Reaktion. Gefährliche Erreger versuchen der Entdeckung zu entkommen und so weiter. Um diesem so einfach klingenden Auftrag gerecht zu werden – zu unterscheiden zwischen dem, was eine Reaktion erfordert, und dem, was nicht, und die richtige Art von Antwort zu finden –, hat der menschliche Körper mächtig in einen riesigen Teilchenzoo an Zellen, Proteinen und andere Komponenten investiert, um ein System hervorzubringen, das so ausgefuchst ist wie kaum etwas anderes in unserem Universum. Und manchmal versagt es.

Wie wir gesehen haben, besteht einer der Wege, über die unser Körper versucht sicherzugehen, dass das Immunsystem keine gesunden Zellen angreift, darin, die aus Stammzellen hervorgegangenen Immunzellen daraufhin zu prüfen, ob sie gesunde körpereigene Zellen und Gewebe angreifen. Alle, die das tun, werden eliminiert, bevor sie irgendwelchen Schaden anrichten können. Nur die Immunzellen, die keine gesunden Körperzellen attackieren, dürfen im Körper umherstreifen und nach Anzeichen für ungute Vorkommnisse suchen. Aber der Prozess ist nicht unfehlbar, es kann zu Falschmeldungen kommen, und dann werden gesunde

Zellen und Gewebe ohne ersichtlichen Grund zerstört. Dieses Problem liegt allen Autoimmunkrankheiten zugrunde.

Es gibt mehr als fünfzig verschiedene Arten von Autoimmunkrankheiten – rheumatoide Arthritis, Diabetes, Multiple Sklerose und so weiter –, von denen etwa 5 Prozent der Weltbevölkerung betroffen sind, zwei Drittel davon sind weiblich.[1] Ein großes Problem bei der Behandlung von Autoimmunkrankheiten ist die Tatsache, dass es oftmals sehr lange dauert, bis die Symptome zutage treten, so dass zu dem Zeitpunkt, an dem jemand seinen Arzt aufsucht, die Immunzellen in seinem Körper bereits seit Monaten, wenn nicht seit Jahren gesunde Zellen angreifen. Das macht es schwer, genau herauszufinden, wodurch das Immunsystem überhaupt dazu gebracht wurde, gegen den eigenen Körper vorzugehen. In manchen Fällen mögen Immunzellen ursprünglich gegen ein Proteinmolekül reagiert haben, das eine wirkliche Bedrohung darstellte – beispielsweise ein Bestandteil von einem Virus oder Bakterium –, und in der Folge gehen genau diese Immunzellen fälschlicherweise gegen ein normales Protein in gesunden Zellen vor, dass dem Erregerprotein zufällig ähnlich sieht. Aber das ist nicht immer der Fall, und in unserem Wissen um das Wirken des Immunsystems klaffen entscheidende Lücken, die zu schließen wichtig wäre für die Entwicklung neuer Arzneien gegen Autoimmunkrankheiten.

Einer der Gründe, weshalb es so schwierig ist, Autoimmunität zu verstehen, ist, dass alles daran so zutiefst kontraintuitiv scheint. Mehr oder weniger die gesamte Menschheitsgeschichte hindurch wurde die Vorstellung, dass der menschliche Körper sich selbst angreifen könnte, kaum als Möglichkeit in Betracht gezogen. Die moderne Sicht auf das Phänomen Krankheit begann mit Louis Pasteurs Entdeckung der Mikroorganismen und Robert Kochs Erkenntnis aus dem Jahr 1876, dass Mikroorganismen Krankheiten verursachen können. Damit wurden die alten Vorstellungen verdrängt, die da beispielsweise besagten, Krankheit sei auf ein Ungleichgewicht der »Körpersäfte« – schwarze Galle, gelbe Galle,

Schleim und Blut – zurückzuführen. Neben der Unzahl an medizinischen Lichtblicken, die sich aus diesem neuen Denken ergaben, lieferte die Erkenntnis, dass Mikroben Krankheiten verursachen können, auch den ersten Schritt zu einem Verständnis vom Immunsystem als Verteidigungsmechanismus, der zwischen den Bestandteilen des Körpers – dem Selbst – und anderen Dingen da draußen – dem Nichtselbst – unterscheidet, ein Gedanke, der erstmals 1949 von dem australischen Wissenschaftler Macfarlane Burnet ausdrücklich formuliert wurde.[2] Ein paar Jahre später, 1957, wurde ein neuer Begriff erfunden – Autoimmunität –, der die Vorstellung einfing, dass Krankheit auch durch etwas völlig anderes als Keime verursacht werden kann, nämlich dadurch, dass der Körper sich selbst angreift.[3] Im Jahr 1964 dokumentierten zwei ausführliche Bände mit insgesamt 980 Seiten das Ergebnis eines internationalen Workshops in New York, auf dem in Bezug auf dieses neue Prinzip der Krankheitsentstehung weitgehende Einmütigkeit herrschte. Die Entdeckung der Autoimmunität gehört zu den größten Überraschungsbefunden der Medizin des 21. Jahrhunderts.[4]

Einen Fingerzeig, der verstehen half, wie und warum der menschliche Körper sich gelegentlich selbst angreift, lieferte der Umstand, dass manche Menschen an mehr als einer Art von Autoimmunkrankheit zu leiden haben. Typ-1-Diabetes ist eine relativ verbreitete Autoimmunerkrankung, bei der Zellen des Immunsystems die insulinproduzierenden Zellen der Bauchspeicheldrüse angreifen, was zur Folge hat, dass nicht mehr genügend Insulin produziert wird, um den Blutzuckerspiegel zu regulieren. Manche Menschen mit einem Typ-1-Diabetes aber haben außerdem Probleme, die mit der Störung der Insulinproduktion auf den ersten Blick nichts zu tun haben – beispielsweise eine Störung der Produktion von Schilddrüsenhormonen (die den Stoffwechsel des Körpers regulieren), weil Immunzellen die Schilddrüse angreifen, oder Symptome einer Zöliakie (Bauchschmerzen und Durchfälle), verursacht durch eine Immunreaktion gegen Gluten. Natürlich leidet nicht jeder Mensch mit Typ-1-Diabetes unter diesen anderen

Problemen, aber mehr Menschen, als man erwarten würde, wenn reiner Zufall am Werk wäre. Bei Tieren mit Autoimmunkrankheiten passiert etwas ganz Ähnliches. Mäuse mit einer genetischen Veranlagung für Diabetes haben meist unter Symptomen anderer Autoimmunkrankheiten zu leiden.[5] Demzufolge scheint die der Krankheit zugrunde liegende Ursache etwas zu sein, das nicht in einem speziellen Organ passiert, sondern etwas, dass das Immunsystem allgemein betrifft, eine generelle Schwächung seiner Fähigkeit, zwischen gesunden Zellen und schadenbringenden Krankheitserregern zu unterscheiden.

Der japanische Wissenschaftler Shimon Sakaguchi hat darüber genauer nachgedacht. Ihm wurde klar, dass man das Funktionieren des Immunsystems besser verstehen würde, wenn man herausfände, was passieren muss, damit der Körper sich selbst attackiert. Dies veranlasste ihn, das Phänomen Autoimmunität eher als Wegweiser für ein grundsätzliches Verstehen des Systems zu betrachten, als nach einem Heilmittel für Autoimmunkrankheiten zu suchen.[6] Aber er musste eine Möglichkeit finden, dieses schon auf den ersten Blick respekteinflößende Problem anzugehen. Wie also beginnt jemand seine wissenschaftliche Reise? Nun, indem er den Spuren folgt, die andere hinterlassen haben, und dann an der richtigen Stelle abzweigt.

Sakaguchi ging daher zunächst den Weg nach, den zwei andere japanische Wissenschaftler, Yasuaki Nishizuka und Teruyo Sakakura, 1969 eingeschlagen hatten und der die beiden auf eine Möglichkeit gebracht hatte, bei Mäusen Autoimmunität zu erzeugen. Sie hatten gar nicht vorgehabt, das Immunsystem zu untersuchen – beide waren keine Immunologen, sondern Endokrinologen, Experten für Hormone und Drüsen, die nach einer Möglichkeit suchten herauszufinden, ob Hormone Einfluss auf die Entstehung von Krebs haben. Was sie entdeckten, hatte wenig mit Hormonen oder Krebs zu tun.

Wenn man bei Mäusen im Alter von drei Tagen den Thymus entfernt, so stellten sie fest, verkümmern bei den Tieren die Eierstöcke.[7] Zuerst deuteten die beiden Endokrinologen, von Berufs wegen auf die Untersuchung von Hormonen fixiert, diese Beobachtung so, als müsse der Thymus Hormone ausschütten, die für das Wachstum der Eierstöcke verantwortlich sind. Aber damit lagen sie falsch. Nachfolgende Experimente zeigten, dass die Eierstöcke der Tiere vom Immunsystem angegriffen und auch andere Organe in Mitleidenschaft gezogen worden waren.[8] Heute wissen wir, dass solches passiert, weil Immunzellen (T-Zellen, um genau zu sein), die körpereigene Strukturen angreifen können, durch den Thymus normalerweise eliminiert werden. Bei Tieren, denen man den Thymus sehr früh entfernt, werden solche T-Zellen gegen den eigenen Körper nicht zerstört, und das führt zu einer Autoimmunerkrankung.

Im Alter von sechsundzwanzig Jahren ging Sakaguchi zu Nishizuka, in dessen Labor diese Entdeckung gemacht worden war. Für seine Doktorarbeit führte er dasselbe Experiment durch und entfernte Mäusen den Thymus, dann aber bog er ab und machte eine Jahrhundertentdeckung. »Ich kann mich nur vage daran erinnern, ob ich damals aufgeregt war oder nicht«, berichtet er,[9] schließlich hatte es drei Jahre – von 1979 bis 1982 – gedauert, bis das entscheidende Experiment vollendet war. Erst einmal musste er sich einen großen Teil der benötigten Komponenten selbst herstellen – Antikörper zum Beispiel, mit denen sich die einzelnen Arten von T-Zellen markieren ließen, und vieles mehr –, was über ein Jahr dauerte. Danach nahm jedes Teilexperiment mehrere Wochen in Anspruch, in denen er warten musste, was mit den einzelnen von ihm behandelten Mäusen passierte. Jahrelange Bemühungen, zusammenzufassen in wenigen Zeilen mit einer dramatischen Aussage: Zuerst wurde Mäusen der Thymus entfernt, worauf diese wie gehabt eine Autoimmunkrankheit entwickelten. Denselben Tieren wurden dann per Injektion Immunzellen von einer gesunden Maus aus demselben Inzuchtstamm verabreicht, und das hielt die Autoimmunkrankheit erstaunlicherweise auf.[10] Man konnte den Mäusen die Immunzellen vor und nach der Entfernung des Thymus verabreichen, in beiden Fällen klangen die Autoimmunreaktionen ab. Mit anderen Worten, Sakaguchi hatte eine Heilung für die sonst unvermeidliche Autoimmunkrankheit gefunden.

Das war eine Entdeckung von ungeheurer Tragweite, vor allem, wenn man bedenkt, dass es sich um eine Doktorarbeit handelte, die in der Regel eher ein Qualifikationsnachweis ist denn zu einem Meilenstein der Forschung gerät. Aber sie war auch, wie Sakaguchi wusste, kein Durchbruch, der sich unmittelbar in der medizinischen Praxis niederschlagen würde, weil sich beim Menschen Immunzellen nicht ohne weiteres von einer Person zur anderen übertragen lassen (anders als bei Inzuchtmäusen steht dem die genetische Verschiedenheit entgegen). Und bei diesem Experiment entwickelten die Mäuse ihre Autoimmunität durch künstliche Maßnahmen – die chirurgische Entfernung des Thymus. Sakaguchis Experiment war weniger ein medizinischer Durchbruch als vielmehr ein wissenschaftlicher: Er hatte gezeigt, dass es unter den Immunzellen gesunder Mäuse welche geben musste, die Immunreaktionen aufhalten und einer Autoimmunkrankheit beikommen konnten.

Jeder Moment in der Geschichte hat seine eigene Geschichte. Der Gedanke, dass manche Arten von Immunzellen dazu da sein könnten, Immunreaktionen aufzuhalten statt anzufachen, war zuvor schon gedacht worden. Im Verlauf der 1960er und 1970er Jahre hatte man bei dem Bestreben, das menschliche Immunsystem zu verstehen, Methoden entwickelt, die es ermöglichten, die einzelnen Arten von Immunzellen voneinander zu trennen. Gemessen an den Standards unserer Zeit mögen die Verfahren einigermaßen grobschlächtig scheinen, aber den Forschern jener Zeit erlaubten sie, verschiedene Immunzellen einzeln zu gewinnen und neu zu mischen, um herauszufinden, wie unterschiedliche Kombinationen auf Erreger oder Erregermoleküle reagierten. Man entdeckte auf diese Weise, wie Immunzellen einander helfen, und stieß, wie in Kapitel 2 besprochen, auf die Existenz von dendritischen Zellen und deren Bedeutung für das Lostreten einer Immunreaktion.

Zu Beginn der 1970er Jahre stellten mehrere Forscherteams rund um den Globus fest, dass die Zugabe mancher Arten von Immunzellen eine Reaktion unterdrücken kann statt sie zu fördern.[11] Richard Gershon, der damals zusammen mit seinem Assistenten Kazunari Kondo an der Yale University arbeitete, veröffentlichte die Beobachtung der beiden in der britischen Fachzeitschrift *Immunology*, nachdem ihm ein Kollege erklärt hatte, dass dies eine Zeitschrift sei, »die bereit ist, auch unorthodoxe Befunde in Betracht zu ziehen«.[12]

Die Vorstellung, dass manche Zellen imstande sein sollten, eine Immunreaktion zu stoppen, war von Anbeginn an umstritten. Als besonders problematisch wurde empfunden, dass die Zellen, die dazu in der Lage sein sollten, Gershons Beobachtungen zufolge T-Zellen waren, genau die Art von Immunzellen also, von der hinlänglich belegt war, eine Immunreaktion in Gang zu bringen. Gershon mutmaßte, es müsse bestimmte T-Zellen geben, die sich anders verhalten als normale T-Zellen, und prägte für solche, die eine Immunreaktion aufhalten statt zu befeuern, den Begriff »Suppressor-T-Zelle«.[13] Ein Jahrzehnt später sollte Sakaguchis Experiment entscheidend dazu beitragen, Gershons These zu stützen – und zu erweitern, indem er zeigte, dass solche suppressiven Zellen in besonderer Weise geeignet sein können, Autoimmunkrankheiten zu verhindern. Aber Sakaguchi mied Gershons Begriff Suppressor-T-Zellen und bezeichnete seine Zellen als »Autoimmunität verhindernde Zellen«, weil er nicht sicher war, dass es sich dabei um die von Gershon beschriebenen handelte.[14] Sie hätten zusammenkommen können, um die Frage zu erörtern, aber dazu kam es leider nicht. Kurz nachdem Sakaguchi seine Ergebnisse veröffentlicht hatte, hätte Gershon den Gipfel seiner wissenschaftlichen Laufbahn erreichen sollen, aber sein Leben endete viel zu früh. Er starb im Alter von fünfzig Jahren, seine Tochter Alexandra war damals ein Jahr.[15]

Gershons Nachruf in der *New York Times* verglich die Entdeckung der anderen Seite des Immunsystems mit dem Blick auf die

Rückseite des Mondes.[16] Gershon, Sakaguchi und andere wurden ein Weilchen gefeiert, weil die Vorstellung, dass das Immunsystem etwas brauchte, um seine Aktivität zu stoppen, von bestechender Logik war.[17] Aber lange Zeit galt ihre Arbeit nicht als abschließende Antwort, denn es gab andere Möglichkeiten zu erklären, was sie beobachtet hatten. Eine wäre beispielsweise, dass die chirurgische Entfernung des Thymus Veränderungen am Immunsystem bewirkte, die es, sagen wir, einem Virus, leicht machten zu gedeihen.[18] Wären die Symptome nicht auf eine Autoimmunkrankheit zurückzuführen, sondern auf den Erreger, wäre es keine Überraschung, wenn die Gabe von T-Zellen aus einer gesunden Maus helfen würde, dem Problem beizukommen, weil diese das Virus bekämpfen würden. Sakaguchi war zwar davon überzeugt, dass dies nicht das war, was da passierte, aber er konnte die Möglichkeit formal nicht ausschließen.[19]

Der Lösung des Problems stand in erster Linie der Umstand im Weg, dass niemand in der Lage war, Suppressor-T-Zellen von normalen T-Zellen zu trennen. Die verfügbaren Methoden waren einfach nicht ausgereift genug. Erinnern Sie sich daran, dass die Entdeckung der dendritischen Zellen, über die wir in Kapitel 2 berichtet haben, erst dann weithin anerkannt wurde, als es möglich war, diese Zellen zu isolieren und nachzuweisen, dass sie über Eigenschaften verfügten, die über die anderer Immunzellen hinausgingen. Ohne eine Möglichkeit, Suppressor-T-Zellen zu identifizieren und zu isolieren, ließ sich ihre Existenz nur schwer nachweisen, von ihrer Funktion gar nicht zu reden. Aber das hielt die Wissenschaftler nicht davon ab zu spekulieren.

Alle möglichen Überlegungen wurden geäußert, um zu erklären, wie T-Zellen wohl funktionierten – darüber, wie verschiedene Arten von T-Zellen miteinander wechselwirken oder wie Antikörper sich aneinanderheften könnten. Im Rückblick war diese Zeit von Mitte der 1970er bis Mitte der 1980er Jahre so etwas wie ein dunkles Zeitalter für die Untersuchung des Immunsystems, weil der Riesenfülle an komplizierten Überlegungen darüber, wie das

Ganze möglicherweise funktionieren könnte, kaum Werkzeuge zur Identifizierung und Manipulation von Genen und Proteinen gegenüberstanden, mit deren Hilfe man diese hätte überprüfen können. Theorie reihte sich an Theorie, ein Kartenhaus ans andere. Neue Begriffe wurden geprägt – Idiotypen, Epitope und Paratope –, die heute kein Mensch mehr benutzt. Vielen Artikeln aus diesem Zeitalter lässt sich nur schwer folgen. Wie es L. P. Hartley so schön formulierte: »Die Vergangenheit ist ein fremdes Land: dort gelten andere Regeln.«[20]

Schließlich brachten neue Methoden neue Präzision – und Suppressor-T-Zellen verhedderten sich im Gewirr der neu aufkommenden Ideen. Ein besonders unerquickliches Zwischenspiel ereignete sich 1983, als man zeigte, dass eine Region des Genoms, von der man annahm, sie kontrolliere die Funktion von Suppressor-T-Zellen, keinerlei dafür in Frage kommende Gene enthielt.[21] Der Glaube an Suppressor-T-Zellen erlosch. Labors, die sich mit der Untersuchung dieser Zellen befassten, hatten es schwer, an Mittel zu kommen.[22] Suppression wurde zum Unwort: Das Thema wurde zum Synonym für schlecht gemachte Forschung und die Überbewertung spärlicher Daten.[23] »Kein Zweig der Immunologie ist weniger glaubwürdig als die Erforschung von Suppressor-T-Zellen«, schrieben Wissenschaftler 1992.[24]

Das alles macht die Größenordnung der Leistung einer kleinen Gruppe von Forschern, die hier Durchhaltevermögen bewiesen, nur umso beeindruckender. Ich fragte Sakaguchi einmal, was ihn bei der Stange gehalten hat, woher er seine innere Zuversicht nahm. Er entgegnete nüchtern, er sei einfach nicht davon überzeugt gewesen, dass die Zellen, die er untersuchte, dieselbe Art von Zellen seien, die andere als Suppressor-T-Zellen bezeichneten. Viele der den Suppressor-T-Zellen zugeschriebenen Eigenschaften schienen auf die Zellen, die sein Labor untersuchte, einfach nicht zu passen, und daher brachte ihn die Geschichte mit dem fehlenden Gen von 1983 nicht von seinem Weg ab. Sakaguchis Zutrauen erwuchs nicht aus Arroganz oder einem großen Ego, sie verdankte sich auch nicht einem Ruhe predigenden Mentor, sondern allein den Daten, die er in seinem Labor gewann.

Wieder war es, wie so oft, eine neue Technologie, die die Dinge voranbrachte. Es wurden Werkzeuge entwickelt, mit deren Hilfe man verschiedene Arten von T-Zellen mit sehr viel größerer Genauigkeit unterscheiden konnte, indem man sie anhand ihrer Oberflächenmoleküle markierte. Sobald eine neue Technologie eine Tür aufstößt, erspäht meist mehr als ein Labor, was es auf der anderen Seite zu sehen gibt. In diesem Falle führte es dazu, dass 1993 ein wichtiges Experiment von zwei verschiedenen Labors unabhängig voneinander unternommen wurde.

Fiona Powrie hatte ursprünglich, um es mit ihren eigenen Worten zu sagen, »ein um die Welt jettendes« Dasein im Finanzwesen im Sinn gehabt, als ihr aufging, dass ihre eigentliche Berufung die medizinische Forschung war. Ihr Sinneswandel war zum Teil auch dadurch motiviert, dass ihre Mutter an einer Autoimmunkrankheit – Lupus erythematodes – starb.[25] Im Rahmen ihrer Dissertation im Labor des britischen Immunologen Don Mason an der Oxford University entdeckte sie, dass Ratten, denen man einen Teil ihrer T-Zellen entfernte, eine Autoimmunkrankheit entwickelten.[26] Nach ihrer Dissertation ging sie nach Palo Alto, Kalifornien, und begann in einem Labor des Unternehmens Schering-Plough mit Stammsitz in den USA zu arbeiten, wo sie entschied, dass das Projekt, das durchzuführen man ihr dort aufgetragen hatte, nicht so spannend war wie die Fortführung der Forschung aus ihrer Dissertation. Sie arbeitete auf eigene Faust weiter und nahm sich vor zu prüfen, ob auch Mäuse, denen man einen Teil ihrer T-Zellen genommen hatte, Symptome einer Autoimmunkrankheit zeigen würden.[27] Ohne dass sie es wusste, hatten Forscher eines anderen Unternehmens – Immunex – dieselbe Idee.

Entscheidend für den Erfolg der beiden Teams war der Schritt, die Maus-T-Zellen in zwei Gruppen aufzuteilen. Eine Gruppe – mit der offiziellen Bezeichnung naive T-Zellen – bestand aus Zellen, die bereit und in der Lage waren, eine Immunreaktion anzustoßen, sollten ihre Rezeptoren auf eine potentiell gefährliche Erregerstruktur treffen, eine solche Begegnung jedoch noch nicht gehabt hatten. Die zweite Gruppe wurde von solchen Zellen gebildet, die bereits »angeschaltet« und im Körper gebraucht worden waren. Zu dieser zweiten Gruppe gehörte ein Sammelsurium an T-Zellen mit unterschiedlichen Aufgaben, darunter auch jene T-Zellen, die übrig bleiben, wenn eine Infektion besiegt ist, und eine stärkere Immunität verleihen, sollte derselbe Erreger ein weiteres Mal zuschlagen, sowie »Suppressor-T-Zellen«, die durch körpereigene Strukturen aktiviert werden. Die Wissenschaftler übertrugen beide Gruppen von Immunzellen in genetisch veränderte Mäuse, denen jeweils eigene T-Zellen fehlten, so dass die einzigen T-Zellen in ihrem Organismus diejenigen waren, die man ihnen übertragen hatte.

Sie stellten fest, dass die naiven T-Zellen der ersten Gruppe – diejenigen also, die noch nie im Einsatz gewesen waren, in Abwesenheit von Suppressor-T-Zellen aktiviert werden und die gesunden Gewebe der Mäuse attackierten, die daraufhin eine autoimmun bedingte Entzündung des Darms entwickelten. Damit war – wenn auch unter künstlichen Bedingungen – gezeigt, dass normale T-Zellen gesunde Gewebe angreifen und eine Autoimmunreaktion hervorrufen können. Verabreichte man diesen Mäusen eine Dosis T-Zellen aus Gruppe zwei, wurde die Autoimmunkrankheit beendet.[28] Das stand völlig im Einklang mit der Vorstellung, dass T-Zellen, die dafür verantwortlich sind, Erreger anzugreifen, auch dazu fähig sind, den Körper anzugreifen und eine Autoimmunreaktion in Gang zu setzen, dass aber andere T-Zellen – die Suppressor-T-Zellen – dies verhindern können. Die Tatsache, dass zwei amerikanische Wissenschaftlerteams ihre Ergebnisse binnen weniger Monate nacheinander publizierten, verlieh dieser Entdeckung große Überzeugungskraft.[29]

Unterdessen entdeckte Sakaguchi in Japan eine präzisere Möglichkeit, Suppressor-T-Zellen zu identifizieren. Er stellte 1995 fest, dass Suppressor-T-Zellen auf ihrer Oberfläche besonders große

Mengen eines bestimmten Zytokinrezeptors tragen.[30] Damit wurde es möglich, diese Population von T-Zellen aus dem Immunsystem der Mäuse zu entfernen:[31] Die T-Zellen eines Tiers wurden isoliert, und diejenigen, die den Rezeptor auf der Oberfläche trugen, wurden eliminiert. Die übrigen wurden dann einer zweiten Maus injiziert, der man durch genetische Manipulation sämtliche T-Zellen genommen hatte. Diese zweite Maus erkrankte postwendend an einer Autoimmunkrankheit. Das Entfernen der Suppressor-T-Zellen aus dem Immunsystem der Maus reichte also, um die Krankheit auszulösen, das sprach unmittelbar für Sakaguchis große These, derzufolge vielen Autoimmunerkrankungen eine Anomalie der Suppressor-T-Zellen zugrunde liegt.

Ethan Shevach von den amerikanischen National Institutes of Health las Sakaguchis Veröffentlichung und wusste nicht so recht, was er davon halten sollte. Er war ein energischer Gegner der Suppressor-T-Zell-Theorie, aber bei Licht betrachtet war dieses Experiment ein echter Durchbruch. Er beauftragte einen Neuankömmling in seinem Labor, Angela Thornton, damit, Sakaguchis Arbeit zu wiederholen. Ein Daumen hoch oder runter aus Shevachs Labor wäre ein wichtiges Signal an das immunologische Establishment und könnte maßgeblich dafür sein, ob Sakaguchis Forschung Lob und Preis oder Schimpf und Schande zuteilwerden würde.

Thornton stellte fest, dass es mit dem, was Sakaguchi gezeigt hatte, seine Richtigkeit hatte. Und damit änderte Shevach seine Meinung über die Existenz – und vitale Bedeutung – von Suppressor-T-Zellen.[32] Er war nun so felsenfest von deren Wichtigkeit überzeugt, dass er den Schwerpunkt seiner Laborarbeit auf die Untersuchung dieser Zellen verlagerte.[33] Shevach genoss eine ungeheure Reputation – zu jener Zeit war er Hauptherausgeber des *Journal of Immunology*[34] und wohlbekannt für seine aggressive Argumentation gegen die Theorie über Suppressor-T-Zellen, weshalb seine Haltungsänderung zu dem Thema allerorten aufhorchen ließ. Sakaguchi erinnert sich, dass sich – vor allem in den

Vereinigten Staaten – nach Shevachs Gesinnungswandel sehr viel mehr Leute für seine Arbeit interessierten.[35]

Shevach und Sakaguchi zeigten 1998 übereinstimmend, dass Suppressor-T-Zellen auch bei Zellen in Kultur Immunreaktionen unterdrücken konnten.[36] Diese Experimente waren einfacher und leichter zu interpretieren, verglichen mit denen an lebenden Tieren, und trugen entscheidend dazu bei, weitere Wissenschaftler davon zu überzeugen, dass Suppressor-T-Zellen in der Tat existieren. Aber ein Problem blieb bestehen. Die gesamte Forschung bis dahin war an Tieren oder tierischen Zellen durchgeführt, nichts davon war beim Menschen belegt worden. Das hatte sicher mit dem einfachen Grund zu tun, dass so wenige Labors mit Suppressor-T-Zellen arbeiteten, eine Folge der so lange gehegten Skepsis in Bezug auf diese Zellart.[37] Im Jahr 2001 schließlich – dreißig Jahre nachdem der Gedanke an Suppressor-T-Zellen erstmals gedacht worden war – konnten sechs verschiedene Arbeitsgruppen alle zur selben Zeit deren Existenz belegen.[38]

Rückblickend scheint es merkwürdig, dass diese Zellen so lange von der Bildfläche verschwunden blieben. Es sieht aus, als habe die wissenschaftliche Welt das Kind mit dem Bade ausgeschüttet, sobald sich einige der Vorhersagen über Suppressor-T-Zellen als falsch erwiesen.[39] Das Hauptproblem war, dass die methodischen Möglichkeiten fehlten, diese Zellen zu isolieren, so dass man sie im Detail hätte untersuchen können. Meiner persönlichen Ansicht nach aber hat auch ein weiterer Aspekt zu diesem Irrtum beigetragen: Die Wissenschaftler jener Zeit sind zu rasch mit ihrem Urteil bei der Hand gewesen. Weil das Immunsystem so ungemein komplex ist, können wir, wie wir heute wissen, nicht erwarten, dass jede Interpretation jedes Versuchsergebnisses zutreffen muss. Wir sind uns unserer »begrenzten Fähigkeit, in jedem Bericht alles richtig wiederzugeben«, wie es Ron Germain, einer von Shevachs Kollegen an den National Institutes of Health ausdrückte, bewusster geworden.[40]

Zu der Zeit, als die Existenz von Suppressor-T-Zellen auch beim Menschen nicht mehr angezweifelt wurde, war die Bezeichnung selbst längst zum Synonym geworden für ein Jahrzehnt schlampiger Forschung. Sie musste geändert werden: ein neuer Name für einen neuen Anfang. Von nun an sollten diese Zellen »regulatorische T-Zellen« heißen, manchmal auch Tregs (ausgesprochen wie die Kurzform für den Dinosaurier *Tyrannosaurus rex*, T. rex).[41] Nach Jahrzehnten des Schattendaseins standen die regulatorischen T-Zellen nun endlich im Rampenlicht und waren als entscheidender Teil unseres Immunsystems akzeptiert: als Wächterzellen des Universums.[42]

⋆

Der nächste große Vorwärtsschritt in unserem Verständnis von regulatorischen T-Zellen und der Entstehung von Autoimmunkrankheiten wurde an äußerst unerwarteter Stelle getan: beim Manhattan Project. In Reaktion auf die Erfolge bei der Herstellung der weltweit ersten Kernwaffen wurde 1947 am Oak Ridge National Laboratory ein Labor für Säugetiergenetik eingerichtet, um die Gefahren radioaktiver Strahlung verstehen zu lernen. Das Ganze wuchs sich zu einem wissenschaftlichen Unterfangen von ungeheuren Dimensionen aus, das fast sechzig Jahre Bestand hatte. Auf seinem Höhepunkt beherbergte Gebäude 9210, auch The Mouse House genannt, in sechsundsechzig Räumen insgesamt 36 000 Käfige, jeder mit je einer bis sechs erwachsenen Mäusen gleichen Geschlechts darin.[43] Eines Tages stapelte der Leiter des Instituts, Bill Russell, sich einen Haufen Käfige in seinen alten Ford und fuhr zu einem Atomwaffentestgelände in der Wüste von Nevada, wo er die Mäuse während der Bombentests der Strahlung aussetzte. Dann brachte er die verstrahlten Tiere zurück nach Oak Ridge und untersuchte die Folgen der aufgetretenen Genmutationen.[44] Nachkommen dieser Mäuse und solcher, die anderen Formen von Strahlung oder Mutagenen ausgesetzt gewesen waren, wurden in einer Vielzahl von Labors in zahllosen Experimenten verwendet. Sie werden Ihre eigene Ansicht darüber haben, ob das inhuman, notwendig oder beides war oder eben nicht. Aber so war es nun einmal, und es hat einerseits zu unserem Wissen um die Gefahren von Strahlung beigetragen und bot andererseits eine stete Quelle von Mäusen, die sich als Modelle für verschiedene genetisch bedingte Erkrankungen beim Menschen untersuchen ließen.

Eine der berühmtesten Mäusekolonien in Oak Ridge kam 1949 zur Welt. Diese Mäuse waren weder radioaktiver Strahlung noch einem anderen Mutagen ausgesetzt gewesen, aber der Zufall wollte es, dass ausgerechnet sie unter all den vielen Tieren in dieser Einrichtung mit einem augenfälligen Defekt geboren wurden: Bei ihnen waren die Organe, in denen sich Immunzellen sammeln, stark vergrößert, und die Tiere starben rasch. 1991 entdeckte man, dass diese Mäuse unter einer sehr schweren Autoimmunkrankheit litten.[45] Das war zu einer Zeit, in der genetische Analysen noch nicht einfach waren, und es dauerte weitere sechs Jahre, bis man grob die Region im Genom ausgemacht hatte, die bei diesen Mäusen mutiert war. In diesem Abschnitt gab es zwanzig verschiedene Gene, die eins ums andere getestet wurden, und beim letzten schließlich stellte man fest, dass es für die Autoimmunkrankheit der Tiere allein verantwortlich war.[46] Man gab dem Gen den Namen *FOXP3* (kurz für Forkhead-Box-Protein P3), Grund für den sperrigen Namen ist dessen Ähnlichkeit mit einem verwandten Gen, das erstmals bei Taufliegen untersucht und beschrieben wurde und im Falle einer Mutation dafür sorgt, dass die Tiere einen deformierten Schädel ausbilden. Durch eine Zufallsmutation war bei den Mäusen ein kurzes DNA-Fragment in die entsprechende Gensequenz geraten und hinderte das Gen daran, richtig zu funktionieren, und das bedingte die Autoimmunerkrankung.[47]

Ein derart dramatischer Effekt bei Tieren machte es wahrscheinlich, dass Mutationen in diesem Gen auch beim Menschen zu Problemen führen würden, und es dauerte nicht lange, bis man dies zeigen konnte. Mutationen im menschlichen FOXP3 wurden bei Patienten mit einer seltenen Erkrankung namens IPEX-Syndrom (für Immundysregulation, Polyendokrinopathie, Enteropathie,

X-Chromsom-gekoppelt) gefunden.[48] Dieses Syndrom, das so selten ist, dass es keine Zahlen über die Häufigkeit seines Auftretens gibt, ist gekennzeichnet durch einen gewaltigen autoimmunologischen Angriff auf verschiedene Organe des Körpers.

Die entscheidende Frage lautete: Warum? Worin bestand die Rolle von FOXP3, wieso erzeugte seine Fehlfunktion eine Autoimmunerkrankung? Einen aufschlussreichen Hinweis lieferte die Tatsache, dass die Symptome von IPEX denen der Autoimmunkrankheit von Mäusen ähnelten, denen man den Thymus entfernt hatte.[49] Daraus ergab sich der Gedanke, dass es zwischen FOXP3 und regulatorischen T-Zellen möglicherweise irgendeinen Zusammenhang geben könnte.

2003 entdeckten drei Forscherteams – Sakaguchi in Japan und zwei Gruppen in den Vereinigten Staaten unter der Leitung von Alexander Rudensky und Fred Ramsdell[50] –, dass die Aktivität des FOXP3-Gens nicht nur locker mit regulatorischen T-Zellen zusammenhängt, sondern dass sie für deren Entwicklung und Funktionieren unerlässlich ist.[51] Ja, die Aktivität dieses einen Gens ist imstande, eine normale T-Zelle zu einer regulatorischen zu machen, mithin deren Daseinszweck vom Befeuern einer Immunreaktion in deren Abschwächung zu verkehren. Das allein war eine bahnbrechende Entdeckung: Das An- oder Abschalten eines einzelnen Gens vermag das ganze Wesen einer Zelle in sein blankes Gegenteil zu verkehren. Dieses spezielle Gen ist deshalb so machtvoll, weil das von ihm kodierte Protein die Aktivität von um die 700 anderen Genen direkt steuert.[52] Es ist eine Schnittstelle im Netzwerk, ein Master-Kontroll-Gen.

Mit dieser Erkenntnis explodierte die Forschung an regulatorischen T-Zellen. FOXP3 war ein weit verlässlicherer Marker für diese Zellen als alles, was man zuvor verwendet hatte, und das machte es möglich, T-Zellen nachzuspüren, zu isolieren und systematisch zu untersuchen. Die Forschung, die sich nun anschloss, enthüllte, dass regulatorische T-Zellen in mehr als einer Hinsicht vor unerwünschten Immunreaktionen schützen. Sie schütten

Zytokine aus, dämpfen lokale Immunreaktionen und können mit Leichtigkeit die Aktivität einer anderen Zelle beenden. Ein Ort im Körper, an dem sich regulatorische T-Zellen besonders zahlreich tummeln, ist, wie man heute weiß, der Darm. Hier muss das Immunsystem zwischen dem, was schädlich und dem, was nützlich ist, »zwischen Salat und Salmonellen«, wie Powrie es ausdrückt, besonders gut unterscheiden können.[53]

Darüber hinaus haben regulatorische T-Zellen im Darm den vermutlich schwersten Job im ganzen Immunsystem. Normalerweise sollte das Immunsystem gegen Bakterien, die es im Körper aufspürt, vorgehen, aber im Darm haben regulatorische T-Zellen die Aufgabe, jedweden schädlichen Angriff auf Bakterien abzuwehren, die da zu unserem Wohl gedeihen: die Darmflora oder das Darmmikrobiom. Diese Bakterien helfen uns, Pflanzenmoleküle zu verdauen, die für uns sonst unverdaulich wären, schließen Nährstoffe auf, synthetisieren Vitamine – all das als Gegenleistung dafür, dass sie in uns leben dürfen. Diese symbiotische Beziehung darf unser Immunsystem nicht zerstören.

Tatsache ist, dass unser Immunsystem mehr tut, als diese Beziehung lediglich zu erhalten – es formt sie. Der Darm ist extrem komplex: Es gibt dort Billionen Bakterien – so viele, wie der gesamte menschliche Körper an Zellen hat[54] –, die miteinander leben und sterben, konkurrieren und kooperieren. Hinzu kommt eine ungezählte Menge an Viren und Pilzen, über die wir nur wenig wissen. Es ist ein inneres Universum, das sich nicht nur von Mensch zu Mensch unterscheidet, sondern sich mit Pubertät, Schwangerschaft und offenbar jedem neuen physiologischen und pathologischen Zustand unsererseits verändert.[55] Unser Darmmikrobiom kann sich sogar mit jeder Mahlzeit und jedem Stuhlgang verändern, und das Immunsystem muss imstande sein, diese Verschiebungen zu tolerieren, und dennoch fähig bleiben, bei Bedarf eine entschiedene Immunabwehr zu leisten. Wenn dem Immunsystem eine Gefahr durchgeht, sind wir einer ganzen Reihe an Krankheiten ausgeliefert, die durch Erreger in Speisen und Getränken verursacht werden können, ebenso kann es, wenn unser Immunsystem gegen unsere Mitbewohner im Darm vorgeht, durch die entstehende Entzündung zu allen möglichen Symptomen von leichtem Unwohlsein bis hin zu einer chronischen entzündlichen Darmerkrankung kommen.

Um sein Verhalten entsprechend anzupassen und die verschiedenen benötigten Bakterien im Darm zu erhalten, reagiert das Immunsystem auf kleine Moleküle – Metaboliten – die als Nebenprodukt von Wachstum und Vermehrung der Darmbakterien anfallen, und schaltet sich entsprechend an und ab.[56] Metaboliten von erwünschten Bakterien setzen die Sensitivität von Immunzellen herab und wirken so der Tendenz entgegen, in Gegenwart von Bakterien automatisch zuzuschlagen.[57] Sinkt die Menge an Metaboliten bevorzugter Bakterien, nimmt das Immunsystem das umgekehrt als Signal, dass unerwünschte, potentiell schädliche Bakterien angefangen haben, das Regiment zu übernehmen und die normale, gesunde Flora zu verdrängen. Das Immunsystem wird dann aktiv und verteidigt uns *und* unsere Mitbewohner. Auf diese Weise leistet unser Immunsystem mehr, als uns vor Krankheiten zu schützen, es hält durch seinen Einsatz die lebenswichtige Symbiose zwischen uns und den Bakterien, die uns besiedelt haben, aufrecht.

Das Immunsystem des Darms achtet auch auf direktere Anzeichen für potentiellen Ärger – indem es Moleküle aufspürt, die sich in jeder normalen Situation im Zellinneren befinden würden und deren Gegenwart im Darm das System alarmiert und für die Möglichkeit bereit macht, dass Zellen zerstört worden sind – beispielsweise wenn Viren oder Bakterien sich in ihnen vermehrt und die Zelle dann zum »Platzen« gebracht haben, im Jargon nennt man diesen Vorgang Lyse, um sich weiter auszubreiten und neue Zellen zu befallen. Solche Moleküle haben normalerweise (das heißt, wenn sie im Zellinneren sind) nichts mit dem Immunsystem zu tun – sind unter Umständen von Bedeutung für die Zellvermehrung oder den Bewegungsapparat der Zelle[58] –, sobald sie aber außerhalb der Zelle angetroffen werden, wirken sie wie das in den

Himmel projizierte Fledermausemblem, mit dem die Bewohner von Gotham City Batman herbeirufen, man bezeichnet sie auch als Alarmine.

Diese Beobachtungen stehen im Einklang mit der großen Idee, die Polly Matzinger, Leiterin der Abteilung »T Cell Tolerance and Memory« (zu Deutsch: T-Zell-Toleranz und -Gedächtnis) an den National Institutes of Health (NIH) nahezu ein Jahrzehnt, bevor der Zusammenhang zwischen FOXP3 und den regulatorischen T-Zellen gezeigt wurde, propagiert hatte. Matzinger hatte gründlich über Janeways Überlegung aus dem Jahr 1989 nachgedacht, derzufolge es nicht ausreicht, dass das Immunsystem körperfremde Dinge erkennt, sondern dass es in der Lage sein muss, Krankheitserreger zu entdecken. Ihr ging auf, dass dies gar nicht nötig ist: Der Körper muss nicht auf jedes Virus oder Bakterium mit einer Immunreaktion reagieren, sondern nur auf Erreger, die Schaden anrichten. Ein effizientes Immunsystem, so schlussfolgerte Matzinger, muss nur gegen Dinge vorgehen, die gefährlich sind,[59] und so postulierte sie als übergeordnetes Prinzip, dass die Funktion des Immunsystems vor allem darin besteht, Schaden für den Körper zu *erkennen*.[60]

Die Veröffentlichung von 1994, in der sie diese These vertrat, sorgte für einen ziemlichen Aufstand.[61] Das eine Lager behauptete, ihre These sei so revolutionär wie die Kopernikanische Revolution im 16. Jahrhundert, die der Erde ihren Platz als Zentrum des Universums streitig machte. Andere entgegneten spitz, es sei »unklar, wie die von der Autorin präsentierten Schlussfolgerungen und Rückschlüsse die Begutachtung durch andere Wissenschaftler überstehen konnten«.[62] Ein Teil dieser Ablehnung rührte möglicherweise daher, dass Matzinger als Quereinsteigerin mit einem recht exotischen Hintergrund – als Jazzmusikerin und Playboy Bunny in einem Club in Denver – zur Wissenschaft gekommen war.[63] Und sie hatte den Ruf, sich gelegentlich als Schelm zu gerieren: Über einem ihrer wissenschaftlichen Artikel, veröffentlicht in einer der besten Wissenschaftszeitschriften der Welt, stand der Name ihres Hundes als Coautor.[64] Daraufhin wurde ihr für die nächsten fünfzehn Jahre keine Publikation in dieser Zeitschrift mehr gestattet – bis zum Tod des Herausgebers, so ihre Vermutung. Als die NIH sie als permanentes Fakultätsmitglied in Erwägung zogen, stellte man sich wohl auf den Standpunkt, die Mitautorschaft des Hundes sei kein Betrug, weil der Hund im Labor anwesend war und somit nicht weniger Forschungsarbeit beigetragen hatte als manche Coautoren von anderen Artikeln.

Heute ist Matzingers Idee weit weniger umstritten: Es gibt jede Menge Belege dafür, dass Immunreaktionen im Darm und andernorts durch geschädigtes Gewebe befördert und beeinflusst werden. Meiner persönlichen Ansicht nach bedeutet dies nicht, dass ihre Vorstellung notwendigerweise anderen Vorstellungen über die Funktionsweise des Immunsystems überlegen ist. Wir sollten vielmehr nicht erwarten, dass alles, was das Immunsystem tut, in ein einziges übergeordnetes Prinzip passt. Das System unterscheidet zwischen selbst und nichtselbst, es erkennt Erreger, es reagiert auf Gefahr, es tut all diese Dinge gleichzeitig, und manchmal fallen Späne. Das Immunsystem verwendet eine ganze Reihe von Mechanismen, die sich in ihrer Vielfalt nicht mit einem einzigen Prinzip zusammenfassen lassen.[65]

Als Beispiel dafür, wie komplex die Dinge liegen: Eine bestimmte Art von Alarmin, die freigesetzt wird, wenn die Darmschleimhaut geschädigt wird, aktiviert regulatorische T-Zellen und keine normalen T-Zellen.[66] Obwohl die Schädigung auf ein Problem hindeutet, das durchaus auf eine Infektion zurückzuführen sein könnte, die eine Immunreaktion erforderlich macht, scheint offenbar Zurückhaltung geboten, um zu verhindern, dass das Immunsystem außer Kontrolle gerät und weiteren Schaden anrichtet. Wie stark dieses Alarmin das Immunsystem dämpft, hängt von den jeweiligen Mengen diverser anderer Moleküle, unter anderem von Zytokinen ab, die ihrerseits eine Messlatte darstellen für die Menge an eindringenden Erregern.[67] Ein inwendiges Universum aus kleinen Molekülen, Metaboliten, Alarminen und Zytokinen, die das

Vorhandensein verschiedener Darmbakterien, eingedrungener Erreger oder geschädigter Zellen widerspiegeln, regelt die Aktivität des Immunsystems nach oben oder unten.

Dieses komplexe Zusammenspiel aus Sporen und Zügeln wird außerdem beeinflusst durch die Nahrung, die wir zu uns nehmen. Im allgemeinen Bewusstsein am festesten verankert ist wohl, dass unsere Darmbakterien die Aufgabe übernehmen, die Ballaststoffe aus Obst, Gemüse oder Getreide zu verdauen, mit denen unser Körper anderweitig seine Probleme hätte. Eine ballaststoffreiche Ernährung hat jede Menge Auswirkungen auf den ganzen Körper, angefangen von einer Senkung des Blutdrucks bis hin zur Verringerung des Darmkrebsrisikos.[68] Außerdem beeinflusst sie speziell unser Immunsystem: Viele der Moleküle, die entstehen, wenn Bakterien Ballaststoffe abbauen, stimulieren die Bildung von regulatorischen T-Zellen.[69] Zumindest bei Mäusen erhöht eine ballaststoffreiche Ernährung die Zahl an regulatorischen T-Zellen, und das trägt zum Schutz vor Autoimmunerkrankungen bei.[70]

Um der Beziehung zwischen Mikrobiom und Immunsystem näherzukommen, wurden Verfahren entwickelt, Mäuse mit drastisch verarmtem Mikrobiom zu kreieren (zu erreichen mit hohen Antibiotikagaben) und solche, denen ein Mikrobiom komplett abgeht (zu erreichen über eine Zucht in komplett keimfreier Umgebung). Letztere genießen die seltene Auszeichnung, einen wissenschaftlichen Namen zu haben, den man auch in der Umgangssprache aussprechen kann: keimfreie Mäuse. Sie werden in abgedichteten transparenten Plastikkäfigen gehalten und über Schleusen mit Nahrung versorgt, die zuvor bestrahlt wurde, um Krankheitserreger abzutöten. Sie sind vermutlich die einzigen Geschöpfe auf dem Planeten, die nicht von irgendwem anders besiedelt sind. In beiden Fällen, sowohl wenn das Mikrobiom verknappt als auch wenn es gar nicht vorhanden ist, verändert sich das Immunsystem dramatisch, unter anderem geht die Anzahl an regulatorischen T-Zellen massiv zurück.[71] Dessen ungeachtet können die Tiere in keimfreier Umgebung sehr alt werden, es ist daher nicht so, als sei das Mikrobiom absolut überlebenswichtig. Es ist vielmehr so, dass Mäuse, Menschen und alle anderen Tiere im Laufe ihrer Evolution die Fähigkeit entwickelt haben, in einer von Mikroben bevölkerten Welt leben zu können, so wie wir uns dahin entwickelt haben, auf einem Planeten mit einem vierundzwanzigstündigen Rhythmus von Hell und Dunkel zu existieren, und wenn sich daran etwas ändert, gerät ein Teil von uns – vielleicht in erster Linie unser Immunsystem – aus dem Tritt.

Es ist gut möglich, dass sich das menschliche Durchschnittsmikrobiom seit dem Aufkommen moderner Hygienemaßnahmen verändert hat, da wir nun mit weit weniger Keimen konfrontiert werden, als unsere Art es in den vergangenen Jahrhunderten gewöhnt war. Es kann beispielsweise sein, dass seine Vielfalt abgenommen hat, so dass sich die Zahl an regulatorischen T-Zellen bei uns verringert. Weniger regulatorische T-Zellen hätten ein weniger gut gezügeltes Immunsystem zur Folge, was die Zunahme an allen möglichen Allergien, einschließlich Nahrungsmittelallergien, und Autoimmunerkrankungen plausibel erklären würde. Das verträgt sich gut mit der von David Strachnan am St. George's Hospital in London erstmals formulierten »Hygiene-Hypothese«. Bei der Auswertung einer Erhebung unter 17 000 Kindern, die im März 1958 geboren wurden, stellte er 1989 einen Zusammenhang fest zwischen der Familiengröße – insbesondere der Anzahl an älteren Geschwistern – und der Neigung zu Heuschnupfen.[72] Ihm ging auf, dass es in kleineren Familien naturgemäß im Durchschnitt weniger Infektionen geben würde. Das brachte ihn zu der Vermutung, Heuschnupfen lasse sich möglicherweise durch Infektionen in früher Kindheit verhindern. Im Umkehrschluss folgerte er daraus, dass Allergien mit zunehmender Hygiene häufiger werden müssten. Unser Allergieverständnis ist seither von seinen Überlegungen geprägt.

Natürlich bedeutet die Hygiene-Hypothese nicht, dass ein moderner Hygienestandard schlecht für unsere Gesundheit ist. Schließlich hat er für eine dramatische Abnahme an Infektionskrankheiten gesorgt, und kaum ein Experte hielte es für klug, Infektionen oder Parasiten zurückzuholen, die wir eingedämmt oder gar ausgerottet haben. Die Hypothese bedeutet auch nicht, dass wir uns seltener waschen sollten. Es gibt keinerlei Hinweise, denen zufolge häufiges Duschen oder Baden das Allergie- oder Autoimmunitätsrisiko erhöht. Auf der anderen Seite gibt es Belege dafür, dass Kinder, die auf kleinen Bauernhöfen aufwachsen, mit geringerer Wahrscheinlichkeit Allergien entwickeln. Irgendwas an einer »schmutzigen« Umgebung scheint also hilfreich zu sein, die wichtige Frage lautet: Was genau?

Um sie zu beantworten, haben Wissenschaftler zwei relativ isolierte Gemeinschaften untersucht, die ihren Lebensunterhalt hauptsächlich durch die Landwirtschaft bestreiten: die Hutterer und die Amischen, beide von ähnlicher Abstammung, aber mit einer auffallend unterschiedlichen Anfälligkeit für Asthma. Bei den amischen Kindern tritt Asthma relativ selten auf – nur ungefähr 5 Prozent sind davon betroffen –, bei den Kindern der Hutterer liegt das Aufkommen etwa viermal so hoch. Beide Glaubensgemeinschaften leben in großen Familien, ernähren sich ähnlich und lassen ihre Kinder impfen, in einem unterscheiden sie sich jedoch: Die Amischen betreiben traditionelle Landwirtschaft in kleinen Einfamilien-Milchhöfen, wohingegen die Hutterer größer dimensionierte, gemeinsam betriebene Farmen unterhalten. Beide Gemeinschaften leben unter ähnlichen Umweltverhältnissen, nur ist bei den Amischen der Kontakt zu Tieren und ihren Ställen enger.[73] Der Umstand, dass die Amischen weniger häufig an Asthma erkranken, steht im Einklang mit der Hygiene-Hypothese: Möglicherweise schützt die Stimulierung des Immunsystems durch Mikroben auf den kleineren Höfen die amischen Kinder vor Asthma.

Um festzustellen, ob zwischen den Immunsystemen der Kinder aus den beiden Glaubensgemeinschaften irgendwelche Unterschiede bestehen, untersuchte ein Team aus Wissenschaftlern, hauptsächlich Angehörige der Universitäten von Chicago und

Arizona, Blutproben von sechzig Schulkindern auf die mengenmäßigen Anteile an verschiedenen Immunzellen und die vorhandene Genaktivität.[74] Sie stellten fest, dass bei den amischen Kindern die Zellen des angeborenen Immunsystems – diejenigen also, die auf Erregerstrukturen ansprechen – kontinuierlich auf geringem Niveau stimuliert waren. Mit anderen Worten: Ihr Immunsystem wurde durch das Vorhandensein von Bakterien unablässig gekitzelt.

Und um schließlich zu klären, ob es wirklich die Mikroben von den Höfen der Amischen sind, die die Entstehung von Asthma beeinflussen können, wurde Mäusen mit Asthmasymptomen mikrobenhaltiger Staub aus den Häusern von Amischen und Hutterern verabreicht, und erstaunlicherweise – ein »Donnerwetter«-Moment, wie es einer der Forscher ausdrückte – vermochte der Staub aus amischen Häusern die Asthmasymptome bei Mäusen einzudämmen, der aus den Häusern der Hutterer hingegen nicht.[75] Im Einklang mit der Hygiene-Hypothese zeigte dies, dass Mikroorganismen von amischen Farmen helfen könnten, Asthma zu behandeln. Dieses dramatische Ergebnis führt nun leider nicht schnurstracks zu einer Heilungsoption. »Wir könnten einfach sagen: Stellt jedem eine Kuh ins Haus und niemand hätte mehr Asthma, aber das ist natürlich nicht so leicht«, erklärte einer der Wissenschaftler halb im Scherz der *Washington Post*.[76] Aber wenn wir mehr darüber lernen, werden wir vielleicht neue Wege finden, das Immunsystem auf Trab zu bringen, um Asthma auszubremsen, vielleicht sogar mit Hilfe von inaktivierten Versionen der Bakterien im Staub von amischen Farmen.

Der Einsatz von Antibiotika ist ebenfalls mit einem steigenden Risiko für Allergien in Zusammenhang gebracht worden. Natürlich sind Antibiotika von enormer Bedeutung für unser Überleben bei Bakterieninfektionen, aber sie werden zu häufig eingesetzt – bei Virusinfektionen beispielsweise, gegen die sie absolut nutzlos sind. Selbst Menschen, die der Ansicht sind, sie hätten längere Zeit kein Antibiotikum eingenommen, haben möglicherweise unwissentlich doch eine gewisse Menge davon im Körper, weil Präparate, die in landwirtschaftlichen Betrieben verabbreicht werden, mancherorts in unsere Nahrung und in unser Wasser geraten.[77] Eine wohlbekannte Folge von alledem ist die Zunahme an antibiotikaresistenten Bakterien. Aus diesem Grund versuchen Gesundheitsorganisationen auf der ganzen Welt den Einsatz von Antibiotika zu beschränken. Weit weniger diskutiert wird jedoch die Möglichkeit, dass Antibiotika auch unsere Darmflora schädigen und das Mikrobiom eines Menschen verändern.[78] Man hat eine Korrelation gezeigt zwischen dem Einsatz von Antibiotika bei Kindern oder Müttern während der Schwangerschaft und Asthma im Kindesalter, aber das allein beweist noch nicht, dass der Einsatz von Antibiotika das Asthmarisiko erhöht. Die Korrelation kommt sehr wahrscheinlich durch eine Kombination aus genetischen und umweltbedingten Faktoren zustande, die Familien für Asthma und Infektionen, die einer Antibiotikabehandlung bedürfen, prädestiniert.[79] Welche Folgen die Veränderung des Mikrobioms eines Menschen durch Antibiotika hat, bleibt demnach unklar.

Antibiotika aber sind beileibe nicht die einzigen Faktoren, die Einfluss auf unsere Darmbakterien haben, ein weiterer ist unsere Lebensweise. In einer Studie wurde das Mikrobiom von Kindern aus Finnland, Estland und Russland verglichen. In Finnland und Estland treten Autoimmunkrankheiten im Kindesalter vergleichsweise häufig auf, in Russland hingegen nicht. Bei 222 Kindern – vierundsiebzig aus jedem der drei Länder – wurden drei Jahre hindurch einmal im Monat Stuhlproben genommen, um ein Bakterienprofil des Mikrobioms zu erstellen. Parallel dazu füllten die Eltern Fragebögen über Stillgewohnheiten, Ernährung, Allergien, Infektionen, die Familiengeschichte und eingenommene Medikamente aus.[80] Dieses Riesenunterfangen ergab, dass einer der Hauptfaktoren für die Beschaffenheit des Mikrobioms eines Kindes sein Wohnort war. Unabhängig von der Ernährung, dem Einsatz von Antibiotika und anderen Störfaktoren waren bestimmte Arten von Bakterien besonders stark bei finnischen und estnischen

Kindern vertreten, andere hingegen bei den russischen Kindern, das galt vor allem für die ersten beiden Lebensjahre.

Damit nicht genug, weiß man von einem molekularen Bestandteil von Bakterien, die im Mikrobiom finnischer und estnischer Kinder vorherrschend sind, dass dieser Immunzellen herunterreguliert, während das minimal abgewandelte Äquivalent aus Bakterien, die bei russischen Kindern häufig vorkommen, den gegenteiligen Effekt zeitigt: Es wirft die Immunreaktion an. Das passt zu der Vorstellung, dass die Beschaffenheit der Darmbakterien eines Kindes Einfluss darauf hat, wie sich das Immunsystem entwickelt – und dass Bakterien, die bei russischen Kindern häufig sind, möglicherweise gegen Autoimmunreaktionen schützen können, denn eine Immunreaktion sehr früh im Leben hilft das System trainieren für angemessene Reaktionen im späteren Leben.[81] Wieder bringt uns diese wichtige wissenschaftliche Einsicht einer medizinischen Lösung für Allergien und Autoimmunerkrankungen nicht allzu nahe. Wir können schließlich gesunde Kinder nicht vorsätzlich einem Erreger-Cocktail oder Erregermolekülen aussetzen, wenn die Nebenwirkungen unklar sind und gleichzeitig das Risiko besteht, dass sie Allergien und Autoimmunkrankheiten entwickeln. Eine annehmbare Alternative könnte sein, die Nahrung, die wir zu uns nehmen, zu kontrollieren oder zu ergänzen.

Es ist vorstellbar, dass Pflanzenfasern oder Ergänzungsmittel, die dazu führen, dass Darmbakterien sich vermehren – sogenannte Präbiotika –, den Zustand unseres Immunsystems zu unserem Vorteil verändern könnten, aber wenn man eine Art von Bakterien begünstigt, ist schwierig auszuschließen, dass eine eng verwandte, jedoch schadenbringende Bakterienart ebenfalls zur Blüte gelangt.[82] Eine andere Überlegung wäre, lebende Bakterien in Joghurt und anderen Lebensmitteln zu sich zu nehmen – sogenannte Probiotika – die unser Darm-Mikrobiom ebenfalls vorteilhaft verändern und damit Einfluss auf den Zustand unseres Immunsystems nehmen könnten. Es ist nirgends zweifelsfrei belegt, dass Präbiotika und Probiotika wirklich helfen, denn die Gestaltung von Nahrungsergänzungsmitteln wird gegenwärtig noch nicht so gründlich evaluiert wie die Wirkung von Arzneimitteln. Sie wird aber ohne Zweifel ausgefeilter, präziser, ja medizinischer werden, je mehr wir darüber lernen.[83]

Eine Möglichkeit, Probiotika nutzbringend zu gestalten, bestünde im Einsatz genetisch veränderter lebender Bakterien. Solchermaßen aufgerüstete Bakterien sind technisch leicht herzustellen – ein Standardverfahren, das jedes Biologielabor beherrscht: Bakterien mit einem neuen Gen mischen, ein paar Chemikalien dazu, ein elektrischer Impuls, fertig. Sogar menschliche Gene lassen sich leicht inserieren: Schon 1978 gelang es, Bakterien so zu modifizieren, dass sie Humaninsulin herstellten. In diesem Falle wurde das Insulin als Medikament verabreicht, die Bakterien standen nur im Dienste der industriellen Herstellung, aber im Prinzip ist es dieselbe Technologie, die man braucht, um genetisch modifizierte lebende Bakterien herzustellen, die man der Nahrung direkt zusetzen könnte. Bei Mäusen vermögen Bakterien, die genetisch so verändert wurden, dass sie ein Zytokin produzieren, das normalerweise von regulatorischen T-Zellen produziert wird, die Symptome von Autoimmunkrankheiten einzudämmen.[84] In klinischen Studien beim Menschen ist man noch nicht so weit, aber mit neuen medizinischen Präparaten dieser Art und anderen, die wir noch nicht kennen, ist mit Sicherheit zu rechnen, sobald wir mehr über regulatorische T-Zellen wissen. Und das ist nur die Spitze des Eisbergs.

Sakaguchi hatte auf ganzer Linie recht, als er befand, dass wir viel besser verstehen würden, wie das Immunsystem funktioniert, wenn wir herausfinden, was den Körper dazu bringt, sich selbst anzugreifen. Vor ihm lautete die herrschende Lehrmeinung, Immunzellen, die imstande sind, körpereigene Strukturen anzugreifen, würden aus dem System gezogen und im Thymus abgetötet, ohne je ins Blut zu gelangen. Doch Sakaguchi und seine Zeitgenossen zeigten, dass die Sache deutlich komplizierter liegt. Denn das Immunsystem verfügt auch über Zellen, die eigens dazu da sind, körpereigene Bestandteile zu erkennen und diese vor unzulässigen Immunreaktionen zu schützen. Wir wissen heute, dass dies lediglich die Spitze des Eisbergs sein muss, weil es in Wirklichkeit viele Arten von T-Zellen gibt – eine weit größere Vielfalt, als sich in den beiden groben Kategorien »normale« und »regulatorische« T-Zellen unterbringen lässt.

Ja, die Klassifizierung von Immunzellen insgesamt ist viel zu krude. Man hat sie anhand einiger weniger charakteristischer Merkmale in Schubladen gezwängt – meist danach, ob sie ein oder zwei ganz bestimmte Proteinmoleküle aufweisen und einer groben Vorstellung davon genügen, was sie können sollen: Natürliche Killerzellen können gut Tumorzellen eliminieren, Makrophagen futtern munter Bakterien und so weiter. Inzwischen wird uns klar, dass es viele verschiedene Arten von natürlichen Killerzellen gibt, viele verschiedene Arten von Makrophagen, und dass jede der Zellkategorien, die wir uns zurechtgelegt haben, jede Menge Unterkategorien enthält. Eine Studie propagiert tatsächlich mehrere Tausend unterschiedliche Arten von natürlichen Killerzellen.[85] Und wie wir soeben gesehen haben, kann es sogar innerhalb derselben Immunzellkategorie vorkommen, dass die einen eine Immunreaktion anstoßen, die anderen hingegen ausbremsen. Damit nicht genug, benimmt sich jede Geschmacksrichtung von Immunzellen unterschiedlich, je nachdem, wo im Körper sie sich befindet. Immunzellen im Darm tolerieren Bakterien bereitwilliger als solche in der Lunge. Ganz ehrlich, es ist schwer zu verstehen, wie das System all das tut, was es tut. Auf der anderen Seite sollte uns das vielleicht nicht allzu sehr überraschen. Für die meisten Menschen ist es schwer, wenn nicht gar unmöglich, etwas anscheinend so Simples wie die Google-Suchmaschine zu verstehen: das Internet nach ein paar Worten zu durchsuchen ist Teil des täglichen Lebens, erfordert aber hinter den Kulissen ein irrsinnig kompliziertes Gewirk aus Algorithmen, jeder davon entwickelt von einer Handvoll Leute, deren Expertise vermutlich nicht mehr als einen winzig kleinen Teil des Ganzen übersieht.

Der Grund, weshalb wir angefangen haben zu frohlocken, und es nicht vermessen ist zu glauben, dass wir am Beginn einer Gesundheitsrevolution stehen, ist, dass wir inzwischen einige der Knotenpunkte im System kennen: Zellen und Moleküle, die, wenn man sie mit Präparaten ins Visier nimmt, die ihre Aktivität anfachen oder eindämmen können, das Verhalten des Systems als Ganzes in dramatischer Weise verändern. Wir haben es bei den Anti-Zytokinen gesehen. Das Blockieren nur eines einzigen Zytokins – TNF zum Beispiel – vermag die Entzündung hinter einer Arthritis zu lindern, indem es eine ganze Kaskade an Ereignissen zum Halten bringt – in diesem Falle, indem es die Feedback-Schleife durchbricht, über die Immunzellen sich gegenseitig immer weiter aktivieren und so eine Autoimmunreaktion in Gang setzen. Wenn Medikamente, Lebensmittel, Präbiotika und Probiotika vorhanden sind, die Einfluss nehmen können auf Verhalten und Anzahl an regulatorischen T-Zellen, die zweifellos ebenfalls einen Knotenpunkt im System darstellen, werden sich uns neue Therapiemöglichkeiten für Allergien und Autoimmunkrankheiten erschließen.

Ein anderes Feld, auf das diese Revolution als Nächstes übergreifen wird und zu einem gewissen Grad bereits übergegriffen hat, ist die Behandlung von Krebs. Hier hat sich in jüngster Zeit ein neues Feld eröffnet, weil man einen völlig neuen Mechanismus entdeckt und verstanden hat, über den das Immunsystem reguliert wird.

8 MEDIKAMENTE DER ZUKUNFT

»Jedes Mal, wenn Jim einen Patienten zu Gesicht bekommt, muss er weinen«, erzählte Padmanee 2016 der *New York Times*.[1] »Na ja, nicht jedes Mal«, warf Jim ein. Jim Allison und Padmanee Sharma arbeiten zusammen am MD Anderson Cancer Center in Houston, Texas, sie haben sich 2005 kennengelernt und 2014 geheiratet. Zehn Jahre bevor die beiden einander über den Weg liefen, machten Allison und seine Arbeitsgruppe eine bahnbrechende Entdeckung, die zu einer Revolution in der Krebsmedizin geführt hat. Der Wirbel ist verdient, Krebsmediziner sind sich einig, dass Allisons Idee das Blatt gewendet hat, und nun steht sie in einer Reihe mit Chirurgie, Bestrahlung und Chemotherapie als etablierte Option zur Behandlung bestimmter Arten von Krebs.[2]

Um nur ein Beispiel zu nennen: Im Jahr 2004 diagnostizierte man bei der damals zweiundzwanzigjährigen Sharon Belvin ein Melanom im Stadium IV – Hautkrebs, der seine Metastasen bereits in der Lunge angesiedelt hatte – und teilte ihr mit, dass die Chance dafür, die nächsten sechs Monate zu überleben, bei 50 Prozent läge. Eine Chemotherapie kam bei ihr nicht in Frage, und die Aussichten waren düster. »Ich hatte noch nie diese Art von Schmerz gespürt«, erinnerte sie sich später, »… Sie sind so verloren, ich meine, wirklich verloren, haben über nichts mehr Kontrolle, wissen nicht weiter.«[3] Da alle anderen Optionen erschöpft waren, ließ sie sich in eine experimentelle klinische Therapiestudie aufnehmen, in der ein neues Präparat getestet werden sollte, dass auf Alisons Überlegungen fußte. Nach nur vier Injektionen im Verlauf von drei Monaten war der Tumor in ihrer rechten Lunge um über

60 Prozent geschrumpft. Im Verlauf der nächsten paar Monate schrumpften ihre Metastasen weiter, und nach zweieinhalb Jahren voller Todesangst bekam sie schließlich mitgeteilt, sie sei geheilt – ihr Tumor sei nicht mehr nachweisbar. Die Behandlung funktioniert nicht bei jedem, aber, so Allison: »Bestimmte Arten von Krebs können wir heilen. Wir haben jetzt einen Fuß in der Tür.«[4]

Sharon Belvin war die erste Patientin, die Allison persönlich kennenlernte.[5] Ihre Eltern und ihr Ehemann waren bei der Gelegenheit ebenfalls anwesend – und alle weinten. Belvin umarmte Allison fest. »Es gibt keine Worte, um zu beschreiben, wie es sich anfühlt«, sagte er, »… wie es sich anfühlt, jemandem das Leben zurückgegeben zu haben.«[6] Sowohl der Koran als auch der Talmud lehren, dass, wenn jemand ein Leben rettet, es so ist, als rette er eine ganze Welt. Zwei Jahre nach ihrem Zusammentreffen schickte Sharon ein Foto von ihrem ersten Baby an Allison und noch ein paar Jahre später ein Foto von ihrem zweiten.

Diese revolutionär neue Art von Therapie war kein Strohfeuer, sondern hat seither Tausende Leben gerettet oder verlängert. Dennoch verdanken wir sie gar nicht dem Versuch, eine bestimmte Art von Krebs oder überhaupt eine Krankheit zu heilen. Vielmehr schulden wir ihre Existenz einer von blanker Neugier getriebenen Forschung – dem Herumprobieren mit Zellen und Molekülen –, bemüht zu ergründen, wie das Immunsystem funktioniert, und wir fangen erst an, deren potentiellen Nutzen zu begreifen.

Krebs wurde früher für etwas gehalten, das für die Immunabwehr unseres Körpers unsichtbar ist. Da er nur selten durch einen Erreger verursacht wird und meist aus der pathologischen Vermehrung körpereigener Zellen hervorgeht, gibt es hier nichts so Offensichtliches wie die Molekülenden von Viren, Bakterien oder Pilzen, die eine Zelle als bösartig stempelt, und lange Zeit hindurch hing man weithin der Ansicht an, ein Tumor biete dem Immunsystem nichts, was dieses als fremd erkennen könne. Zwar wurde bereits 1943 ein erster Hinweis darauf veröffentlicht, dass das Immunsystem auf einen (nicht von einem Virus verursachten) Tumor doch reagieren kann,[7] aber die Beobachtung blieb über dreißig Jahre hinweg umstritten.[8] Dies hauptsächlich deswegen, weil man nicht ausschließen konnte, dass die in den fraglichen Experimenten beobachteten Immunreaktionen gar nicht durch die Tumoren der Versuchstiere hervorgerufen wurden, sondern durch die chemischen Substanzen, die man verwendet hatte, um diese Tumoren zu induzieren. Letzten Endes ergaben sich verschiedene Indizienketten, die belegten, dass unser Immunsystem tatsächlich Tumoren bekämpfen kann und dies auch tut: Wie man feststellte, werden Tumoren von Immunzellen infiltriert, und wenn man diese isolierte und im Labor untersuchte, sah man, dass sie in der Lage waren, Tumorzellen abzutöten. Damit nicht genug, erwiesen sich Mäuse, die genetisch so verändert wurden, dass ihnen ein funktionstüchtiges Immunsystem fehlte, als besonders anfällig für die Entstehung maligner Tumoren.[9]

Die Arbeit des belgischen Wissenschaftlers Thierry Boon und anderer zeigte definitiv, dass die genetischen und epigenetischen Veränderungen, die eine Zelle zu einer Tumorzelle entarten lassen, ausreichen, damit das Immunsystem sie erkennt.[10] Boon entdeckte Proteinfragmente, die in Tumorzellen verändert sind und von T-Zellen als etwas Fremdes erkannt werden. Diese Erkenntnis bedeutet, dass unser Immunsystem nicht nur darauf ausgerichtet ist, körperfremde Erreger aufzuspüren, sondern auch dazu beiträgt, die Unversehrtheit unseres Körpers aufrechtzuerhalten, und nach schadenbringenden genetischen Mutationen Ausschau hält, die sich bei jeder Zellteilung ereignen können.

Immunreaktionen erfolgen grundsätzlich auf mehreren Ebenen, und unsere körpereigene Verteidigung gegen Krebs bildet da keine Ausnahme. Neben den T-Zellen verfügen wie bereits erwähnt auch natürliche Killerzellen (eine Unterart der weißen Blutzellen) über die Fähigkeit, Tumorzellen anzugreifen. Genau wie T-Zellen tun sie dies, indem sie ein Päckchen toxischer Proteine in die als bösartig identifizierte Zelle einschleusen. Sie haben jedoch andere Strategien, um herauszufinden, wann eine Zelle zur

Tumorzelle geworden ist – unter anderem erkennen sie bestimmte Proteinmoleküle, die sich bei gesunden Zellen nicht auf der Oberfläche finden, aber von manchen Tumorzellen auf der Oberfläche präsentiert werden – die sogenannten »stressinduzierbaren Proteine«, denen wir in Kapitel 5 begegnet sind. (Nichtsdestotrotz wird Krebs von unserem Immunsystem wahrscheinlich weniger bereitwillig erkannt als, sagen wir, das Influenzavirus, aber das ist schwer zu beweisen.)

Die Erkenntnis, dass unser Immunsystem Krebs erkennen und bekämpfen kann, lässt wiederum vermuten, dass wir gegen die Krankheit wirkungsvoller angehen können, wenn wir unsere Immunreaktion vorsätzlich einspannen und verstärken. Tatsächlich blickt diese Art von Therapie – die Immuntherapie – auf eine lange Geschichte. Lange bevor von T-Zellen oder natürlichen Killerzellen überhaupt die Rede war, unternahm William Coley in den 1890er Jahren eine Reihe gut dokumentierter Experimente, die man oft als die Wiege der Immuntherapie bezeichnet. Coley, damals Chirurg am Memorial Hospital in New York, war aufgefallen, dass es einer Patientin mit einem Kopf-Hals-Karzinom besser zu gehen begann, nachdem sie eine schwere Hautinfektion durchgemacht hatte. Er grub anschließend siebenundvierzig ähnliche Fälle aus der medizinischen Literatur aus, die ihn beflügelten, systematisch zu überprüfen, ob die Inokulation mit einer Mischung aus verschiedenen hitzeinaktivierten Bakterien – Coleys Toxine, wie man sie später nennen sollte – Krebspatienten helfen kann. In einer Zeit ohne gesetzlich vorgeschriebene Ethikkommissionen konnte ein neunundzwanzigjähriger Chirurg auf bloße Ahnung hin Versuche am Menschen durchführen. Allison hatte ein Jahrhundert später deutlich größere Hürden zu überwinden, wie wir sehen werden.

Zwar schlug Coleys Ansatz bei manchen Patienten an, aber insgesamt war die Wirksamkeit inkonsistent, vor allem wenn andere Ärzte dasselbe versuchten, denn die Zusammensetzung des Bakterienvakzins variierte.[11] Das medizinische Establishment konnte sich mit Coleys Therapieansatz nie recht anfreunden und erklärte seine Erfolge mit dem Argument weg, es habe sich von vorneherein um eine Fehldiagnose gehandelt.[12] Was genau Coley verwendet hat, ist im Nachhinein nicht mehr im Detail festzustellen, und die gemeinnützige Cancer Research UK kam zu dem Schluss, dass die wissenschaftliche Beweislage nicht zeige, dass Coleys Toxine Krebs therapieren oder verhindern könne.[13] Dennoch lebt ein Teil von dem, was er versucht hat, weiter. Wie in Kapitel 3 beschrieben, stellte Steven Rosenberg fest, dass Zytokine, die eine Immunreaktion verstärken, manchen Patienten helfen können, eine Krebserkrankung zu überwinden, wenngleich das Problem bei diesem Vorgehen ist, dass die Zytokine alle möglichen Prozesse in Gang setzen und der Sturm an Aktivität des Immunsystems, den sie entfesseln, toxisch, gelegentlich sogar tödlich sein kann. Wenn es also einen Begriff gibt, der jedermanns Vorstellung davon zusammenfasst, was das Wichtigste ist, wenn man das körpereigene Immunsystem einspannen will, um einen Tumor zu überwinden, so lautet dieser *Präzision* – sowohl im Hinblick auf die Auswahl an Patienten (nur diejenigen auszusuchen, die prädestiniert sind, davon auch zu profitieren, wir kommen später noch darauf zurück) als auch, am allerwichtigsten für Allisons Erfolg, im Hinblick darauf, nur genau die Immunzellen zu stärken, die auf den Tumor des Patienten zielen.

Nun sind sich die Wissenschaftler zwar darin einig, dass es wichtig ist, das richtige Spektrum an Immunzellen anzuregen, allein die Schwierigkeit besteht darin herauszufinden, wie man das anstellen soll. Eine Möglichkeit, die Immunreaktion präzise zu gestalten, ist der Einsatz von Antikörpern – den präzisesten biologischen Agenzien, die wir kennen. Sie zirkulieren als natürlicher Teil unseres Immunsystems in unserem Blut, und ihre Aufgabe besteht darin, an Erreger oder infizierte Zellen anzudocken und diese entweder direkt unschädlich zu machen oder zu markieren, damit sie zerstört werden. Antikörper lassen sich so gestalten, dass sie an so gut wie alles binden. Wie wir in Kapitel 4 gesehen haben, lassen sich mit

Antikörpern gegen bestimmte Zytokine bei manchen Patienten die Symptome von rheumatoider Arthritis lindern. Allisons bahnbrechende Idee bestand also darin, Antikörper einzusetzen, dies aber auf eine Weise zu tun, die ganz anders war als die Wege, die man zuvor gegangen war.

Er knüpfte da an, wo eine Immunreaktion normalerweise endet. Wenn T-Zellen eine infizierte oder entartete Zelle entdecken, vermehren sie sich. Im Laufe weniger Tage können aus ein paar Hundert T-Zellen viele Millionen werden, so dass sich der kleine Anteil an Zellen mit dem passenden Rezeptor für die erkrankte Zelle um ein Vielfaches erhöht. Aber diese Aufblähung des Reservoirs an kompetenten Zellen kann natürlich nicht ewig anhalten, und im Rahmen jeder normalen Immunantwort muss nach einer Weile der Schalter an den T-Zellen und anderen Immunzellen wieder umgelegt werden, damit das Immunsystem herunterfährt und in den Normalzustand zurückkehrt. Meist passiert das, wenn die Gefahr gebannt ist. Vielleicht, so überlegte Allison, lässt sich dieser »Aus-Schalter« aber auch anhalten, so dass Immunzellen über einen längeren Zeitraum freigesetzt werden können, um einen Tumor effektiver anzugreifen. Da bekannt war, dass sich mit Hilfe von Antikörpern die Aktivität von Proteinen hemmen lässt, verfiel er auf die Idee, nach einer Möglichkeit zu suchen, das Rezeptorprotein auszuschalten, das normalerweise der Aktivität einer Immunzelle Zügel anlegt.

Bei dieser Überlegung handelte es sich um eine Art Paradigmenwechsel, denn eigentlich wurde gemeinhin nach einer Möglichkeit gesucht, eine Immunreaktion gegen Krebs in Gang zu setzen, Allison hingegen suchte eine Möglichkeit, etwas abzuschalten: »Die Reaktion gegen einen Tumor zu entfesseln, statt zu zügeln«, wie er es ausdrückt.[14] Der große Vorteil dieses Ansatzes ist seine Präzision: Nur bei Zellen, die zum Angriff auf den Tumor aktiviert wurden, würde nach einer gewissen Zeit die Reaktion normalerweise wieder abgebremst, das heißt, nur diese Zellen und nicht alle beliebigen Immunzellen im Körper würden durch die Intervention entfesselt. Dieser Ansatz läuft heute unter der Bezeichnung Immun-Checkpoint-Therapie.

Allison hatte nie vorgehabt, sich mit Krebs zu befassen, als er sich daranmachte zu ergründen, wie T-Zellen funktionieren.[15] Allerdings lag ihm das Thema auch nicht fern, hatte er doch seine Mutter, zwei Onkel und später seinen Bruder durch Krebs verloren und die oft verheerenden Nebenwirkungen von Strahlen- und Chemotherapie aus erster Hand beobachten können. Er hatte die Schule früh beendet, war bereits mit sechzehn auf dem College und wusste schon damals, dass er Naturwissenschaftler werden wollte. Zu jener Zeit waren soeben die T-Zellen als Untergruppe der weißen Blutzellen entdeckt worden.[16] Bei der Untersuchung der Rolle verschiedener Rezeptorproteine auf der Oberfläche von T-Zellen stieß Allison zusammen mit anderen auf das Bremssystem der T-Zelle.

Man sagt, auch eine Reise von tausend Kilometern beginnt mit einem ersten Schritt.[17] Aber bei einer Reise hin zu einer wissenschaftlichen Entdeckung ist dieser erste Schritt besonders schwer genau auszumachen, denn jede neue Idee fußt auf Vorgängerideen. Allisons Entdeckung bildete da keine Ausnahme. Wie wir in Kapitel 1 erfahren haben, hatte Charles Janeway erkannt, dass das Vorhandensein von etwas, das zuvor nicht in Ihrem Körper gewesen ist, als einziger Auslöser für eine Immunreaktion nicht ausreichen kann, es musste ein zweites Signal erforderlich sein. Für Janeway waren es erregertypische Muster, für Polly Matzinger war es, wie wir im letzten Kapitel gesehen haben, der Hinweis darauf, dass etwas Schaden bringen konnte. In Kapitel 2 haben wir Ralph Steinman bei der Entdeckung der dendritischen Zellen begleitet, die im Erkennen von Erregerstrukturen besonders effizient sind. Haben sie eine solche Struktur erkannt, signalisieren sie T-Zellen, dass ein Erreger anwesend ist, indem sie auf ihrer Oberfläche sogenannte costimulatorische Proteine präsentieren – damit liefern sie das zweite Signal, das erforderlich ist, um eine Immunreaktion loszutreten. Diese Proteine auf den dendritischen Zellen passen zu entsprechenden Rezeptorproteinen auf der Oberfläche von T-Zellen wie Schlüssel in ein Schlüsselloch und erschließen damit im wahrsten Sinne des Wortes das Potential der T-Zellen.[18] An diesem Punkt hat, so könnte man sagen, Allisons Reise begonnen: mit der Identifizierung eines zweiten Rezeptorproteins auf der Oberfläche von T-Zellen, das gewaltige Ähnlichkeit – ungefähr 30 Prozent Übereinstimmung – mit dem hatte, das von costimulatorischen Proteinen »erschlossen« wird, dessen Rolle in unserem Immunsystem bis dahin jedoch ein Rätsel war.

Man hat dem mysteriösen Rezeptor einen erlesen sperrigen Namen verpasst: *cytotoxic T-Lymphocyte-associated protein 4*, kurz CTLA-4, das vierte aus einer Reihe von Proteinmolekülen, die man auf der Oberfläche von T-Zellen hat nachweisen können. (Es ist außerdem das Autokennzeichen von Allisons Porsche.[19] Vermutlich ist die Nachfrage nach Nummernschildern mit dem Aufdruck »CTLA-4« deutlich geringer als die nach solchen mit seinem Vornamen »Jim«.) Nun ist es nicht so, dass Allison *CTLA-4* selbst entdeckt hätte: gefunden worden war es 1987 im Labor von Pierre Golstein in Marseille, wo man seinerzeit darauf aus war zu klären, welche Gene nur in T-Zellen und keinen anderen weißen Blutzellen aktiv sind.[20] Golstein ging der Rolle des von ihm endeckten Gens CTLA-4 nicht weiter nach, sondern zeigte lediglich, dass sein Produkt nur auf der Oberfläche von im Dienste einer Immunantwort aktivierten T-Lymphozyten vorhanden war, auf ruhenden T-Zellen, die nur darauf warteten, dass es Ärger gab, jedoch nicht. Das hieß, dass dieses Molekül irgendwie nur dann wichtig war, wenn die Immunantwort im Gang war. Nicht viel Konkretes, aber faszinierend.

Zu berichten, was wer wann getan hat, um das Rätsel um CTLA-4 zu lösen, ist nicht ganz einfach.[21] Als Allison 2015 für seine Arbeit einen renommierten Medizinpreis erhielt, monierte ein Artikel in der *New York Times*, die Zuerkennung des Preises an eine Einzelperson vermittle ein falsches Bild davon, wie neue Therapien zustande kämen, und begründete diesen Einspruch mit dem Argument, eine Analyse der in Allisons Artikeln zitierten Forschung zeige, dass seine Entdeckung auf die Arbeit von 7000 anderen Wissenschaftlern an 5700 Forschungseinrichtungen zurückgreife.[22] Darin sind weder die Ärzte und Patienten, die an den klinischen Studien zu Allisons Überlegungen beteiligt waren, eingeschlossen, noch die Leute in der Pharmaindustrie, die aus einem Labormolekül ein zugelassenes Arzneimittel machten. Andererseits schrieb ein berühmter Immunologe: »Es ist selten, dass ein solcher Gezeitenwechsel an einer Einzelperson festgemacht werden kann, aber die Errungenschaft der Checkpoint-Therapie wäre ohne die Arbeiten von James Allison sehr unwahrscheinlich gewesen.«[23] In meinen Augen ist an beiden Standpunkten etwas dran. Es braucht ein Dorf – und den Geistesblitz von Einzelnen –, um ein Medikament großzuziehen.

Die Ergebnisse der Experimente, mit denen man zu klären versucht hat, was CTLA-4 im Körper eigentlich tut, wurden zunächst im Lichte der vorhandenen Erwartungen gedeutet: Das Rezeptorprotein war an der Stimulierung von T-Zellen beteiligt. Schließlich sah es ganz ähnlich aus wie ein anderer stimulatorischer Rezeptor, und derlei Redundanzen sind im Immunsystem häufig – viele verschiedene Zellen und Moleküle haben überlappende Funktionen, was das System, so nimmt man an, krisenfester macht. Legt ein Erreger die Funktion irgendeiner Komponente lahm, so besteht auf diese Weise eine gute Chance, dass deren Funktion von einer anderen übernommen werden kann. Im Jahr 1994 schließlich stolperten Jeff Bluestone und seine Arbeitsgruppe an der University of Chicago – angetrieben von Bruce Springsteens Musik im Radio[24] – über die Tatsache, dass CTLA-4 offensichtlich genau das Gegenteil von dem tat, was man erwartet hatte.

Bluestones Gruppe hatte damals einen Antikörper hergestellt, mit dem sich der Rezeptor blockieren ließ (wie Jan Vilček einen Antikörper gegen das Zytokin TNF hergestellt hatte, siehe Kapitel vier), so dass man untersuchen konnte, was geschieht, wenn CTLA-4 außer Gefecht gesetzt war. Ziel des Labors war es, Möglichkeiten zu finden, eine Immunreaktion zu stoppen und so einen Beitrag zu den beiden großen Themenfeldern Organtransplantation und Autoimmunkrankheiten zu leisten. Wie jeder andere ging auch Bluestone zunächst davon aus, dass CTLA-4 ein stimulatorischer Rezeptor war – ein »An«-Signal – und dass das Immunsystem bei einer Blockade weniger effizient arbeiten würde.

Er sagt, er werde nie den Tag vergessen, an dem seine Studentin Teresa Walunas in sein Büro kam und ihm ihre Ergebnisse zeigte, die klar besagten, dass die Hemmung von CTLA-4 T-Zellen nicht schwächer, sondern stärker reagieren ließ.[25] Wenn dem so war, dann musste CTLA-4 normalerweise also ein »Aus«-Signal darstellen, statt stimulierend zu wirken. Weil das Ergebnis so direkt gegen die herrschende Lehrmeinung verstieß, fühlte sich der Befund so gar nicht wie ein Moment der Erleuchtung an. In Bluestones Erinnerung war es mehr wie: »Na so was, vielleicht ist es ein ›Aus‹-Schalter, aber Grundgütiger, es wird nicht leicht sein, *das* irgendwem zu beweisen.«[26]

Zwei Freunde von Bluestone hatten kurz zuvor geholfen, eine neue Wissenschaftszeitschrift namens *Immunity* aus der Taufe zu heben, also veröffentlichte er sein Ergebnis dort.[27] Damals sorgte er sich, es könne für andere schwer sein, seine Arbeit zu finden, falls die neue Zeitschrift nicht lief, aber die Befürchtungen hätte er sich sparen können. Sie wurde rasch zu einem der Spitzenjournale für die Forschung am Immunsystem.[28]

Allison, damals Forschungsleiter des Berkeley Cancer Research Laboratory der University of California – und Bluestones Konkurrent –, hatte 1989 seinem eigenen Doktoranden Matthew »Max« Krummel genau dasselbe Problem zur Aufgabe gemacht: Auch er sollte herausbekommen, was CTLA-4 eigentlich macht. Allison hatte keine spezielle These im Sinn, die er testen wollte, seine Forschung war eher von Neugier getrieben als von Hypothesen, wie Krummel es ausdrückt.[29] Ursprünglich in Unkenntnis dessen, was Bluestones Labor vorhatte, stellte auch Krummel Antikörper her, die an CTLA-4 binden konnten, weil er wissen wollte, was mit einer Immunreaktion geschieht, wenn man CTLA-4 blockiert. Einen Antikörper herzustellen war zu jener Zeit nicht ganz so einfach – heute ist es sehr viel leichter –, und Krummel brauchte vier Jahre, bis ein Protokoll stand, das funktionierte.[30] Als er den Antikörper schließlich in Händen hielt, führten seine Experimente zum selben Ergebnis wie die von Bluestone: Die Hemmung von CTLA-4 vermag eine Immunreaktion zu verstärken, und das lässt vermuten, dass CTLA-4 T-Zellen normalerweise ein »Aus« signalisiert.[31]

Obgleich sowohl Bluestones als auch Allisons Gruppe zum selben Schluss kamen, blieb ihre Entdeckung zunächst umstritten. Zum Teil wohl deshalb, weil es zwar so sein kann, dass ein Antikörper, der an CTLA-4 gebunden ist, einen Rezeptor in seiner Funktion blockiert, andererseits kann er aber im Prinzip auch genau das Gegenteil tun und den Rezeptor stimulieren – das Blockieren eines Signals zum Abschalten würde dasselbe Ergebnis liefern wie das Auslösen eines stimulierenden Signals.[32] Die Kontroverse fand ein Ende, als man feststellte, dass genetisch veränderte Mäuse, denen CTLA-4 fehlte, sehr jung sterben, weil es zu einer massiven Zunahme an Immunzellen kommt, die den Körper überschwemmen und einen toxischen Entzündungsgrad verursachen.[33] Das zeigte schlicht und einfach, dass CTLA-4 für das Abschalten einer Immunreaktion von vitaler Bedeutung ist – und auch, dass das Abschalten einer Immunreaktion von genauso entscheidender Bedeutung für die Gesundheit ist wie das Anschalten.

Als Nächstes stellte Krummel Riesenmengen von seinem Antikörper her, um die Auswirkung einer Blockade von CTLA-4 auf verschiedene Arten von Immunreaktionen zu untersuchen. Aber das spezielle Experiment, das sich letztlich als das entscheidende entpuppte und zum medizinischen Durchbruch führen sollte, konnte Krummel aus Zeitgründen nicht selbst durchführen. Er hatte genug damit zu tun, zu untersuchen, wie die Blockade von CTLA-4 die Immunreaktion gegen Bakterienproteine beeinflusste,[34] also bat Allison einen Neuzugang im Labor, Dana Leach, zu untersuchen, wie die Hemmung von CTLA-4 die Immunreaktion auf Tumorzellen beeinflusste.

Leach injizierte die Antikörper Mäusen mit Dickdarmkrebs. Allison hoffte, dass die Tumoren im Darm durch das Ausschalten des Signals, das T-Zellen ein Ende der Immunantwort signalisiert, vom Immunsystem unvermindert angegriffen würden und ihr Wachstum sich verlangsamte. Die Ergebnisse waren noch besser als erhofft. »Als Dana Leach … mir die ersten Daten zeigte, war ich schockiert und überrascht«, erinnerte sich Allison später.[35] Bei allen behandelten Tieren hatten sich die Tumoren komplett zurückgebildet.[36] Während der Weihnachtsfeiertage 1994 wiederholten sie das Ganze als Blind-Experiment, das heißt, so, dass die Person, die die Mäuse untersuchte, nicht wusste, welche Tiere behandelt worden waren. Leach brachte das Experiment zum Laufen, ging dann über die Feiertage seine Freundin besuchen, und Allison vermaß die Tumoren.[37] Am Anfang blieben diese bei allen Tieren in ihrer Größe gleich. Nach zwei Wochen begannen sie dann, sich in nur einer Gruppe von Mäusen – »wie von Geisterhand«[38] – zurückzubilden. Kurz darauf waren sie komplett verschwunden. Die Gruppe von Mäusen war natürlich diejenige, die behandelt worden war. »Die Tatsache, dass die Blockierung eines einzelnen Moleküls die völlige Rückbildung eines Tumors zur Folge haben kann, war erstaunlich«, sagte Allison.[39]

Im Verlauf der folgenden fünfzehn Jahre stellten Allison und andere fest, dass die Hemmung von CTLA-4 bei Mäusen zur Behandlung vieler verschiedener Arten von Tumoren taugte. Einmal mehr eine gute Nachricht für die Mäuse, aber der nächste Schritt bestand darin, dies beim Menschen zu testen. Im Nachhinein ist es schwer zu glauben, doch Allison stieß auf großen Widerstand, als er sich an Unternehmen und Institutionen wandte, die Fördermittel vergaben, um das Geld dafür einzuwerben. Damals standen viele Ärzte, Wissenschaftler in der freien Forschung und der Industrie der Idee, das körpereigene Immunsystem einzuspannen, um Krebs zu bekämpfen, skeptisch gegenüber, weil so viele frühere

Versuche mit Zytokinen oder dendritischen Zellen als Impfstoff großenteils fehlgeschlagen waren oder zu komplexen Nebenwirkungen geführt hatten. »Manche meiner Freunde – darunter sehr berühmte«, erinnert sich Allison, »sagten, wenn sie mir in der Öffentlichkeit eins auswischen wollten, ›Jim ist Tumorimmunologe‹ und fingen an zu kichern.«[40]

Es dauerte zwei Jahre, bis Allison ein Unternehmen für seine Idee gewinnen konnte.[41] Schließlich und endlich erwarb der Immunologe Alan Korman vom Biotechnologieunternehmen Nexstar in Colorado die entsprechende Lizenz von Allisons Universität und begann an einem Antikörper zu arbeiten, mit dem sich menschliches CTLA-4 würde blockieren lassen.[42] Nexstar erteilte einer anderen Pharmafirma in New Jersey – Medarex – eine Sublizenz, und Medarex hatte soeben GenPharm erworben, das sich auf die Herstellung von Antikörpern spezialisiert hatte, deren Einsatz beim Menschen als sicher gelten konnte. All das führte schließlich zur Entwicklung eines Antikörpers namens MDX-010, den Allison und andere in klinischen Studien am Menschen verwenden konnten. Weiter weg von einem William Coley in den 1890er Jahren, der eine Idee einfach ohne viel Federlesesens an seinen Patienten getestet hatte, kann eine Vorgehensweise nicht angesiedelt sein.

In den ersten kleinen Studien führte MDX-010 bei einem Teil der Patienten zu einer stabilen Reaktion, zeigte jedoch bei anderen schwere Nebenwirkungen. Größere Studien führten ebenfalls zu gemischten Ergebnissen. Was das Präparat davor bewahrte, komplett fallen gelassen zu werden, war der Umstand, dass es deutlich besser abschnitt, wenn man die Kriterien änderte, anhand derer eine Krebstherapie als erfolgreich erachtet wurde. Das soll nicht heißen, dass nun einfach ein paar Regeln gebeugt wurden, damit das Präparat besser aussah. Vielmehr war klugen Klinikern aufgegangen, dass diese neue Therapie in manchen Fällen den geltenden Regeln zufolge als Fehlschlag galt, obwohl sie den Patienten in Wirklichkeit half.

Definiert worden war der Erfolg eines Krebsmedikaments seinerzeit nämlich mit der Chemotherapie im Hinterkopf. Chemotherapie-Präparate bringen Krebszellen meist auf direktem Wege zum Absterben, und wenn die Behandlung erfolgreich ist, schrumpft der Tumor des Patienten binnen Wochen. Bei Studien mit einem Antikörper, der CTLA-4 blockiert und die Wucht des körpereigenen Immunsystems einspannt, geschieht zu Anfang oftmals wenig. Die Messung der Tumorgröße ergab in vielen Fällen sogar eine Zunahme der Tumormasse, was den damals angelegten Kriterien zufolge einem Scheitern der Behandlung gleichkam. Aber diese Zahlen trogen. Etwas später – wahrscheinlich wenn das Immunsystem genug Zeit gehabt hatte hochzufahren –, fing der Tumor oft wirklich an zu schrumpfen.[43] Wir wissen heute, dass ein Tumor unter dieser Art von Behandlung tatsächlich an Größe zunehmen kann – eine scheinbar schlechte Nachricht für den Patienten –, dass aber die einwandernden Immunzellen dafür verantwortlich sind – was ja im Grunde eine echt gute Nachricht für den Patienten ist.[44]

Für Präparate, die darauf basieren, dass das wirkende Agens letztlich das Immunsystem ist, mussten die Kriterien der Weltgesundheitsorganisation WHO für den Erfolg einer Krebstherapie geändert werden. Diese Regeln – die heute unter der Bezeichnung irRC für *immune-related Response Criteria* (zu Deutsch etwa: immunsystemassoziierte Reaktionskriterien) laufen – gaben der Therapie mehr Zeit zu greifen.[45] Ein anfänglicher Zuwachs der Tumormasse wurde als »Aufbäumen« des Tumors verstanden und nicht als Anzeichen dafür, dass die Behandlung gescheitert ist. Diese Veränderung wendete das Schicksal dieser neuen Krebstherapie, die sich letzten Endes zum lebensrettenden Konzept mausern sollte, und zeigt, warum die Beziehung zwischen pharmazeutischer Industrie und Regulierungsbehörden so kompliziert ist. Sie müssen zusammenarbeiten, dies aber unabhängig voneinander tun, um neue Arzneien genau unter die Lupe nehmen zu können.[46]

Als die vorläufigen Daten vermuten ließen, dass der Antikörper gegen CTLA-4 einer Chemotherapie nicht überlegen war, ließ der Pharmariese Pfizer das Thema fallen, Medarex aber blieb am Ball.[47] Pfizer hat die Entscheidung wohl zu früh gefällt, man hätte besser noch gewartet, ob der Zustand der Patienten sich nicht doch noch bessert.[48] In jedem Falle verkaufte man dort die Rechte an dem Antikörper an eine andere Firma namens MedImmune, im Besitz von AstraZeneca. Als der Erfolg dieser Therapie offenbar wurde, änderte Pfizer seine Meinung und erklärte sich 2016 bereit, einer kleinen Biotechnologiefirma an die 25 Millionen Dollar zu zahlen, um wieder an einen Antikörper zu kommen, der imstande war, CTLA-4 zu hemmen.[49] Medarex hingegen wurde für sein Durchhaltevermögen belohnt: 2009 kaufte das in New York ansässige Unternehmen Bristol-Myers Squibb Medarex für über 2 Milliarden Dollar, in erster Linie wegen dessen Anti-CTLA-4-Antikörpers.[50] Zu jener Zeit wurde der Antikörper gerade in klinischen Studien erprobt, noch war nicht bewiesen, dass er funktionierte, dennoch war er offenbar den Wetteinsatz von 2 Milliarden Dollar wert. Unnötig zu erwähnen, dass neben aller Wissenschaft ordentlich geschachert wird, wenn es um ein neues Krebsmedikament geht.

Kurz nachdem Medarex in den Besitz von Bristol-Myers Squibb gelangt war, zeigte sich dank der neuen Beurteilungskriterien, dass die Hemmung von CTLA-4 durch Antikörper funktionierte. In einer maßgeblichen Untersuchung an Melanom-Patienten wurde die Gesamtüberlebensrate statt anderer Kriterien wie der Veränderung der Tumorgröße als Hauptbeurteilungskriterium herangezogen. Bei allen Patienten dieser Studie hatte sich der Tumor bereits auf andere Organe ausgebreitet, und die Lebenserwartung war nur mehr gering. Die Ergebnisse, am 5. Juni 2010 auf einem alljährlich stattfindenden Krebsforschungs-Meeting in Chicago vor über 30 000 Zuhörern verkündet und zeitgleich im renommierten *New England Journal of Medicine*[51] veröffentlicht, zeigten, dass die durchschnittliche Überlebensrate der Patienten von sechs auf zwölf Monate anstieg, wenn eine Behandlung mit Anti-CTLA-4 stattgefunden hatte. Ähnliches hatte man noch nie beobachtet: In keiner zurückliegenden klinischen Studie hatte sich etwas als fähig erwiesen, die durchschnittliche Lebenserwartung von Melanom-Patienten in einem derart fortgeschrittenen Stadium zu verlängern. Noch erstaunlicher war, dass die Besserung bei manchen Patienten von Dauer war. Über 20 Prozent überlebten zwei oder mehr Jahre. Einige derjenigen, die gleich zu Beginn auf diese Weise behandelt worden war, überlebten mehr als zehn Jahre.[52] Eine davon ist Sharon Belvin.

Im März 2011 ließ die amerikanische Lebensmittel- und Arzneimittelzulassungsbehörde FDA das neue Präparat zu, das man zu jener Zeit mit dem Generikanamen Ipilimumab (keine sonderlich eindrucksvolle Verbesserung gegenüber MDX-010) und dem Markennamen Yervoy adelte. Prompt wurde hochgerechnet, dass 15 Prozent der 68 000 Patienten jährlich, bei denen in den USA ein Melanom diagnostiziert wird, mit Yervoy behandelt werden würden. Bei einem Preis von ursprünglich 80 000 Dollar aufwärts für vier Behandlungseinheiten rechnete man mit einem Umsatz von 2 Milliarden bis zum Jahr 2015.[53] Der Hype hat sich mehr oder weniger als gerechtfertigt erwiesen: Tatsächlich wurde 2015 Yervoy im Wert von 1,1 Milliarden Dollar verkauft.[54] Es ist wenig überraschend, dass die Entwicklung von Präparaten, die sich das körpereigene Immunsystem zunutze machen, zum am schnellsten wachsenden Zweig der gesamten pharmazeutischen Industrie geworden ist.[55]

Vieles ist noch verbesserungswürdig. Wenn man bei T-Zellen die Bremse löst, kann das unerwünschte Nebenwirkungen haben, unter anderem Entzündungen der Haut, des Darms, der Leber und anderer Organe. Ein Teil davon lässt sich mit gegensteuernden Medikamenten bessern, die das Immunsystem dämpfen, hin und wieder aber können die Nebenwirkungen lebensbedrohlich sein. Das vielleicht drängendere Problem bei dem Ganzen ist, dass nur ein Teil der Patienten auf die Behandlung anspricht.

Allison ist sich dessen nur zu bewusst: »Ich wünschte, es wirkte besser.«[56]

★

Allisons Traum, mehr als nur jedem fünften Patienten helfen zu können, ist – anders als bei jenem berühmtesten unter den Baumeistern des Landes, der verkündet, er werde nun Schlösser in die Luft bauen – keineswegs unrealistisch. Das System verfügt über viele Bremsmechanismen, andere Checkpoints, an denen sich drehen lässt, andere Möglichkeiten, Immunzellen von der Leine zu lassen, um Tumorzellen effizienter angreifen zu können. Es war Allisons Arbeit, die in das erste medizinische Präparat dieser Art mündete, aber sie steht nicht allein.

Im Jahr 1992 wurde von dem japanischen Wissenschaftler Tasuku Honjo ein anderer Proteinrezeptor auf T-Zellen entdeckt. Proteine werden bekanntlich von Genen kodiert, und auf dieses spezielle Protein wurde Honjo aufmerksam bei der Suche nach Genen, die Zellen sterben lassen. Man gab ihm daher einen anderen unhandlichen Namen – *programmed cell death* (zu Deutsch: programmierter Zelltod) *protein 1*, kurz PD-1.[57] Genau genommen ist der Name falsch – es stellte sich letztlich heraus, dass dieser Rezeptor nichts mit sterbenden T-Zellen zu tun hat –, und über viele Jahre blieb die Rolle des Rezeptors ein Rätsel. Der erste große Hinweis auf seine Funktion ergab sich, als man Mäuse gentechnisch dahingehend veränderte, dass ihnen das Gen für PD-1 fehlte. Ohne PD-1 reagierte das Immunsystem der Tiere mit ungeahnter Heftigkeit: Im Falle einer Stimulierung vermehrten sich die Immunzellen stärker, und einige Mäuse, vor allem ältere Tiere, entwickelten spontan eine Autoimmunerkrankung.[58] Das passte zu der Vorstellung, dass auch PD-1 Immunzellen ein Signal zum Abschalten vermittelt – mithin einen weiteren Stoppmechanismus darstellt – und dass ohne dieses Signal das Immunsystem stärker reagiert, im Falle einer Autoimmunkrankheit überreagiert.

Wir wissen heute, dass bei allen möglichen Immunzellen, auch bei T-Zellen, der PD-1-Rezeptor auf der Oberfläche erscheint, sobald die Zellen aktiviert wurden und sich zu einer Immunreaktion bereit machen.[59] Dieser Rezeptor dockt an Proteine auf der Oberfläche anderer durch die Immunreaktion zytokinaktivierter Zellen an, die daraufhin ein hemmendes Signalmolekül produzieren und die Reaktion herunterregulieren helfen. PD-1 verhindert auf diese Weise das Überschießen oder die übermäßige Dauer einer Immunreaktion.

In dieser Hinsicht überlappen sich die Funktionen von PD-1 und CTLA-4 – beide zügeln die Immunreaktion –, aber sie greifen unter verschiedenen Bedingungen. Die Proteine, an die PD-1 bindet, befinden sich auf Zellen, die an einem Entzündungsprozess beteiligt sind, während CTLA-4 an Proteine auf anderen Immunzellen bindet, beispielsweise auf dendritischen Zellen. Man kann daraus schließen, dass PD-1 möglicherweise vor allem eine lokale Immunreaktion herunterschraubt, während CTLA-4 vielleicht eher das System als Ganzes herunterregulieren kann, um eine systemweite Form von Autoimmunkrankheit zu verhindern. Diese ineinandergreifenden Funktionen verschiedener Hemmmechanismen des Immunsystems genauer zu verstehen ist gegenwärtig zu einem hochaktuellen Forschungszweig geworden. Aus dem, was wir bereits wissen, lässt sich jedoch mutmaßen, dass die Hemmung von PD-1 womöglich eine sehr wirksame Form der Verstärkung einer lokalen Immunreaktion gegen einen Tumor darstellt, bei der Immunzellen freier Lauf gelassen wird, die anderweitig durch die PD-1-Bremse in Schach gehalten würden.

Die Anstrengungen, ein Präparat zu entwickeln, das PD-1 hemmt, haben von dem, was man über die Hemmung von CTLA-4 gelernt hat, auf jeden Fall profitiert.[60] Beispielweise war seit langem klar, dass es seine Zeit dauern kann, bis Patienten eine deutliche Besserung erfahren, und, vielleicht am allerwichtigsten, der Erfolg bei der Hemmung von CTLA-4 bedeutete, dass nun alle größeren Pharmaunternehmen rings um den Erdball erpicht darauf waren, sich zu beteiligen. Klinische Studien bei Melanom-Patienten zeigten bald, dass die Hemmung von PD-1 noch wirksamer war als die Hemmung von CTLA-4 und weniger unerwünschte Nebenwirkungen zeitigte.[61] Auch andere schwer zu behandelnde Tumoren erwiesen sich bei gelöster PD-1-Bremse als verwundbar für den Angriff des Immunsystems.[62] Für die Wissenschaft bedeutete das, dass der Erfolg der Hemmung von CTLA-4 kein bloßer Glücksfall war: Die Idee dahinter – Krankheiten bekämpfen zu können, indem wir dafür sorgen, dass das Immunsystem sich nicht selbst abschaltet – war richtig.

Dennoch ist das nur ein Anfang. Wir wissen inzwischen von mehr als zwanzig weiteren hemmenden Rezeptoren im Immunsystem.[63] Die meisten davon regulieren bestimmte Arten von Immunzellen herunter: natürliche Killerzellen, Makrophagen, dendritische Zellen, T-Zellen, B-Zellen oder noch andere. Wir müssen jetzt in wissenschaftlichen Labors und Unternehmen aller Größen herausfinden, ob Antikörper, die diese Rezeptoren hemmen, allein oder in Kombination, gezielt Immunzellen entfesseln können, damit sie unterschiedliche Tumorarten angreifen. Und es geht nicht nur um Krebs, Immunzellen fahren auch nach der Abwehr langwieriger Virusinfektionen wie AIDS ihre Aktivität herunter. Hemmende Mechanismen auszuschalten kann dem Immunsystem möglicherweise auch gegen solche Infektionen auf die Sprünge helfen.

Leider können wir nicht vorhersagen, welche Arten von Krebs oder anderen Krankheiten durch das Entfesseln einer speziellen Art von Immunzellen am besten ansprechen. Das System ist zu komplex und unser Wissen noch zu lückenhaft. Aber wir kennen bereits viele Bremsen im System und verfügen über die Technologie, sie eine um die andere auszuhebeln. »Wir wissen nicht alles«, erklärt Eric Vivier, Mitbegründer einer Firma, die sich der Suche nach neuen Checkpoint-Inhibitoren verschrieben hat, »aber vielleicht wissen wir genug … Alles, was Sie [als Nächstes] tun müssen, ist Glücksspielen«.[64] Seine Firma, gegründet auf Freundschaften unter ein paar der Wissenschaftler, die sich mit hemmenden Rezeptoren auf natürlichen Killerzellen befasst haben, hat eine Menge auf das Blockieren der Rezeptoren auf diesen speziellen Zellen gesetzt. Ob sich ihre Wette als richtig erweist oder nicht, ist unmöglich vorherzusagen, aber für die Menschheit insgesamt scheint es eine vernünftige Strategie, jede Menge Firmen alle möglichen Rezeptoren auf verschiedenen Immunzellen allein oder in Kombination hemmen und dann untersuchen zu lassen, was dadurch bei verschiedenen Krankheiten bewirkt wird – mit anderen Worten: jede Menge Wetten abzuschließen.

Auf der Ebene der Patienten aber wird es immer wichtiger, je mehr Checkpoint-Inhibitoren entdeckt werden, einschätzen zu lernen, bei wem die Chancen für diese oder jene Behandlung am besten stehen. Hier ist es nicht damit getan, einfach eine nach der anderen auszuprobieren. Um zu vermeiden, dass man einen Patienten mit einem Checkpoint-Inhibitor behandelt, der eventuell für schwere Nebenwirkungen anfällig ist, und sicherzustellen, dass zur Anwendung kommt, was mit der größten Wahrscheinlichkeit funktioniert, brauchen wir Methoden, im Voraus genau herauszufinden, was im Patienten passieren wird. Die verschiedenen Messgrößen, die man zu diesem Zweck einsetzt, bezeichnet man im Fachjargon als »Biomarker«. Ein jedermann vertrauter Biomarker, mit dem in Krankenhäusern häufig gearbeitet wird, ist das Blutbild. Ein Blick auf die Anzahl der verschiedenen Zellarten, die sich in einem Tröpfchen Blut finden, lässt vielleicht Rückschlüsse darauf zu, ob jemand unter einer Anämie oder einer Infektion leidet, aber ein einfaches Blutbild ist zu grob und allgemein. Im Falle von Checkpoint-Inhibitoren brauchen wir Biomarker, die weit genauer sind.

Für einen potentiellen Kandidaten müsste man beispielsweise prüfen, welche Hemmmechanismen bei einem Patienten eingeschaltet sind. Das ließe sich machen, indem man schaut, welche hemmenden Rezeptoren auf der Oberfläche der einzelnen Immunzellen des Patienten vorhanden sind. Das würde es uns ermöglichen, einen Checkpoint-Inhibitor zu wählen, der speziell auf diese Rezeptoren abzielt. Auch lässt sich das Tumorgewebe eines Patienten daraufhin untersuchen, ob es Proteinmoleküle enthält, die bestimmte hemmende Rezeptoren auf Immunzellen aktivieren. Daraus ließe sich im Prinzip vorhersagen, ob der Patient vom Blockieren des PD-1-Mechanismus profitieren wird oder nicht. Leider hat sich dieser Weg als nicht so einfach erwiesen, und die so gewonnene Vorhersage über die Reaktion des Patienten ist inzwischen umstritten.[65] Zum einen sind die Hemmmechanismen dynamische Systeme; wenn man weiß, was das Immunsystem heute unter Kontrolle hält, heißt das nicht, dass die Situation am nächsten Tag dieselbe ist. Auch können sich die Dinge unter dem Einfluss der Behandlung ändern – wird ein hemmender Mechanismus dank eines Checkpoint-Inhibitors ausgeschaltet, passt sich der Tumor womöglich an und bedient sich eines anderen. Hinzu kommt, dass sowohl Immun- als auch die Tumorzellen selbst innerhalb eines Menschen hochvariabel sind. Man sagt manchmal, ein Tumor stelle keine einzelne Krankheit dar, sondern über eine Million Krankheiten, da jede seiner Millionen Zellen ein kleines bisschen anders ist als die andere. Die Suche nach geeigneten Biomarkern ist ungemein wichtig, als Forschungsgebiet allerdings noch sehr jung.

Diese Suche bringt uns möglicherweise bald zum nächsten Problem. Während kaum jemand etwas dagegen haben wird, dass man im Vorhinein sagen kann, ob das Hemmen des PD-1-Systems einem Tumorpatienten helfen wird, so ist es doch nur ein kleiner Schritt von hier bis zum Einsatz besagter Marker zur Charakterisierung des Immunsystems, lange bevor es zu Problemen kommt. Was, wenn wir den Zustand des Immunsystems bei einem Menschen im Detail vorhersagen könnten – um beispielsweise zu klären, ob jemand über eine bestimmte Zusammensetzung seiner Immunabwehr verfügt, die es wahrscheinlich macht, dass der Betreffende im Alter an Autoimmunkrankheiten leiden wird: beispielsweise, indem wir nach Veränderungen in der Zahl der regulatorischen T-Zellen suchen? Außer dass uns dies verrät, bei wem die Chancen am besten stehen, von einer bestimmten Therapieform zu profitieren, vermittelt es uns auch ein genaues Bild vom Gesamtgesundheitszustand eines Menschen und würde uns ermöglichen vorherzusagen, für welche Krankheiten der Betreffende besonders anfällig ist. Angesichts der sozialen Manipulationen, die Aldous Huxley in seinem Buch *Schöne neue Welt* beschreibt, haben die genetische Forschung und genetische Tests für eine Menge Diskussionen gesorgt. Vielleicht landen wir durch eine Hintertür – die Erforschung des Immunsystems – genau dort, wo wir nicht hinwollen.

Einer der Gründe, weshalb es – ungeachtet aller Gesetzgebung – dazu vielleicht nicht kommen wird, ist, dass das System womöglich doch zu komplex ist, um vorhersagbar zu sein. Ein genauerer Blick darauf, wie die Hemmmechanismen des Immunsystems im Einzelnen funktionieren, zeigt, wie komplex das System ist. CTLA-4 beispielsweise vermag T-Zellen an die Kette zu legen, indem es an stimulatorische Proteine auf anderen Zellen bindet und diese sozusagen verhüllt – im Grunde also die Alarmsignale des Immunsystems verschleiert. Andererseits kann CTLA-4 sich aber auch an costimulatorische Proteine auf anderen Immunzellen heften und diese nicht nur maskieren, sondern von der Oberfläche entfernen und vernichten lassen – und so die Alarmsignale des Systems komplett tilgen.[66] Und das ist noch nicht alles. Tatsächlich wirkt CTLA-4 nicht nur als Hemmschuh, der Immunzellen ausbremst, sondern auch als Beschleuniger in dem Sinne, dass es dafür sorgen kann, dass Immunzellen sich rascher bewegen.[67] Letzteres hat mindestens zwei Dinge zur Folge: Erstens verringert sich dadurch die Kontaktdauer zwischen Immunzellen, mithin auch ihre Fähigkeit, miteinander zu interagieren, und das dämpft die Immunreaktion insgesamt.[68] Zweitens halten sich sehr rasch zirkulierende Immunzellen womöglich nicht lange genug an einer Tumorzelle fest, um diese wirksam zum Absterben bringen zu können.[69] Das Blockieren von CTLA-4 hilft Krebspatienten vermutlich dadurch, dass es einen Teil dieser Prozesse aufhält. Aber vielleicht tut es auch noch etwas anderes.

Allison verwendete einen Antikörper, um den CTLA-4-Rezeptor zu blockieren und so seine Funktion zu unterbinden. Antikörper, die im menschlichen Körper natürlicherweise hergestellt werden, tun jedoch mehr, als sich an was immer sie erkennen zu heften und es zu blockieren. Antikörper sind Y-förmige Moleküle, die als Teil unserer natürlichen Immunabwehr an Krankheitserreger und geschädigte Zellen binden. Das gegabelte Ende des Antikörpers heftet sich an den Erreger oder die geschädigte Zelle, das andere Ende bleibt frei. Bestimmte Immunzellen verfügen über Rezeptoren, die auf dieses andere Ende eines Antikörpers passen und daran binden können, und sobald es dazu kommt, wird die Immunzelle aktiviert und tötet oder phagozytiert, woran auch immer das vordere Antikörperende angedockt hat. Das heißt, dass, während das vordere Ende von Allisons Antikörper die Funktion des CTLA-4-Rezeptors unterbindet, das hintere Ende zumindest im Prinzip Immunzellen anlocken könnte, die die T-Zellen zerstören, an die der Antikörper gebunden hat. Die körpereigenen Immunzellen abzutöten scheint bei Licht betrachtet keine so geniale Idee, wenn man die Immunantwort gegen einen Tumor verstärken will, aber das Ganze hat einen wichtigen Haken.

Regulatorische T-Zellen – jene von Shimon Sakaguchi entdeckten Zellen, über die wir in Kapitel 7 gesprochen haben – tragen auf ihrer Oberfläche sehr viele CTLA-4-Rezeptoren. Allisons Antikörper könnte theoretisch also an regulatorische T-Zellen binden und diese zur Zerstörung freigeben. Ob das tatsächlich passiert oder nicht, ist noch offen, aber wenn es so wäre, dann löste Allisons Antikörper die Bremsen des Immunsystems auf eine Weise, die völlig anders ist als das, was er sich vorgestellt hatte: Er könnte unter anderem dadurch wirken, dass er die Zerstörung von regulatorischen T-Zellen anstößt.

Alles in allem ist noch nicht abschließend geklärt, wie ein Antikörper gegen CTLA-4 Krebspatienten im Einzelnen hilft. Es kann gut sein, dass es mehrere Effekte gibt.[70] In gewisser Hinsicht mag das unerheblich sein, worauf es ankommt, ist, dass er wirkt. Auf einer anderen Ebene aber ist es *doch* wichtig zu wissen, wie er wirkt – nicht aus blankem akademischem Interesse oder um die eigene Neugier zu befriedigen, sondern deshalb, weil das tiefer gehende Wissen darum, wie die hemmenden Mechanismen des Immunsystems arbeiten und wie diese therapeutischen Antikörper den Patienten helfen, uns ermöglicht, deren Design zu gestalten, ihre Effizienz zu verbessern, festzustellen, welche Patienten für die Behandlung in Frage kommen, und Alternativen zu kreieren, die auf andere an diesem Prozess beteiligte Moleküle zielen.

Eine Möglichkeit, Allisons Wunsch wahrzumachen – die Erfolgsquote von Checkpoint-Inhibitoren zu verbessern –, besteht darin, sie nicht allein für sich einzusetzen, sondern in Kombination mit anderen Arzneien. Mit einer Kombination aus vier Präparaten – einem gegen den Tumor gerichteten Antikörper, einem Zytokin, einem Vakzin und einem Checkpoint-Inhibitor – hat man zum Beispiel bei Mäusen große, anderweitig unbehandelbare Tumoren zum Verschwinden gebracht.[71] Jedes Mittel für sich wies eine gewisse Wirkung auf, alle zusammen aber brachten Heilung. Die Kombination aus mehreren Präparaten wird mit an Sicherheit grenzender Wahrscheinlichkeit vielen Krebspatienten helfen können, das Problem besteht nur darin, die richtige Mischung zu finden. Es gibt eine gewaltige Zahl an möglichen Kombinationen, und jede Komponente für sich hat ihre eigenen, ganz speziellen Timing- und Dosisanforderungen, die wiederum obendrein mit der Beschaffenheit der anderen Mittel in dem Medikamentencocktail variieren können. Ein Ansatz bestünde darin, viele Wetten abzuschließen, aber es gibt nicht genügend Patienten, um auch nur einen Bruchteil aller denkbaren Kombinationen zu testen. Wir können uns nicht auf den Zufall verlassen, wir benötigen auch eine Strategie, und das setzt voraus, dass verschiedene wissenschaftliche Institutionen zusammenarbeiten.

Auftritt Sean Parker, milliardenschwerer Unternehmer, Mitbegründer der Musiktauschbörse Napster und erster Präsident von Facebook, im Film *The Social Network* gespielt von Justin Timberlake. 2016 stellte der damals Sechsunddreißigjährige 250 Millionen Dollar für die Gründung des Parker Institute zur Verfügung, einer Kooperation von mehr als vierzig an sechs amerikanischen Krebsforschungszentren beheimateten Labors oder, um es mit seinen Worten zu sagen: »ein Manhattan Project zur Krebstherapie mit Hilfe des Immunsystems«.[72] Er führte das Projekt mit einer Party in seiner Luxusvilla in Bel Air, Los Angeles, ein, zu den Gästen gehörten Tom Hanks, Goldie Hawn und Sean Penn, der Zauberer David Blaine, der Comedian James Corden, die Musiker von den Red Hot Chili Peppers, Katy Perry und Lady Gaga. Der Rummel trug die Immuntherapie bei Krebs auch in den allerletzten Medienwinkel. »Wer hätte nicht gerne eine ordentliche Geldspritze? Das ist eine wunderbare Sache«, erklärte Tom Hanks einem Fernsehteam. »Sean Parker nimmt sechs Organisationen und bringt sie dazu, als eine zu arbeiten, damit sie sämtliche Informationen über ihre Forschung und Erkenntnisse aneinander weitergeben, und das wird die Art und Weise verändern, wie man Krebs untersuchen, und auch, wie man Leute mit Krebs behandeln wird. Ziemlich gut das Ganze, oder?«[73]

Parker, dem Vernehmen nach 3 Milliarden Dollar schwer,[74] fühlte sich unter anderem deshalb zum Kampf gegen Krebs berufen, weil eine seiner besten Freundinnen, die Filmproduzentin Laura Ziskin, zu deren Schaffen Filme wie *Pretty Woman* und *The Amazing Spider Man* gehörten, 2011 an Krebs starb – sie wurde 61 Jahre alt. Parker erklärte, er wolle den Krebs »hacken«, so wie er Musik gehackt habe. Für ihn ist ein Hack »das schlaue Umschiffen oder das schlaue Manipulieren eines vorhandenen Systems zu etwas, von dem man nicht geahnt hätte, dass es dazu imstande sei« – und das macht für ihn die Immuntherapie zu einem Hack.[75] Auch wenn Krebs komplizierter ist als die Musikindustrie, stößt Parkers Haltung auf große Resonanz. »Hacker teilen gewisse Werte«, schrieb er im *Wall Street Journal*, »Vorbehalte gegen das

Establishment, den Glauben an radikale Transparenz, einen Riecher für verwundbare Stellen in Systemen, den Wunsch, komplexe Probleme mit eleganten technischen und sozialen Lösungen zu ›hacken‹, und einen nahezu religiösen Glauben an die Macht von Daten, diese Probleme zu lösen.«[76]

Außer Geld zur Verfügung zu stellen hat das Parker Institute sich das große Ziel gesetzt, die Art und Weise zu verändern, wie die Krebsforschung organisiert ist. Herkömmlicherweise sehen sich Forscher aus verschiedenen Krebsforschungszentren gezwungen, miteinander um Regierungsmittel zu konkurrieren. Das bedeutet, dass ein großer Anreiz dafür besteht, Daten und Ergebnisse die vielen Monate hindurch, in denen eine Anwendung auf dem Prüfstand steht, geheim zu halten. Eine universelle Mittelausschüttung, wie von Parker gehandhabt, erleichtert es, Überlegungen ungehindert miteinander zu teilen. Auch geistiges Eigentum aus einem der sechs beteiligten Zentren wird geteilt, und eine übergeordnete Institution hilft sicherzustellen, dass Entdeckungen danach nicht an kleine Start-ups verloren gehen, die womöglich nicht lange bestehen, oder von großen Unternehmen gebunkert werden, deren Prioritäten sich rasch ändern können. Profite aus geistigem Eigentum sind aufzuteilen zwischen den einzelnen Urhebern und allen beteiligten Krebsforschungszentren. Ein einzelnes Zentrum könnte möglicherweise größeren Profit daraus schlagen, sein geistiges Eigentum selbst auszuschlachten, aber Parker hat es geschafft, die einzelnen Forschungszentren zu überzeugen, sich dem Austausch zu verpflichten, weil dies für jedermann die Chance erhöht, etwas zu gewinnen.[77]

Die einstigen Rivalen Bluestone und Allison arbeiten heute unter dem Dach des Parker Institute zusammen. Vielleicht hilft es, dass sämtliche Institutsleiter in der zweiten Hälfte ihres Lebens und bereits ungeheuer erfolgreich sind. Rückzugsinseln ermuntern zum geistigen Austausch, und die Atmosphäre dazu entlehnt sich dem des Silicon Valley: Gehe Risiken ein, scheitere ruhig, aber scheitere konstruktiv.[78] Auch der Papierkram wurde rationalisiert.

Jedes Unternehmen, das ein neues Präparat testen möchte, muss nun nur noch ein Übereinkommen mit dem Parker Institute unterzeichnen, um mit Gruppen an allen sechs Krebsforschungsinstituten zusammenarbeiten zu können. Zuvor gab es eine viele Monate währende Phase des Stillstands, bis mit jedem Zentrum ein eigener Vertrag ausgehandelt war.[79]

Bluestone ist der erste Präsident des gesamten Instituts. Er sagt, dass Parker die Mittel bereitgestellt habe, die nötig seien, um Dinge auszuprobieren, eine Sandbox zu schaffen, in der Leute einander vertrauen und Ideen austauschen. »Offen gesagt«, erklärt er, »befinden wir uns in einer erstaunlichen Umwälzungsphase, [einer] biomedizinischen Revolution, der der Industriellen Revolution vom Ende des 18. und Anfang des 19. Jahrhunderts nicht unähnlich. Wir haben mehr Zugriff auf Wissen, mehr Werkzeuge zur Verfügung, damit haben wir mehr Zugang zu großen Ideen als je zuvor in der biomedizinischen Wissenschaft … Die Technologie des Umgangs mit Immunzellen ist enorm komplex, aber wir sind mehr und mehr in der Lage, all das auseinanderzudividieren, und wir beginnen, unser Wissen nutzen zu können, um Krebs anzugehen.«[80]

Bei der Revolution, von der er redet, geht es um mehr als nur um ein paar Checkpoint-Inhibitoren, inzwischen gibt es mehrere Hundert Zweige der Immuntherapie. Eines der Felder, auf denen das Parker Institute etwas bewirken will, ist die Untersuchung der Frage, in wieweit sich verschiedene Ideen kombinieren lassen. So wirken Checkpoint-Inhibitoren vermutlich unter anderem deshalb nicht bei jedem, weil sie am besten dort funktionieren, wo bereits eine Immunantwort im Gang ist – was bedeutet, dass sie nicht sonderlich gut bei Tumoren wirken, die über nur wenige Mutationen verfügen und für das Immunsystem schlecht wahrnehmbar sind. Eine Möglichkeit, das Problem anzugehen, besteht darin, Checkpoint-Inhibitoren mit anderen Mitteln zu kombinieren, die absolut sicherstellen, dass ein Patient über Immunzellen verfügt, die seinen Tumor erkennen können.

Wie also lässt sich das bewerkstelligen? Erinnern Sie sich an Kapitel 3 und daran, wie Steven Rosenberg Ende der 1980er Jahre versuchte, Krebs zu behandeln.[81] Er isolierte Immunzellen von Patienten, aktivierte sie in Kultur mit Zytokinen und injizierte sie dann den Patienten wieder. Gelegentlich hatte er damit Erfolg, aber es gab ernste Probleme mit den Nebenwirkungen. Einer der Gründe, weshalb das Verfahren nicht besonders gut funktionierte, ist wahrscheinlich die Tatsache, dass die Immunzell-Proben in seinen Kulturen viele verschiedene Zelltypen enthielten, von denen nur eine geringe Anzahl geeignet war, den Tumor anzugreifen. Carl June von der University of Pennsylvania verwendete 2011 einen raffinierteren Ansatz – und heilte einen Patienten von Leukämie.[82]

Er extrahierte wie Rosenberg vor ihm T-Zellen aus dem Blut des Patienten, doch bevor er sie dem Patienten wieder injizierte, veränderte er sie gentechnisch so, dass sie auf der Oberfläche einen neuen Rezeptor trugen, der die entarteten Zellen des Patienten erkannte. Man nennt das Verfahren CAR-T-Zell-Therapie, benannt nach dem neu hinzugefügten Rezeptor (CAR steht für chimärer Antigen-Rezeptor), dessen eines (nach außen weisendes) Ende aus dem antigenerkennenden Teil eines Antikörpers besteht, das die Tumorzellen erkennt, und dessen anderes (in die Zelle hineinreichendes) Ende die T-Zelle aktivieren kann, auf dass sie die erkannte Zelle eliminiere. Auf diese Weise werden die T-Zellen eines Krebspatienten neu programmiert – darauf, die Tumorzellen im eigenen Körper aufzuspüren und zu töten. Tatsächlich war die Idee für diese neue Therapie bereits 1989 geboren worden, mehr als zwei Jahrzehnte, bevor sie endlich zu einem medizinischen Erfolg wurde.[83] Es dauerte unter anderem deshalb so lange, weil man viel Zeit brauchte, bis man eine funktionierende Methode entwickelt hatte, T-Zellen mit einem zusätzlichen Rezeptor zu versehen. Letztlich verwendete June dazu eine inaktivierte Version des HIV-Virus und machte sich so dessen Fähigkeit zunutze, T-Zellen zu infizieren, die eigenen Virusgene in die Zelle einzuschleusen und dort exprimieren zu lassen.[84]

June und seine Kollegen hatten zwar gehofft, dass die CAR-T-Zell-Therapie Krebspatienten Hilfe bringen würde, von einer vollständigen Remission hatten sie jedoch nicht zu träumen gewagt. Bei zwei der drei ersten Patienten kam es genau dazu, der Tumor bildete sich vollständig zurück. Ein fünfundsechzigjähriger Wissenschaftler mit chronischer lymphatischer Leukämie erhielt als Dosis 14 Millionen genetisch veränderte T-Zellen. Er schrieb anonym auf der Internetseite der University of Pennsylvania: »Ich ringe noch immer darum, die Ungeheuerlichkeit dessen zu begreifen, wovon ich ein Teil bin – und was diese Ergebnisse für zahllose andere Patienten mit chronischer lymphatischer Leukämie oder anderen Krebsformen bedeuten. Als junger Wissenschaftler träumte ich, wie sicher viele andere, denke ich, davon, vielleicht eine Entdeckung zu machen, die der Menschheit Segen bringt – ich hätte mir nie vorgestellt, Teil eines solchen Experiments zu sein.«[85] Am 30. August 2017 billigte die FDA den Einsatz von CAR-T-Zellen bei einer bestimmten Art von Krebs, wenige Wochen später bei einer anderen und bahnte diesem lebenden Medikament damit ohne Frage den Weg zu einer Revolution.

Was jetzt gebraucht wird, ist die optimale Version dieser Art von Therapie. Es gibt viele Parameter, die dabei zu berücksichtigen sind: Wir wissen noch nicht, welche Moleküle auf den Tumorzellen eines Patienten die geeignetsten Ziele abgeben, auch nicht, ob alle Tumorzellen dieselbe Signatur haben, nicht, wie wir die Möglichkeit ausschließen können, dass gesunde Zellen, die sich zufällig in der Nähe herumtreiben, angegriffen werden und es zu unerwünschten Nebenwirkungen kommt und so weiter. Zumindest vom Prinzip her könnte diese Art von Therapie bei mehr Krankheiten eingesetzt werden als nur bei Krebs. Zum Beispiel ließen sich CAR-T-Zellen einsetzen, um Immunzellen aus dem Verkehr zu ziehen, die eine Autoimmunkrankheit verursachen.[86] Eines der größten Probleme bei dem Ganzen ist die Toxizität genetisch hochgetunter Immunzellen. Junes Version der T-Zell-Therapie mag ausgefeilter sein als die von Rosenberg, aber eines Tages wird auch sie uns ohne Zweifel relativ grobschlächtig vorkommen.

June, Bluestone und andere am Parker Institute versuchen das Prinzip der CAR-T-Zell-Therapie mit dem Prinzip der Checkpoint-Inhibitoren zusammenzubringen. Neue Techniken zur genetischen Manipulation erleichtern es, ein und dieselbe Zelle in mehrfacher Hinsicht zu verändern.[87] Als neue Strategie wird angestrebt, T-Zellen nicht nur mit einem Rezeptor auszurüsten, der die Tumorzellen eines Patienten erkennt, sondern ihnen auch die eingebauten hemmenden Mechanismen zu nehmen. Auf diese Weise, so hofft man, können die genetisch veränderten T-Zellen länger ihren Kampf kämpfen. Und da diese T-Zellen nur auf die Tumorzellen maßgeschneidert sind, so die Hoffnung, wird das Ausschalten des zelleigenen Hemmmechanismus weniger Nebenwirkungen zeitigen als eine Behandlung, die das Immunsystem auf breiterer Front entfesselt.

Auch aus unerwarteter Ecke kommen neue Krebstherapien: Neue Abkömmlinge des Thalidomids beispielsweise – jenes unheilvollen Wirkstoffs, der einst verordnet wurde, um Schwangeren ihre Morgenübelkeit zu nehmen, und der letztlich verantwortlich dafür war, dass Tausende Babys mit fehlgebildeten Gliedmaßen zur Welt kamen – vermögen die Fähigkeit des Immunsystems, Tumorzellen anzugreifen, ebenfalls zu verstärken. Thalidomid wurde 1954 entdeckt – ein Nebenprodukt der Suche nach einer billigeren Möglichkeit zur Herstellung von Antibiotika. Das deutsche Pharmaunternehmen Grünenthal testete das Präparat auf alle mögliche Weise, suchte sozusagen nach einer Krankheit, die sich damit behandeln ließe, und stieß letztlich auf dessen sedative Wirkung, die sich zur Behandlung der morgendlichen Übelkeit einsetzen ließ. Mehr als 10 000 Säuglinge erlitten durch das Thalidomid Fehlbildungen und wurden durch ein vermeintliches Arzneimittel schwer geschädigt.[88] 1962 wurde das Medikament weltweit verboten. Wenige Jahre später aber gab es die ersten Einzelfallberichte, denen zufolge Thalidomid Lepra-Patienten mit einer bestimmten schweren Komplikation helfen könnte.[89] Bei der Untersuchung dieser Beobachtung wurde klar, dass Thalidomid viele Wirkungen auf den menschlichen Körper hat, darunter auch auf das Immunsystem. Die amerikanische Firma Celgene hat einen sichereren Abkömmling von Thalidomid hergestellt, der jetzt als Revlimid auf dem Markt ist, und mindestens bei einer Form von Krebs – dem multiplen Myelom – Behandlungserfolge zeigt.[90] Dieses Präparat hat meinen Vater, der am multiplen Myelom erkrankt war, über viele Jahre am Leben gehalten. Forschungen in meinem Labor haben dazu beigetragen zu verstehen, wie dieses Thalidomid-Derivat wirkt, und den Boden bereitet für die Entwicklung noch besserer Varianten. Es hat viele Wirkungen, aber eine davon besteht darin, dass es die Schwelle senkt, ab der natürliche Killerzellen angeschaltet werden, um Krebszellen anzugreifen.[91]

Wir stehen am Beginn einer Gesundheitsrevolution, doch der große Elefant im Raum ist die Armut weltweit. Fast die Hälfte der Weltbevölkerung lebt von weniger als 2 Dollar pro Tag, und die Marktgesetze stehen, was die Herstellung und Bereitstellung von neuen Medikamenten angeht, für blankes Elend. Unsere lustlosen Bemühungen, einen Impfstoff gegen das 1976 entdeckte Ebola-Virus zu entwickeln, ist ein gutes Beispiel. Das Virus wurde kaum untersucht, bis die reichen Länder sich bedroht sahen.[92] Auch wenn es bei ihrem Geschäft um Leben und Tod geht, so ist die Pharmaindustrie doch ein Geschäft und keine Wohltätigkeitseinrichtung, und bei der Entscheidung, welche Prioritäten in der Forschung gesetzt werden sollen, ist der potentielle finanzielle Gewinn ein kritischer Faktor, wenn nicht gar der entscheidende. Auch wenn dies ein Buch über Ideen, Wissenschaft, Geschichte und vielleicht unsere Perspektive als Menschheit ist, wäre es irreführend – ja, unehrlich –, über neue Therapien zu schreiben, ohne ein Wort über die finanziellen Probleme zu verlieren, die uns dabei im Weg stehen: Wir brauchen dringend neue internationale Einrichtungen und neue Wege, die medizinische Forschung und neue Therapien zu fördern – Wege, bei denen das Wohlergehen der Menschheit und allen anderen Lebens auf der Erde im Vordergrund und finanzieller Gewinn hintansteht. Ich hoffe stark, dass dies die schöne neue Welt ist, die vor uns liegt.

Wie bei allen wissenschaftlichen Revolutionen sind neue Erkenntnisse nicht das Einzige, was zählt. Unsere Kinder und Kindeskinder werden dereinst über uns urteilen, und zwar nicht nach dem, was wir wissen, sondern danach, wie wir mit dem, was wir wissen, umgehen.

EPILOG

Naturwissenschaft ist vieles: Methodik, Reise, Weg zur Macht, ein Fundus an Wissen, etwas, das Sie auf der Schule mochten oder schrecklich fanden, ein Puzzle aus unendlich vielen Teilchen, eine Kraft, die Gutes wie Böses, Brot genauso wie Bomben hervorzubringen vermag. Ihr größter Verdienst aber war und wird noch für einige Zeit fraglos die Heilung von Krankheiten sein.

Dennoch ist die Heilkraft unseres eigenen Körpers – das Immunsystem – weit machtvoller als jede Arznei, die wir entworfen haben. Die meisten Krankheitserreger werden von unserem Körper bekämpft, ohne dass wir viel davon mitbekommen. Über viele Jahrzehnte haben wir angefangen aufzudröseln, wie das funktioniert – indem wir geschaut haben, was passiert, wenn eine Zellart fehlt oder im Überfluss vorhanden ist, wenn ein Gen aktiviert oder deaktiviert wird, wenn eine Folge von chemischen Reaktionen an- oder abgeschaltet wird. Schritt für Schritt haben wir – mit einem gelegentlichen Fehltritt hier und da – viele der Geheimnisse unseres Immunsystems aufgedeckt. Aber wie das Sonnensystem, das Finanzsystem, ja, wie jedes große System bleibt das Immunsystem ein Rätsel. All die Theorien darüber haben Lücken, jede stimmt nur in bestimmten Situationen, alles ist nur eine Art Annäherung. Tausende andere werden genau wie ich ihre Tage und ihr Leben weiter der Lösung der verbliebenen Geheimnisse verschreiben. Eines Tages werden wir womöglich eine große vereinheitlichende Theorie des Immunsystems in Händen halten, einige wenige Prinzipien, die umschreiben, wie das Ganze grundsätzlich funktioniert, oder eine Graphik, die auf ein T-Shirt passt. Doch dieser

Traum wird möglicherweise nie wahr werden. Und es könnte auch das falsche Ziel sein.

Vielleicht ist das Immunsystem – ja, vielleicht ist die menschliche Biologie ganz allgemein – viel pluralistischer, als wir uns gegenwärtig vorstellen. Physiker haben schon vor langem gelernt, mit der seltsamen Tatsache klarzukommen, dass Licht sich manchmal als Welle und zu anderen Zeiten als Teilchen verhält. Wie wir jeweils über Licht denken, variiert mit den Messungen, die wir tätigen. Jede Sicht für sich allein ist zu verengt. Mir will scheinen, dass sich das Immunsystem ähnlich *seltsam* verhält. Sein Verhalten lässt sich nicht mit einer griffigen Phrase umschreiben wie: Das Immunsystem ist dazu da, nach Gefahren Ausschau zu halten oder selbst von nichtselbst zu unterscheiden. Das sind hilfreiche Vorstellungen, stärker als Metaphern, aber schwächer als die Naturgesetze, die alles lenken. Da sich das Immunsystem wie jeder Aspekt der menschlichen Biologie nicht auf dem Boden eines fest gegründeten Prinzipienfundaments entwickelt hat, ist es womöglich müßig, danach zu suchen.

In naher Zukunft werden wir jedoch, ungeachtet dessen, ob wir das System mit einfachen Begriffen beschreiben können oder nicht, Prognosen über den Gesundheitszustand jedes Einzelnen von uns machen können, indem wir ein paar präzise Messungen vornehmen – eine genaue Analyse der einzelnen Blutzellen vielleicht – und diese Informationen in eine mathematische oder computerverwaltete Simulation eingeben (so wie die Mathematik die einzige Möglichkeit bietet vorherzusagen, wie Licht sich in einer gegebenen Situation verhält). In der Zwischenzeit können wir auf der Basis dessen, was wir wissen, kluge Entscheidungen über unsere Lebensweise treffen und neue Arzneien entwerfen, die gegen Infektionen, Krebs, Autoimmunkrankheiten und andere Leiden helfen. Doch der Tod wird nicht aufzuhalten sein, und das Paradies ist nicht garantiert. Ab hier müssen wir sorgsam voranschreiten, genau darüber nachdenken, was wir eigentlich behandeln wollten. Nicht alle Gehörlosen möchten der hörenden Welt angehören. Und wie schockierend ist es heutzutage zu wissen, dass man Homosexualität im England der 1950er und 1960er Jahre als Krankheit betrachtet hat, die man mit Östrogen und Elektroschocks behandeln muss. Naturwissenschaft ist vieles, aber es gibt ein paar Dinge, zu denen sie nicht verkommen darf: Sie darf sich nie zu einer wie auch immer gearteten vermeintlichen Perfektion des menschlichen Körpers missbrauchen lassen.

Für mich und, wie ich annehme, viele andere auch, gibt es noch etwas anderes, das wir aus dem Ergründen von Einzelheiten mitnehmen. Wir sehen uns als das, was wir wirklich sind, und das befreit uns aus dem Gefängnis der Engstirnigkeit. Ein entscheidender Aspekt an allen Naturwissenschaften – ihrem Wissen und ihrem Weg – ist die Flucht nach vorn.

DANK

Mein ganz besonderer Dank gilt all denen, die ich für dieses Buch zu sprechen die Ehre hatte, unter anderem: Arne Akbar, Bruce Beutler, Jeffrey Bluestone, Leslie Brent, Brian Crucian, Kathryn Else, Marc Feldmann, Jordan Gutterman, Jules Hoffmann, Matthew Krummel, Lewis Lanier, Bruno Lemaitre, Janet Lord, Andrew Loudon, Andrew MacDonald, Ravinder Maini, Ofer Mandelboim, Polly Matzinger, Ruslan Medzhitov, Werner Müller, Christian Münz, Luke O'Neill, Peter Openshaw, Fiona Powrie, David Ray, Akhilesh Reddy, Shimon Sakaguchi, Mark Travis, Jan Vilček, Eric Vivier, Santiago Zelenay.

Außerdem stehe ich bei vielen anderen in der Schuld, die mir beim Schreiben geholfen haben, bestimmte Themen auszuarbeiten, dazu zählen: Walter Bodmer, Thiago Carvalho, Matthew Cobb, Alasdair Coles, Francesco Colucci, Stephen Eyre, Leroy Hood, Jonathan Howard, Tracy Hussell, John Inglis, Pippa Kennedy, Philippa Marrack, Steve Marsh, David Morgan, Vern Paetkau, Eleanor Riley, Christopher Rudd, David Sansom, Matthew Scharff, Kendall Smith, Robert Sinden, Jan Witkowski. Ich bin all denen unglaublich dankbar, die sich zu den frühen Versionen des Textes oder Teilen davon geäußert haben, darunter: Veronica Bartles, Doreen Cantrell, George Cohen, Mark Coles, Siamon Gordon, Salim Khakoo, Andrew MacDonald und Ofer Mandelboim. Sehr wichtig an dieser Stelle: Für alle verbliebenen Fehler bin allein ich verantwortlich.

Ich danke meinen Eltern Marilyn and Gerald Davis für ihre immerwährende Unterstützung. Ein Dankeschön auch an Matthew

Cobb, Armand Leroi und Peter Parham für ihre Ermunterung und alle Mitglieder meiner Arbeitsgruppe, die mein Denken über viele Jahre geprägt haben. Des Weiteren danke ich der Leitung der University of Manchester, unter anderem Nancy Rothwell, Martin Humphries, Ian Greer und Tracy Hussell, dazu anderen, die mir in früheren Jahren am Imperial College London zur Seite standen, unter anderen Maggie Dallman, Murray Selkirk und Ian Owens, die es verstanden, ein Umfeld zu kreieren, das es mir möglich gemacht hat, das Immunsystem zu untersuchen und darüber zu schreiben. Dank auch an Jack Strominger, in dessen Labor an der Harvard University ich angefangen habe, am Immunsystem zu arbeiten.

Mein Lektor Will Hammond bei Bodley Head hatte wunderbaren und wichtigen Einfluss auf dieses Buch, seine Gestalt insgesamt und auf die endgültige Version des Textes. Ich danke auch David Milner, der den Text mit großer Sachkunde redigierte. Caroline Hardman, meine Literaturagentin von Hardman and Swainson, war vom ersten Augenblick an ungeheuer hilfsbereit. Vor allem aber danke ich meiner Frau Katie und unseren Kindern Briony und Jack dafür, dass sie diesen Weg mitgegangen sind.

ANMERKUNGEN

Überblick

1 Dieses Interview ist Teil der BBC Fernsehsendung *The Pleasure of Finding Things Out* im Rahmen der Fernsehserie *Horizon*, online einzusehen unter: http://www.bbc.co.uk/iplayer/episode/p018dvyg/horizon-19811982-9-the-pleasure-of-finding-things-out. Eine Niederschrift des Interviews findet sich in Jeffrey Robbins (Hrsg.), *The Pleasure of Finding Things Out: The Best Short Works of Richard P. Feynman* (Penguin, 2001), deutsche Ausgabe: *Es ist so einfach: vom Vergnügen, Dinge zu entdecken*, München, Zürich, 2001 – aber einer Niederschrift fehlt einfach Feynmans mitreißende Redegabe. Feynmans Lebensgeschichte ist wunderbar eingefangen in: James Gleick, *Genius: Richard Feynman and Modern Physics* (Abacus, 1992), deutsche Ausgabe: *Richard Feynman. Leben und Werk des genialen Physikers*, München, 1993.

2 Irwin, M. R., »Why sleep is important for health: a psychoneuroimmunology perspective«, *Annual Review of Psychology 66*, S. 143–172 (2015).

3 Dorshkind, K., Montecino-Rodriguez, E. und Signer, R. A., »The ageing immune system: is it ever too old to become young again?«, *Nature Reviews Immunology 9*, S. 57–62 (2009).

TEIL EINS
Gezeitenwechsel in der Immunologie

I Schmutzige kleine Geheimnisse

1 Bilalić, M., McLeod, P. und Gobet, F., »Inflexibility of experts – reality or myth? Quantifying the Einstellung effect in chess masters«, *Cognitive Psychology 56*, S. 73–102 (2008).

2 Es gibt viele Experimente, die den »Einstellungseffekt« belegen – er bildet ein eigenes Forschungsgebiet. Eine sehr gute Einführung hierzu geben Bilalić, M. und McLeod, P., »Why good thoughts block better ones«, *Scientific American, 310*, S. 74–79, März 2014.

3 Matzinger, P., »Charles Janeway, Jr, Obituary«, *Journal of Clinical Investigation 112*, S. 2 (2003).

4 Gayed, P. M., »Toward a modern synthesis of immunity: Charles A. Janeway Jr and the immunologist's dirty little secret«, *Yale Journal of Biology and Medicine 84*, S. 131–138 (2011).
5 Janeway, C. A., Jr, »A trip through my life with an immunological theme«, *Annual Review of Immunology 20*, S. 1–28 (2002).
6 Ebenda.
7 *State of the world's vaccines and immunization* (3. Auflage, World Health Organization Press, 2009).
8 Eine frühe Form des Impfens durch das kontrollierte Einbringen von Krankheitserregern bezeichnet man als Inokulation oder Variolation. Bei der Vakzination hingegen wird der Erreger vorher abgeschwächt oder abgetötet.
9 Rhodes, J., *The End of Plagues: The Global Battle against Infectious Disease* (Palgrave Macmillan, 2013); De Gregorio, E. und Rappuoli, R., »From empiricism to rational design: a personal perspective of the evolution of vaccine development«, *Nature Reviews Immunology 14*, S. 505–514 (2014).
10 Silverstein, A. M., *A History of Immunology* (2. Auflage, Academic Press, 2009).
11 Ein kurzer Abriss zur Geschichte der Royal Society findet sich online unter: http://royalsociety.org/about-us/history/
12 Mead, R., *A Discourse on the Small Pox and Measles* (John Brindley, 1748). Dieses Buch stammt von Richard Mead, jenem berühmten Londoner Arzt, der 1721 die Inokulation der Gefängnisinsassen durchgeführt hat. Der Bericht über das königliche Experiment findet sich in Kapitel 5.
13 Bevor sie der Impfung ihrer eigenen Kinder zustimmte, ließ die Prinzessin von Wales fünf Waisenkinder impfen und bezahlte dafür. Der Test an Gefängnisinsassen war an Erwachsenen durchgeführt worden, und sie hielt es für wichtig, das Verfahren zunächst an Kindern zu testen.
14 Man sollte nie vergessen, wie sehr Berühmtheiten die öffentliche Meinung unabhängig von der herrschenden Lehrmeinung maßgebender wissenschaftlicher Einrichtungen zu beeinflussen vermögen. Ein gutes Beispiel in diesem Zusammenhang ist Jenny McCarthy, einstiges *Playboy*-Model und Partnerin des Schauspielers Jim Carrey, die vor zehn Jahren behauptet hat, ihr Sohn Evan sei infolge einer Impfung zum Autisten geworden. Ihre Aussagen fanden in den Jahren 2007 bis 2009 ein riesiges Publikum, unter anderem durch einen Auftritt bei Oprah Winfrey. Ihre persönliche Darstellung ist hoch emotional, sie steht auf dem Standpunkt: »Meine Wissenschaft ist Evan. Er ist zu Hause. Das ist meine Wissenschaft« und hat bereits mehrere Bücher geschrieben, unter anderem *Louder than Words: A Mother's Journey in Healing Autism* (Plume, 2008). Ihre Geschichte wird auch diskutiert in Mark A. Largent, *Vaccine: The Debate in Modern America* (Johns Hopkins University Press, 2012), S. 138–148.
15 Silverstein.
16 Jenner, E., *An Inquiry Into the Causes and Effects of the Variolae Vaccinae: A disease discovered in some of the Western Counties of England, particularly Gloucestershire, and known by the name of the cow pox* (1798). Dieser Meilenstein von einem Text

ist vielfach publiziert worden, er ist im Internet in ganzer Länge frei verfügbar unter: http://www.bartleby.com/38/4/1.html

17 Der Begriff Vakzin oder Vakzine wurde von dem Chirurgen Richard Dunning geprägt. Die Verallgemeinerung auf andere Immunisierungen als die mit Kuhpockenviren zum Schutz vor Pockeninfektionen wird Louis Pasteur (1822–1895) zugeschrieben.

18 Dass Pocken weltweit bekämpft wurden, war ein großes Glück. »Das vermutlich Schlimmste, was im Zusammenhang mit Malaria in den armen Ländern passierte«, schrieb die Journalistin Tina Rosenberg in Eula Biss' faszinierendem Buch über das Impfen, »war deren Ausrottung in den reichen.« In: Eula Biss, *On Immunity* (Graywolf Press, 2014), S. 44. Deutsche Ausgabe: *Immun : über das Impfen – von Zweifel, Angst und Verantwortung*, München, 2016.

19 Rhodes.

20 In den 1920er Jahren noch nicht bekannt, 1989 jedoch gut belegt, war der Umstand, dass das Immunsystem sehr früh lernt, woraus unser Körper besteht, so dass es ab dann bereit ist, alles andere anzugreifen. Ich habe darüber in meinem ersten Buch mehr geschrieben: *The Compatibility Gene* (Allen Lane, 2013).

21 Oakley, C. L., »Alexander Thomas Glenny. 1882–1965«, *Biographical Memoirs of Fellows of the Royal Society 12*, S. 162–180 (1966).

22 Oakley, C. L., »A. T. Glenny«, *Nature 211*, S. 1130 (1966).

23 Ebenda.

24 Der in einem besonders konservativ-christlichen Haushalt aufgewachsene Glenny hatte neben seiner Arbeit nur sehr wenige Interessen.

25 Marrack, P., McKee, A. S. und Munks, M. W., »Towards an understanding of the adjuvant action of aluminium«, *Nature Reviews Immunology 9*, S. 287–293 (2009).

26 Gura, T., »The Toll Road«, *Yale Medicine 36*, S. 28–36 (2002).

27 Die Cold Spring Harbor Symposia on Quantitative Biology sind eine Konferenzreihe, die seit 1933 besteht. Viele bekannte Wissenschaftler waren bei dem Meeting von 1989 zugegen, unter anderen Tasuku Honjo, Leroy Hood, John Inglis, Richard Klausner, Fritz Melchers, Gustav Nossal und Rolf Zinkernagel. Zwanzig Fotos von dem Treffen sind online zu sehen unter: http://libgallery.cshl.edu/items/browse/tag/Immunological+Recognition. John Inglis, der geschäftsführende Direktor von Cold Spring Harbor Press, hat mir (in einer E-Mail vom 25. März 2015) berichtet, dass Janeway ihm seiner Erinnerung nach seinen Beitrag nach dem Ende der Veranstaltung habe zukommen lassen mit der Bitte, ihn in die Sammelbände aufzunehmen. Er habe keinen öffentlichen Vortrag über das Thema gehalten. Möglicherweise hat er nur informell mit ein paar Leuten geredet.

28 Janeway, C. A., Jr, »Approaching the asymptote? Evolution and revolution in immunology«, *Cold Spring Harbor Symposia on Quantitative Biology 54, Bd. 1*, S. 1–13 (1989).

29 Ebenda.

30 Manche Wissenschaftler mögen den Begriff »Mustererkennung« nicht, weil diese Art von Interaktion zwischen einem Protein und einem anderen Molekül normalerweise als molekulare Erkennung bezeichnet wird. Der Begriff Musterkennungsrezeptor ist aber nach wie vor gang und gäbe.

31 Charles Janeway veröffentlichte sein Lehrbuch *Immunobiology* erstmals 1994 zusammen mit seinem Kollegen Paul Travers. Diese und alle folgenden Ausgaben waren ein ungeheurer Erfolg. Die 9. Auflage – inzwischen heißt das Werk *Janeway's Immunobiology* – kam 2016 heraus, überarbeitet von Kenneth Murphy und Casey Weaver. Deutsche Erstausgabe: *Immunologie*, Heidelberg, Berlin, 1997.

32 George Bernard Shaw am 28. Oktober 1930 bei einem Abendessen in London zu Ehren Albert Einsteins. Auszüge aus seiner Rede finden sich in Michael Holroyd, »Albert Einstein, Universe Maker«, *New York Times*, 14. März 1991.

33 $3 \times 100^4 = 3 \times 10^8$.

34 Zweiundsiebzig Teilungen in vierundzwanzig Stunden (alle zwanzig Minuten) ergeben 2^{72} Tochterzellen.

35 Im Prinzip bedeutet das, dass der Prozess der Evolution durch natürliche Selektion bei Viren sehr viel rascher abläuft als bei uns. Bei manchen Viren ist überdies die Häufigkeit, mit der es zu genetischen Variationen kommt, sehr viel höher als bei uns (weil der Apparat, der das Viruserbgut kopiert, nachlässiger arbeitet als bei uns), was bei Viren mehr oder weniger unerheblich ist, weil ein einzelnes defektes Nachkommenvirus insgesamt gesehen wenig Schaden anrichtet.

36 Janeway (1989).

37 E-Mail-Korrespondenz mit Leroy Hood (10. Februar 2015) beziehungsweise Jonathan Howard (12. Februar 2015).

38 Janeway (1989).

39 Medzhitov, R., »Pattern recognition theory and the launch of modern innate immunity«, *The Journal of Immunology 191*, S. 4473–4474 (2013).

40 Gespräch mit Ruslan Medzhitov, 31. März 2015.

41 Ebenda.

42 Ebenda.

43 Gura.

44 Gespräch mit Ruslan Medzhitov, 31. März 2015.

45 Ebenda.

46 Dahl, R., *The Minpins* (Puffin, 1991). Deutsche Ausgabe: *Das Konrädchen bei den Klitzekleinen*, Hamburg, 1992.

47 McKie, R., »Six Nobel prizes – what's the fascination with the fruit fly?«, *Observer* vom 8. Oktober 2017. Online verfügbar unter: https://www.theguardian.com/science/2017/oct/07/fruit-fly-fascination-nobel-prizes-genetics.

48 Gespräch mit Jules Hoffmann, 7. April 2015.

49 Von besonderer Inspiration für Hoffmann – und andere – waren Hans Bomans Arbeiten in den 1970er und Anfang der 1980er Jahre, die in der Entdeckung

antibakterieller Peptide im größten heimischen Pfauenspinner *Hyalophora cecropia* gipfelten. Seither wurden in Säugetieren mehr als 700 verschiedene antimikrobielle Peptide isoliert, Genaueres dazu bei Jack L. Strominger in *The Journal of Immunology 182*, S. 6633–6634 (2009). Hans Boman starb am 3. Dezember 2008.

50 Fehlbaum, P., et al., »Insect immunity. Septic injury of Drosophila induces the synthesis of a potent antifungal peptide with sequence homology to plant antifungal peptides«, *Journal of Biological Chemistry 269*, S. 33159–33163 (1994).

51 O'Neill, L. A., Golenbock, D. und Bowie, A. G., »The history of toll-like receptors – redefining innate immunity«, *Nature Reviews Immunology 13*, S. 453–460 (2013). Dieser fachkundige und wichtige Artikel beschreibt in aller Ausführlichkeit die Abfolge der Ereignisse, die zur Entdeckung der Toll-like-Rezeptoren geführt hat.

52 Lemaitre, B., »The road to toll«, *Nature Reviews Immunology 4*, S. 521–527 (2004).

53 Lemaitre, B., Nicolas, E., Michaut, L., Reichhart, J. M. und Hoffmann, J. A., »The dorsoventral regulatory gene cassette spätzle / Toll / cactus controls the potent antifungal response in Drosophila adults«, *Cell 86*, S. 973–983 (1996).

54 Die drei Gutachten zu diesem Artikel in der Wissenschaftszeitschrift *Cell* wurden vom Erstautor Bruno Lemaitre online archiviert. Es ist interessant, dass alle drei Reviews trotz allem durchaus ermutigend waren, auch wenn wie fast bei jedem Gutachten durch Fachkollegen jeder Gutachter ein paar zusätzliche Experimente forderte, bevor er die Arbeit für veröffentlichungswürdig hielt. Die Gutachten sind einzusehen unter: http: / / www.behinddiscoveries.com / toll / resources.

55 Gespräch mit Jules Hoffmann, 7. April 2015.

56 Ebenda.

57 Man kann sicher davon ausgehen, dass Medzhitov die Daten bereits in Händen hielt. Aus anderen Immunrezeptor-Signalwegen (über IL-1 und TNF) gab es Hinweise, wonach man suchen musste. Bei meinem Versuch, etwas mehr Licht in die Sache zu bringen, erklärte ein unparteiischer Immunologe: »Weißt du, Dan, das Ganze ist ein bisschen sehr nebulös.«

58 Medzhitov, R., Preston-Hurlburt, P. und Janeway, C. A., Jr., »A human homologue of the drosophila toll protein signals activation of adaptive immunity«, *Nature 388*, S. 394–397 (1997).

59 Es ist in diesem Zusammenhang wichtig anzumerken, dass Barbara Baker ihre Forschungen am Tabak-N-Gen, einem Teil des pflanzlichen Immunsystems, begonnen hatte, bevor die hier besprochene Arbeit an Fliegen ihren Lauf nahm. Bakers Forschungen haben sogar Ähnlichkeiten im angeborenen Immunsystem von Pflanzen und Säugetieren aufgezeigt.

60 Gespräch mit Bruce Beutler, 21. April 2015.

61 Eine kurze Autobiographie Beutlers findet sich online unter http: / / www. nobelprize.org / nobel_prizes / medicine / laureates / 2011 / beutler-bio.html.

62 Gespräch mit Bruce Beutler, 21. April 2015.

63 Ebenda.
64 Ebenda.
65 Beutlers Großeltern waren in die USA ausgewandert, um der Judenverfolgung in Europa zu entgehen. Der Antisemitismus prägte Leben und Haltung der Familie, und in autobiographischen Anmerkungen, die sich im Archiv des Nobelpreiskomitees finden, berichtet Beutler, dass »wir vermutlich deshalb alle das Gefühl hatten, besonders gut sein zu müssen, und zu zeigen, dass wir so gut waren wie die anderen Kinder in unseren Schulen«.
66 Beutler Nobel-Autobiographie.
67 Ebenda.
68 Poltorak, A., et al., »Defective LPS signaling in C3H/HeJ and C57BL/10ScCr mice: mutations in Tlr4 gene«, *Science 282*, S. 2085–2088 (1998).
69 O'Neill (2013).
70 Qureshi, S. T., et al., »Endotoxin-tolerant mice have mutations in toll-like receptor 4 (Tlr4)«, *The Journal of Experimental Medicine 189*, S. 615–625 (1999).
71 Hoshino, K., et al., »Cutting edge: toll-like receptor 4 (TLR4)-deficient mice are hyporesponsive to lipopolysaccharide: evidence for TLR4 as the Lps gene product«, *The Journal of Immunology 162*, S. 3749–3752 (1999).
72 Beutler erinnert sich, dass er die Nachricht in einem Telefonat mit Adam Smith, dem Chefherausgeber von Nobel Media, erfahren hat, aufgezeichnet an dem Tag, an dem der Preis verkündet wurde, am 3. Oktober 2011: http://www.nobelprize.org/mediaplayer/index.php?id=1632
73 Allison, J. P., Benoist, C. und Chervonsky, A. V., »Nobels: Toll pioneers deserve recognition«, *Nature 479*, S. 178 (2011).
74 Paul, W. E. und Germain, R. N., »Obituary: Charles A. Janeway Jr (1943–2003)«, *Nature 423*, S. 237 (2003).
75 Paul, W. E., »Endless fascination«, *Annual Review of Immunology 32*, S. 1–24 (2014).
76 Gespräch mit Ruslan Medzhitov, 31. März 2015.
77 Gespräch mit Jules Hoffmann, 7. April 2015.
78 Ezekowitz, A., et al., »Lawrence's book review unfair to Hoffmann«, *Current Biology 22*, R482 (2012).
79 Lemaitre, B., *An Essay on Science and Narcissism: How Do High-Ego Personalities Drive Research in Life Sciences?* (Copy Media, 2016).
80 Cyranoski, D., »Profile: Innate ability«, *Nature 450*, 475–477 (2007).
81 Es ist nicht klar, warum Insekten beispielsweise kein so komplexes Immunsystem wie wir haben oder brauchen. Manche Erklärungen bringen Körpergröße oder Lebensspanne ins Spiel oder auch die Vermutung, dass sich das komplexere Immunsystem mit einer komplexeren Anatomie automatisch entwickelt hat.
82 Die Überlegung stammt von Rolf Zinkernagel, vorgetragen auf der 64. Lindauer Nobelpreisträgertagung am 1. Juli 2014, und wurde von Jules Hoffmann in einem auf dieser Tagung aufgezeichneten Interview wiedergegeben.

Das Gespräch ist online verfügbar unter: https://www.dw.com/de/welche-bedeutung-hat-die-entwicklung-von-impfstoffen-f%C3%BCr-die-medizin-der-zukunft/av-17758421
83 Gespräch mit Jules Hoffmann, 7. April 2015.
84 Rees, M., *Our Final Century* (William Heinemann, 2003).
85 Marrack et al.
86 De Gregorio & Rappuoli.
87 Nobel-Autobiographie Beutlers.
88 Gespräch mit Luke O'Neill, 16. März 2016.
89 Gespräch mit Ruslan Medzhitov, 31. März 2015.

2 Die Alarmzelle

1 Koestler, A., *The Act of Creation* (Hutchinson, 1964), auf Deutsch erschienen als *Der göttliche Funke*, Bern, München, Wien, 1966, S. 149.
2 Nussenzweig, M. C. und Mellman, I., »Ralph Steinman (1943–2011)«, *Nature 478*, S. 460 (2011).
3 Steinman, R. M., »Dendritic cells: understanding immunogenicity«, *European Journal of Immunology 37 Suppl 1*, S53–60 (2007).
4 Steinman, R. M. und Cohn, Z. A., »The interaction of soluble horseradish peroxidase with mouse peritoneal macrophages in vitro«, *The Journal of Cell Biology 55*, S. 186–204 (1972).
5 Mosier, D. E., »A requirement for two cell types for antibody formation in vitro«, *Science 158*, S. 1573–1575 (1967). Dies ist die erste Veröffentlichung, die die Notwendigkeit der sogenannten akzessorischen Zellen bei einer Immunreaktion belegt. Die Beobachtung wurde an Maus-Immunzellen und deren Reaktion auf rote Blutzellen vom Schaf gemacht.
6 Jolles, S., »Paul Langerhans«, *Journal of Clinical Pathology 55*, S. 243 (2002). Langerhans, P., *Archiv für pathologische Anatomie und Physiologie und für klinische Medicin*, September 1868, Bd. 44, S. 325–337, online verfügbar unter: https://doi.org/10.1007/BF01959006
7 Steinman, R. M. und Cohn, Z. A., »Identification of a novel cell type in peripheral lymphoid organs of mice. I. Morphology, quantitation, tissue distribution«, *The Journal of Experimental Medicine 137*, S. 1142–1162 (1973).
8 Simons, D. J. und Chabris, C. F., »Gorillas in our midst: sustained inattentional blindness for dynamic events«, *Perception 28*, S. 1059–1071 (1999).
9 Das Video über den unsichtbaren Gorilla ist online verfügbar unter: http://www.theinvisiblegorilla.com/gorilla_experiment.html
10 Drew, T., Vo, M. L. und Wolfe, J. M., »The invisible gorilla strikes again: sustained inattentional blindness in expert observers«, *Psychological Science 24*, S. 1848–1853 (2013).

11 Snyder, L. J., *Eye of the Beholder: Johannes Vermeer, Antoni van Leeuwenhoek, and the Reinvention of Seeing* (W. W. Norton, 2015).

12 Lindquist, R. L., et al., »Visualizing dendritic cell networks in vivo«, *Nature Immunology 5*, S. 1243–1250 (2004).

13 Aus welcher Quelle das Zitat stammt, ist nicht klar. Albert Szent-Györgyi verwendet es in seinem Buch *Bioenergetics* von 1957, setzte es aber in Anführungszeichen, so dass man davon ausgehen muss, dass er es irgendwo gefunden hat. Szent-Györgyi erhielt 1937 den Nobelpreis für Physiologie oder Medizin.

14 Steinman, R. M., »Endocytosis and the discovery of dendritic cells« in Moberg, C. L. (Hrsg.), *Entering an Unseen World* (Rockefeller University Press, 2012).

15 Pollack, A., »George Palade, Nobel Winner for Work Inspiring Modern Cell Biology, Dies at 95«, *New York Times*, 9. Oktober 2008.

16 Porter, K. R., Claude, A. und Fulham, E. F., »A Study of Tissue Culture Cells by Electron Microscopy: Methods and Preliminary Observations«, *The Journal of Experimental Medicine 81*, S. 233–246 (1945).

17 Moberg, C. L., *Entering an Unseen World: A Founding Laboratory and Origins of Modern Cell Biology 1910–1974* (Rockefeller University Press, 2012).

18 Steinman, R. M., »Dendritic cells: from the fabric of immunology«, *Clinical and Investigative Medicine 27*, S. 231–236 (2004).

19 Dan Woog befragte Steinmans Kinder für seinen Artikel »Remembering Ralph Steinman«, online erschienen in einem Blogeintrag vom 26. Oktober 2011, nachzulesen unter: http://06880danwoog.com/2011/10/26/remembering-ralph-steinman/

20 Albert Claude hatte bereits früher mittels einer Zentrifuge verschiedene Zellbestandteile aufgetrennt. Seine ersten Versuche datieren von 1937, und im Jahr 1941 brachte er es zu einer Auftrennung von vier Zellfraktionen. Claude war Mitpreisträger des Nobelpreises für Physiologie oder Medizin von 1974, zusammen mit Palade und de Duve. Der schwedische Wissenschaftler Theodor Svedberg hatte der wissenschaftlichen Nutzung des Zentrifugierens bereits einige Zeit davor mit der Auftrennung verschiedener Proteinmoleküle den Weg bereitet. Svedberg war 1926 der Nobelpreis für Chemie zuerkannt worden.

21 De Duve, C., »Exploring cells with a centrifuge« (Nobel-Vortrag, 1974). Online verfügbar unter: https://www.nobelprize.org/prizes/medicine/1974/duve/lecture/

22 Nussenzweig, M. C., »Ralph Steinman and the discovery of dendritic cells« (Nobelpreisvortrag 2011). Online verfügbar unter: https://www.nobelprize.org/prizes/medicine/2011/steinman/lecture/

23 Gordon, S., »Elie Metchnikoff: father of natural immunity«, *European Journal of Immunology 38*, S. 3257–3264 (2008).

24 Metchnikoff, I., »Nobel Lecture 1908« in *Nobel Lectures in Physiology or Medicine 1901–1921* (Elsevier, 1967).

25 Vikhanski, L., *Immunity: How Elie Metchnikoff Changed the Course of Modern Medicine* (Chicago Review Press, 2016).

26 Metchnikoff, O., *Life of Elie Metchnikoff* (aus dem Französischen) (Houghton Mifflin Company, 1921).

27 Metchnikoff (1967).

28 Vikhanski.

29 Ebenda.

30 Ambrose, C. T., »The Osler slide, a demonstration of phagocytosis from 1876 Reports of phagocytosis before Metchnikoff's 1880 paper«, *Cellular Immunology 240*, S. 1–4 (2006).

31 Paul, W. E., »Bridging innate and adaptive immunity«, *Cell 147*, S. 1212–1215 (2011).

32 Tirrell, M., Langreth, R. und Flinn, R., »Nobel laureate treating own cancer dies before award announced«, *Bloomberg Business* (4. Oktober 2011). Online verfügbar unter: http://www.bloomberg.com/news/articles/2011-10-03/nobel-laureate-ralph-steinman-dies-3-days-before-prize-announced

33 Guy Raz im Interview mit Adam Steinman, dem Sohn von Ralph Steinman, gesendet auf National Public Radio am 3. Oktober 2011. Online verfügbar unter: http://www.npr.org/2011/10/03/141019170/son-of-nobel-winner-remembers-his-father

34 Nussenzweig, M. C. und Steinman, R. M., »Contribution of dendritic cells to stimulation of the murine syngeneic mixed leukocyte reaction«, *The Journal of Experimental Medicine 151*, S. 1196–1212 (1980); Nussenzweig, M. C., Steinman, R. M., Gutchinov, B. und Cohn, Z. A., »Dendritic cells are accessory cells for the development of anti-trinitrophenyl cytotoxic T lymphocytes«, *The Journal of Experimental Medicine 152*, S. 1070–1084 (1980).

35 Nussenzweig, M. C., Steinman, R. M., Witmer, M. D. und Gutchinov, B., »A monoclonal antibody specific for mouse dendritic cells«, *Proceedings of the National Academy of Sciences USA 79*, S. 161–165 (1982).

36 Van Voorhis, W. C., et al., »Relative efficacy of human monocytes and dendritic cells as accessory cells for T cell replication«, *The Journal of Experimental Medicine 158*, S. 174–191 (1983); Steinman, R. M., Gutchinov, B., Witmer, M. D. und Nussenzweig, M. C., »Dendritic cells are the principal stimulators of the primary mixed leukocyte reaction in mice«, *The Journal of Experimental Medicine 157*, S. 613–627 (1983). In den Experimenten, über die er in diesen Artikeln berichtet, untersuchte Steinman verschiedene Formen von Immunreaktionen, unter anderem auch, was geschieht, wenn man Blutzellen von verschiedenen Personen miteinander vermischt. Eine solche Situation kann sich beispielsweise bei einer Knochenmarktransplantation ergeben, wenn die genetische Beschaffenheit von Spender und Empfänger nicht sehr gut zueinander passen. Die Stärke der Immunreaktion lässt sich auf verschiedene Weise verfolgen, unter anderem kann man untersuchen, wie gut die Immunzellen sich vermehren. Steinmans Arbeitsgruppe zeigte, dass die dendritischen Zellen im Vergleich zu allen anderen Immunzellen mindestens 100–300-mal so effizient darin waren, eine solche Art von Immunreaktion auszulösen.

37 Van Voorhis, W. C., Hair, L. S., Steinman, R. M. und Kaplan, G., »Human dendritic cells. Enrichment and characterization from peripheral blood«, *The Journal of Experimental Medicine 155*, S. 1172–1187 (1982).

38 Steinman (2004). Wie viele Wissenschaftler, die in Ralph Steinmans Labor ihre Lehrjahre verbracht haben, hat auch Gerold Schuler eine höchst erfolgreiche Berufslaufbahn vorzuweisen. Er wurde Abteilungsleiter am Universitätsklinikum Erlangen und hat einen großen Beitrag zur Erforschung einer potentiellen medizinischen Nutzung von dendritischen Zellen geleistet.

39 Schuler, G. und Steinman, R. M., »Murine epidermal Langerhans cells mature into potent immunostimulatory dendritic cells in vitro«, *The Journal of Experimental Medicine 161*, S. 526–546 (1985).

40 Heutzutage kommen auf jeder Tagung zum Thema dendritische Zellen um die 1000 Teilnehmer zusammen. Die erste Konferenz fand 1990 in Japan statt, damals als eine Art Nebenschauplatz einer anderen Tagung. Die zweite, abgehalten 1992 in den Niederlanden, war bereits eigens dem Thema dendritische Zellen gewidmet. Bei dieser zweiten Tagung kamen 220 Teilnehmer zusammen und es gab fünfzehn geladene Referenten.

41 T-Zellen mit Rezeptoren, die eine Reaktion gegen gesunde Zellen auslösen könnten, werden (im Thymus) abgetötet, so dass die T-Zellen in den Lymphknoten nicht gegen Bestandteile des eigenen Körpers reagieren.

42 Kapsenberg, M. L., »Dendritic-cell control of pathogen-driven T-cell polarization«, *Nature Reviews Immunology 3*, S. 984–993 (2003).

43 Parasiten erfahren oftmals weit weniger Aufmerksamkeit als beispielsweise Krebs oder HIV, aber für über eine Milliarde Menschen sind sie ein massives Problem. Sie verursachen große soziale und wirtschaftliche Schwierigkeiten und halten ganze Länder in Armut gefangen.

44 Anthony, R. M., Rutitzky, L. I., Urban, J. F., Jr, Stadecker, M. J. und Gause, W. C., »Protective immune mechanisms in helminth infection«, *Nature Reviews Immunology 7*, S. 975–979 (2007).

45 Reis e Sousa, C., »Dendritic cells in a mature age«, *Nature Reviews Immunology 6*, S. 476–483 (2006). Ich habe hier die Grundprinzipien der Funktion von dendritischen Zellen bei der Entstehung einer Immunreaktion im Großen und Ganzen zusammengefasst, aber es gibt jede Menge Details und Ausnahmen, die in diesem klugen Artikel besprochen werden.

46 Lamott, A., *Bird by Bird: Some Instructions on Writing and Life* (Pantheon Books, 1994). Deutsche Ausgabe: *Bird by Bird – Wort für Wort. Anleitungen zum Schreiben und Leben als Schriftsteller*, Berlin, 2004.

47 Es gibt zwei Klassen von MHC-Proteinen: Klasse 1 und Klasse 2. Klasse-1-Proteine finden sich auf so gut wie allen Zellarten, Klasse-2-Proteine nur auf bestimmten Arten von Immunzellen – Letztere bezeichnet man als antigenpräsentierende Zellen. Makrophagen und dendritische Zellen gehören zu den antigenpräsentierenden Zellen, beide sind imstande, eine Immunantwort auszulösen, wobei die dendritischen Zellen die potentesten antigenpräsentierenden Zellen sind.

48 Davis, D. M., *The Compatibility Gene* (Allen Lane, 2013).

49 Ein weiteres Signal, welches das Verhalten von Immunzellen steuert, kommt in Gestalt löslicher Faktoren – der Zytokine. Über sie wird in Kapitel 3 näher zu reden sein.

50 Die Co-Stimulation von T-Zellen ist ein hochkomplexes eigenes Forschungsgebiet. Genaueres zu dem Thema findet sich in Chen, L. und Flies, D. B., »Molecular mechanisms of T cell co-stimulation and co-inhibition«, *Nature Reviews Immunology 13*, S. 227–242 (2013).

51 Wie bei so vielem in der Immunologie gibt es auch zu dieser Aussage Ausnahmen. Eben diese »costimulatorischen Proteine« können auch inhibitorische Rezeptoren auf T-Zellen besetzen, um diese abzuschalten. Man glaubt, dass dies dazu dient, die Immunreaktion nach einer gewissen Zeit zurückzufahren. Mit anderen Worten: die costimulatorischen Proteine tragen anfänglich dazu bei, T-Zellen zu aktivieren, aber zu gegebener Zeit sind sie auch daran beteiligt, T-Zellen abzuschalten, wenn eine Immunreaktion nicht mehr gebraucht wird.

52 Ralph Steinman erinnert sich an seine Motivation zu dieser Arbeit an dendritischen Zellen in einem Interview für die Zeitschrift *Immunological Reviews* vom März 2010. Es ist online verfügbar unter: https://www.youtube.com/watch?v=BAn8wEpURtE

53 Kool, M., et al., »Cutting edge: alum adjuvant stimulates inflammatory dendritic cells through activation of the NALP3 inflammasome«, *The Journal of Immunology 181*, S. 3755–3759 (2008).

54 Gespräch mit Kayo Inaba nach der Verleihung des L'Oréal-UNESCO Award für den Asiatisch-Pazifischen Raum 2014. Video online verfügbar unter: https://youtube.com/watch?v=pd2tSDy8A3s

55 Vor ihrer Arbeit bei Steinman hatte sie sich in Japan bereits mit dendritischen Zellen befasst und unabhängig von ihm deren Fähigkeit entdeckt, Immunreaktionen auszulösen.

56 Inaba, K., Metlay, J. P., Crowley, M. T. und Steinman, R. M., »Dendritic cells pulsed with protein antigens in vitro can prime antigen-specific, MHC-restricted T cells in situ«, *The Journal of Experimental Medicine 172*, S. 631–640 (1990).

57 Im Jahr 2013 lag in Japan der Anteil an Frauen in der wissenschaftlichen Forschung bei 14 Prozent, im Vereinigten Königreich hingegen bei mehr als 30 Prozent, wie aus einem Bericht der Universität Kyoto hervorgeht: »Strengthening Japan's Research Capacity«, vom Gender Equality Promotion Center (zu Deutsch etwa Zentrum für die Gleichstellungsförderung) der Universität Kyoto, online verfügbar unter: https://www.kyoto-u.ac.jp/en/about/gender_equality/kyoto-university-gender-equality-promotion-center.html. Die Originalquelle der Daten ist in diesem Bericht angegeben mit: http://www.stat.go.jp/data/kagaku/kekka/topics/topics80.htm und leider nur auf Japanisch erhältlich. Das Thema wird auch in der *Japan Times* diskutiert, nachzulesen unter: http://www.japantimes.co.jp/news/2014/04/15/national/japans-scientists-just-14-female/#.VZ5fmcvbJaQ

58 Palucka, K. und Banchereau, J., »Cancer immunotherapy via dendritic cells«, *Nature Reviews Cancer 12*, S. 265–277 (2012).
59 Engber, D., »Is the cure for cancer inside you?«, *New York Times Magazine*, 21. Dezember 2012.
60 Das Problem ist: Wenn Sie versehentlich in Kontakt mit Ihren eigenen wie auch immer behandelten Blutzellen kommen, können diese Ihnen Probleme bereiten, während Blutzellen von jemand anderem normalerweise aufgrund der genetischen Verschiedenheit wie bei einem nicht kompatiblen Transplantat zerstört werden.
61 Steenhuysen, J. und Nichols, M., »Insight: Nobel winner's last big experiment: Himself«, *Reuters*, 6. Oktober 2011.
62 Engber.
63 Gravitz, L., »A fight for life that united a field«, *Nature 478*, S. 163–164 (2011).
64 Steenhuysen & Nichols.
65 Gravitz.
66 Steenhuysen & Nichols.
67 Engber.
68 Steenhuysen & Nichols.
69 Engber.
70 Ebenda.
71 Steinman (2011).
72 Gespräch mit Andrew MacDonald, 24. August 2015.
73 Tirrell et al.
74 Palucka & Banchereau.
75 Gespräch mit Christian Münz, 28. August 2015.
76 Ebenda.

3 Begrenzung und Kontrolle

1 Bresalier, M., »80 years ago today: MRC researchers discover viral cause of flu«, *Guardian*, 8. Juli 2013.
2 In Kapitel 2 von *The Compatibility Gene* (Allen Lane, 2013) habe ich detaillierter über Macfarlane Burnets Leben und Arbeit berichtet.
3 Watts, G., »Jean Lindenmann«, *Lancet 385*, S. 850 (2015).
4 Ebenda.
5 Es gibt jede Menge Orte, an denen eine wissenschaftliche Reise beginnen kann: Vieles fing an mit Aristoteles oder Darwin beispielsweise. Es gab bereits vor Lindenmann und Isaacs in verschiedenen Experimenten Hinweise auf die Existenz von Zytokinen, aber wegen der Gründlichkeit ihrer Arbeit und der Klarheit ihrer Überlegungen gelten sie gemeinhin als die Entdecker des ersten Zytokins.

6 Andrewes, C. H., »Alick Isaacs. 1921–1967«, *Biographical Memoirs of Fellows of the Royal Society 13*, S. 205–221 (1967).
7 Edelhart, M., *Interferon: The New Hope for Cancer* (Orbis, 1982).
8 Findlay, G. M. und MacCallum, F. O., »An interference phenomenon in relation to yellow fever and other viruses«, *Journal of Pathology and Bacteriology 44*, S. 405–424 (1937).
9 Sie verwendeten ein Virus, das sie durch Hitze inaktiviert hatten, so dass es nicht mehr für seine eigene Replikation sorgen konnte, und sogenannte Erythrozyten-»Geisterzellen«, das sind rote Blutkörperchen, aus denen man das eisenhaltige Hämoglobin entfernt hat, so dass die Zellen in elektronenmikroskopischen Aufnahmen durchsichtiger erscheinen.
10 Pieters, T., *Interferon: The Science and Selling of a Miracle Drug* (Routledge, 2005).
11 Lindenmann, J., »Preface« in Edelhart.
12 Isaacs, A. und Lindenmann, J., »Virus interference. I. The interferon«, *Proceedings of the Royal Society of London. Series B, Biological sciences 147*, S. 258–267 (1957); Isaacs, A., Lindenmann, J. und Valentine, R. C., »Virus interference. II. Some properties of interferon«, *Proceedings of the Royal Society of London. Series B, Biological sciences 147*, E. 268–73 (1957).
13 Pieters.
14 Eine berühmte Persönlichkeit unter den Wissenschaftlern, die die ersten Hinweise von Lindenmann und Isaacs auf Interferon anzweifelten, war der Amerikaner Howard Temin. Der Virusexperte teilte sich 1975 den Nobelpeis für Physiologie oder Medizin mit Renato Dulbecco und David Baltimore für die Entdeckung der reversen Transkriptase, ein für viele Viren wie zum Beispiel HIV entscheidend wichtiges Enzym. Mit seiner Entdeckung wurde ein lang gehegtes Dogma der Molekularbiologie widerlegt, das besagte, der Informationsweg gehe stets von der DNA zur RNA und nicht andersherum. Genau wie die Existenz des Interferons wurde auch die Existenz der reversen Transkriptase von vielen Wissenschaftlern zunächst angezweifelt.
15 Pieters.
16 Edelhart.
17 Pieters.
18 Hall, S. S., *A Commotion in the Blood: Life, Death, and the Immune System* (Henry Holt and Company, 1997).
19 Ebenda.
20 Gespräch mit Leslie Brent, 23. Oktober 2015.
21 Brent, L., »Susanna Isaacs Elmhirst obituary«, *Guardian*, 29. April 2010.
22 Hall.
23 Pieters.
24 Hall.
25 Isaacs, A. und Burke, D. C., »Interferon: A possible check to virus infections«, *New Scientist 4*, S. 109–111 (1958).

26 Derek Burke veröffentlichte seine Erinnerungen an die Interferonstory in einem Online-Artikel: »The Discovery of Interferon, the First Cytokine, by Alick Isaacs and Jean Lindenmann in 1957«, veröffentlicht am 14. Februar 2009, nachzulesen unter: http://brainimmune.com/the-discovery-of-interferon-the-first-cytokine-by-alick-isaacs-and-jean-lindenmann-in-1957/

27 Pieters.

28 Andrewes.

29 Cantell, K., *The Story of Interferon: The Ups and Downs in the Life of a Scientist* (World Scientific Publishing Co., 1998).

30 Hall.

31 Nur sehr wenige Viren können beim Menschen Krebs verursachen, unter anderem das menschliche Papillomvirus (HPV), das Epstein–Barr-Virus (EBV) und das menschliche T-lymphotrope Virus 1 (HTLV-1). Die meisten Menschen, die sich mit diesen Viren infizieren, erkranken allerdings nicht an Krebs.

32 Gresser, I. und Bourali, C., »Exogenous interferon and inducers of interferon in the treatment Balb-c mice inoculated with RC19 tumour cells«, *Nature 223*, S. 844–845 (1969).

33 Hall.

34 Gresser, I., »Production of interferon by suspensions of human leucocytes«, *Proceedings of the Society for Experimental Biology and Medicine 108*, S. 799–803 (1961).

35 Cantell.

36 Ebenda.

37 Ebenda.

38 Pieters.

39 Cantell.

40 Einmal wurde Cantell nach Kuba geflogen, wo er Fidel Castro traf, der ein kubanisches Forschungsinstitut begründete, das sich vor allem mit Interferon befassen sollte.

41 »The Big IF in Cancer«, *Time*, 31. März 1980.

42 Gespräch mit Jordan Gutterman, 18. Januar 2016.

43 Gutterman und Lasker telefonierten drei- bis viermal in der Woche miteinander. Einmal rief Lasker Gutterman gegen Mitternacht an und wollte mehr über Prostatakrebs erfahren. Gutterman schlief schon, wurde aber vom Klingeln geweckt und nahm den Hörer ab. »Sagen Sie mir, was Sie über Prostatakrebs wissen«, bat Lasker. Halb im Schlaf gab Gutterman zur Antwort: »Ist bei Männern häufiger.«

44 Cantell.

45 Hauptsächlich lag die Tatsache, dass Interferon so schwer aufzureinigen war, darin begründet, dass es nur in winzigen Mengen ausgeschüttet wird. Das trifft auf alle Zytokine zu, die schon in sehr geringen Mengen starke Wirkung zeigen.

46 Cantell.

47 Ebenda.

48 Herbert Boyer und Stanley Cohen berichteten 1973 erstmals über Bakterien, die die genetischen Informationen einer anderen Art enthielten. In ihrem Falle war den Bakterien ein Stück Frosch-DNA injiziert worden. Vor ihnen hatte Paul Berg 1972 DNA verschiedener Arten zu sogenannten rekombinanten DNA-Molekülen zusammengespannt. Boyer war einer der Mitbegründer des Biotechnologieunternehmens Genentech.

49 Humaninsulin, anfänglich auf dem Markt als Humulin, wurde von Eli Lilly in Lizenz hergestellt, Lizenzgeber war Genentech. Die Zulassung der FDA wurde fünf Monate nach Antragstellung erteilt, statt nach den üblichen zwanzig bis dreißig Monaten. Siehe dazu: Lawrence Altman, »A new insulin given approval for use in US«, *New York Times*, 30. Oktober 1982.

50 Hier kommt ein Enzym zum Einsatz, das den Namen reverse Transkriptase trägt und RNA in DNA zu übersetzen vermag, entdeckt wurde es von Howard Temin an der University of Wisconsin–Madison und unabhängig davon von David Baltimore am MIT; es handelt sich um denselben Howard Temin, der die Existenz von Interferon zu Beginn angezweifelt hatte.

51 Nagata, S., et al., »Synthesis in E. coli of a polypeptide with human leukocyte interferon activity«, *Nature 284*, S. 316–320 (1980).

52 Cantell.

53 Zu den weiteren Mitbegründern von Biogen gehören Phillip Sharp vom MIT und der Nobelpreisträger Walter Gilbert von der Harvard University.

54 Cantell.

55 Ebenda.

56 »The Big IF in Cancer«, *Time*, 31. März 1980.

57 Panem, S., *The Interferon Crusade* (Brookings Institution, 1984).

58 Dickson, D., »Deaths halt interferon trials in France«, *Science 218*, S. 772 (1982).

59 Panem.

60 Ahmed, S. und Rai, K. R., »Interferon in the treatment of hairy-cell leukemia«, *Best Practice and Research Clinical Haematology 16*, S. 69–81 (2003).

61 Taniguchi, T., Fujii-Kuriyama, Y. und Muramatsu, M., »Molecular cloning of human interferon cDNA«, *Proceedings of the National Academy of Sciences USA 77*, S. 4003–4006 (1980).

62 Sorg, C., »Lymphokines, monokines, cytokines«, *Chemical Immunology 49*, S. 82–89 (1990).

63 Gespräch mit Werner Müller, 11. Januar 2016.

64 Atwood, M., *Moral Disorder* (Bloomsbury, 2006). Auf Deutsch erschienen als *Moralische Unterordnung*, Berlin, 2008, S. 211.

65 Zytokine sind Hormone in dem Sinne, dass sie lösliche Faktoren sind, die von einer Zelle produziert wurden und das Verhalten anderer Zellen beeinflussen. Die Merkmale einiger Zytokine allerdings sind eher nicht hormontypisch, denn manche von ihnen werden nur relativ ortsgebunden produziert, sie blei-

ben beispielsweise auf die Zelloberfläche beschränkt und werden nicht in die Umgebung ausgeschüttet, andere können von vielen verschiedenen Zelltypen hergestellt werden.

66 McNab, F., Maier-Barber, K., Sher, A., Wack, A. und O'Garra, A., »Type I interferons in infectious disease«, *Nature Reviews Immunology 15*, S. 87–103 (2015).

67 Yan, N. und Chen, Z. J., »Intrinsic antiviral immunity«, *Nature Immunology 13*, S. 214–222 (2012).

68 Everitt, A. R., et al., »IFITM3 restricts the morbidity and mortality associated with influenza«, *Nature 484*, S. 519–523 (2012).

69 Ebenda.

70 Zhang, Y. H., et al., »Interferon-induced transmembrane protein-3 genetic variant rs12252–C is associated with severe influenza in Chinese individuals«, *Nature Communications 4*, S. 1418 (2013).

71 Ebenda.

72 Gespräch mit Peter Openshaw, 5. Januar 2016.

73 Chesarino, N. M., McMichael, T. M. und Yount, J. S., »E3 Ubiquitin Ligase NEDD4 Promotes Influenza Virus Infection by Decreasing Levels of the Antiviral Protein IFITM3«, *PLoS Pathogens 11*, e1005095 (2015).

74 Wollte man beim Menschen auf dasselbe Enzym abzielen, könnte es massive Nebenwirkungen geben, denn diese Art von Enzym ist an der Degradierung vieler anderer Proteinmoleküle und nicht nur des Genprodukts von IFITM3 beteiligt.

75 Es versteht sich von selbst, dass alle Aussagen, die ich hier zu medizinischen Therapieformen treffe, nicht als Rat für die eigene medizinische Situation zu verstehen sind. Dieses Buch beschreibt allgemeine Prinzipien und Ideen, die, so hoffe ich, dem Verstehen der Wissenschaft hinter den Gesundheitsfragen dienlich sind, aber sie sind kein Ersatz für den fachkundigen Rat eines Arztes. Weitere Informationen zum Einsatz von Interferon in der Krebstherapie finden Sie beim Krebsforschungsdienst des Vereinigten Königreichs unter: http://www.cancerresearchuk.org/about-cancer/cancers-in-general/treatment/cancer-drugs/interferon, und auf den Seiten des Krebsinformationsdienstes des Deutschen Krebsforschungszentrums: https://www.krebsinformationsdienst.de/behandlung/impfen-gegen-krebs.php

76 Zitvogel, L., Galluzzi, L., Kepp, O., Smyth, M. J. und Kroemer, G., »Type I interferons in anticancer immunity«, *Nature Reviews Immunology 15*, S. 405–414 (2015).

77 Ebenda.

78 Rote Blutzellen bilden eine Ausnahme. Sie sind die einzigen Zellen in unserem Körper, die kein Zytokin produzieren oder darauf ansprechen können.

79 E-Mail-Korrespondenz mit Salim Khakoo, 2. Februar 2017.

80 Rusinova, I., et al., »Interferome v2.0: an updated database of annotated interferon-regulated genes«, *Nucleic Acids Research 41*, D1040–1046 (2013).

81 Die Geschichten hinter der Entdeckung vieler Zytokine werden ausführlich diskutiert in: Smith, K. A. (Hrsg.), *A Living History of Immunology. Frontiers in Immunology 6*, S. 502 (2015).

82 In den vergangenen zehn Jahren wurde pro Jahr ungefähr ein neues Zytokin entdeckt – 2001 waren wir bei IL-23.

83 Dinarello, C. A., »Immunological and inflammatory functions of the interleukin-1 family«, *Annual Review of Immunology 27*, S. 519–550 (2009).

84 Sie haben unter Umständen schon einmal von der Bedeutung der neutrophilen Granulozyten gehört, falls bei Ihnen oder jemandem, den Sie kennen, Neutropenie diagnostiziert wurde. Dieser durch eine Krebserkrankung oder manche Therapien hiergegen verursachte Zustand bedeutet, dass diese Zellen in zu geringer Menge im Blut vorhanden sind, und das macht den Menschen über Gebühr anfällig für Infektionen.

85 Brinkmann, V., et al., »Neutrophil extracellular traps kill bacteria«, *Science 303*, S. 1532–1535 (2004).

86 Kolaczkowska, E. und Kubes, P., »Neutrophil recruitment and function in health and inflammation«, *Nature Reviews Immunology 13*, S. 159–175 (2013).

87 IL-2 hat in Tausenden wissenschaftlicher Studien eine wichtige Rolle gespielt. In Robert Gallos Labor an den National Institutes of Health beispielsweise machte es die Isolierung von HIV aus T-Zellen möglich.

88 Howard, M. und O'Garra, A., »Biological properties of interleukin 10«, *Immunology Today 13*, S. 198–200 (1992).

89 Kuhn, R., Lohler, J., Rennick, D., Rajewsky, K. und Muller, W., »Interleukin-10–deficient mice develop chronic enterocolitis«, *Cell 75*, S. 263–274 (1993).

90 Die Wohltätigkeitsorganisation Crohn's and Colitis UK liefert Details zu diesen Erkrankungen: http://www.crohnsandcolitis.org.uk/, eine deutschsprachige Seite zum Thema bietet unter anderem das Pharmaunternehmen AbbVie: https://www.leben-mit-ced.de/informieren/ueberblick-ced/ced-auf-einen-blick/

91 »Partnership for Public Service, Dr Steven Rosenberg: Saving lives through important breakthroughs in cancer treatment«, *Washington Post*, 6. Mai 2015.

92 Fox, T., »The federal employee of the year«, *Washington Post*, 7. Oktober 2015.

93 Rosenbergs hohes Ansehen dokumentiert unter anderem die Tatsache, dass er 1985 als Krebsexperte in das Team berufen wurde, das Präsident Reagan operiert hat. Auf einer anschließenden Pressekonferenz war es Rosenberg, der die Worte verkündete, die rings um den Globus zur Schlagzeile der Tageszeitungen wurden: »Der Präsident ist an Krebs erkrankt.« Andere im Team sprachen über Einzelheiten des Befindens von Präsident Reagan, aber Rosenberg hielt es für wichtig, den Begriff Krebs zu verwenden, um das Wort auf den Boden der Tatsachen zu holen und der Krankheit ihre Einsamkeit zu nehmen.

94 Hall.

95 Rosenberg, S. A. und Barry, J. M., *The Transformed Cell: Unlocking the Mysteries of Cancer* (Orion, 1992).

96 Ebenda.

97 Rosenberg fährt fort: »Nun, werde ich dieses Ziel erreichen? Ich halte das für sehr unwahrscheinlich. Aber ich kann darauf hinarbeiten, das glaube ich.« Das Zitat stammt aus einem Gespräch aus dem Jahr 2007 für Roadtrip Nation, eine Videoreihe, in der junge Leute Menschen interviewen, die es geschafft haben, mit dem, was ihnen am Herzen liegt, Karriere zu machen. Ein Mitschnitt des Interviews mit Rosenberg findet sich online unter: https://www.youtube.com/watch?v=iNc_nY6nUoI

98 Rosenberg & Barry.

99 Es ist sehr gut möglich, dass kleinere Mengen entarteter Zellen von unserem angeborenen Immunsystem routinemäßig beseitigt werden, ohne dass wir irgendetwas davon mitbekommen.

100 Rosenberg & Barry.

101 Ebenda.

102 Ebenda.

103 Hall.

104 In allen wissenschaftlichen Berichten über diesen Fall wird Linda Taylor mit dem Pseudonym Linda Granger zitiert, um ihre Identität zu schützen, aber in ein paar neueren Darstellungen ihres Falls trägt sie ihren richtigen Namen, unter anderem in der Fernsehdokumentation *Cancer: The Emperor of all Maladies*, produziert von PBS im Jahr 2012.

105 Rosenberg & Barry.

106 Rosenberg, S. A., et al., »Observations on the systemic administration of autologous lymphokine-activated killer cells and recombinant interleukin-2 to patients with metastatic cancer«, *New England Journal of Medicine 313*, S. 1485–1492 (1985).

107 Rosenberg & Barry.

108 Bevor Rosenberg sicher wusste, dass die Behandlung bei Taylor angeschlagen hatte, behandelte er einen weiteren Patienten, dessen Pseudonym James Jensen lautet. Rosenberg berichtet in seiner Autobiographie, dass er »verzweifelt war, so verzweifelt wie noch nie im Leben«, und Jensen noch mehr strapaziert habe als Taylor, ihm noch mehr Infusionen mit Immunzellen und hochdosiertes IL-2 gegeben habe, dass aber Jensens Tumor nie verschwand und er letztlich an seiner Krankheit starb – allerdings schrumpften die Tumoren in Reaktion auf Rosenbergs Behandlung.

109 Am 19. Dezember 1985 zierte Rosenberg das Titelblatt von *Newsweek*. Sein Erfolg war auch Thema der Fernsehnachrichten auf NBC und ABC und vieler Titelseiten von Zeitungen in den USA, Europa, China und Japan.

110 Schmeck, H. M. Jr., »Cautious optimism is voiced about test cancer therapy«, *New York Times*, 6. Dezember 1985.

111 Rosenberg & Barry.

112 Burns, K., *Cancer: The Emperor of All Maladies* (PBS TV, 2015).

113 Rosenberg, S. A., »IL-2: the first effective immunotherapy for human cancer«, *The Journal of Immunology 192*, S. 5451–5458 (2014).
114 Rosenberg & Barry.
115 Ebenda.
116 Coventry, B.J. und Ashdown, M. L., »The 20th anniversary of interleukin-2 therapy: bimodal role explaining longstanding random induction of complete clinical responses«, *Cancer Management and Research 4*, S. 215–221 (2012).

4 Ein Milliarden-Dollar-Blockbuster

1 Feldmann, M., »Translating molecular insights in autoimmunity into effective therapy«, *Annual Review of Immunology 27*, S. 1–27 (2009).
2 Ebenda.
3 Gespräch mit Marc Feldmann, 22. Februar 2016.
4 Feldmann (2009).
5 Gespräch mit Marc Feldmann, 22. Februar 2016.
6 Gespräch mit Werner Müller, 11. Januar 2016.
7 Dinarello, C. A., »Historical insights into cytokines«, *European Journal of Immunology 37 Suppl 1*, S34–45 (2007).
8 Auron, P. E., et al., »Nucleotide sequence of human monocyte interleukin 1 precursor cDNA«, *Proceedings of the National Academy of Sciences USA 81*, S. 7907–7911 (1984).
9 E-Mail-Korrespondenz mit Werner Müller, 13. Januar 2016.
10 Lachman, L. B., »Summary of the Fourth International Lymphokine Workshop«, *Lymphokine Research 4*, S. 51–57 (1985).
11 Gespräch mit Werner Müller, 11. Januar 2016.
12 Ebenda.
13 Lachman.
14 Gannes, S., »Striking it rich in biotech«, *Fortune Magazine*, 9. November 1987. Online verfügbar unter: http://archive.fortune.com/magazines/fortune/fortune_archive/1987/11/09/69810/index.htm
15 Gespräch mit Werner Müller, 11. Januar 2016.
16 Lachman.
17 March, C.J., et al., »Cloning, sequence and expression of two distinct human interleukin-1 complementary DNAs«, *Nature 315*, S. 641–647 (1985).
18 Wolff, S. M., et al., »Clone controversy at Immunex«, *Nature 319*, S. 270 (1986).
19 Marshall, E., »Battle ends in $21 million settlement«, *Science 274*, S. 911 (1996).
20 Ebenda.
21 Ebenda.
22 »Immunex to Pay $21 Million To Cistron to Settle Lawsuit«, *Wall Street Journal*, 4. November 1996. Online verfügbar unter: http://www.wsj.com/articles/SB847060346541962500

23 Marshall.
24 Hamilton, D. P., »Amgen Confirms Cash, Stock Deal to Acquire Smaller Rival Immunex«, *Wall Street Journal*, 18. Dezember 2001. Online verfügbar unter: http://www.wsj.com/articles/SB1008606575817774000
25 Feldmann (2009).
26 Bottazzo, G. F., Pujol-Borrell, R., Hanafusa, T. und Feldmann, M., »Role of aberrant HLA-DR expression and antigen presentation in induction of endocrine autoimmunity«, *Lancet 2*, S. 1115–1119 (1983).
27 Gespräch mit Marc Feldmann, 22. Februar 2016.
28 Daten zum Aufkommen von rheumatoider Arthritis gibt es von den Centers for Disease Control and Prevention, einer Untereinheit des amerikanischen Gesundheitsministeriums (US Department of Health and Human Services), online zu finden unter: http://www.cdc.gov/arthritis/basics/rheumatoid.htm
29 Eyre, S., et al., »High-density genetic mapping identifies new susceptibility loci for rheumatoid arthritis«, *Nature Genetics 44*, S. 1336–1340 (2012).
30 Heliovaara, M., et al., »Coffee consumption, rheumatoid factor, and the risk of rheumatoid arthritis«, *Annals of the Rheumatic Diseases 59*, S. 631–635 (2000).
31 Lee, Y. H., Bae, S. C. und Song, G. G., »Coffee or tea consumption and the risk of rheumatoid arthritis: a meta-analysis«, *Clinical Rheumatology 33*, S. 1575–1583 (2014).
32 Feldmann (2009).
33 Uganda wurde 1962 unabhängig.
34 »Spotlight: Ravinder Maini – A Career in Research. An Interview with Ravinder Maini«, veröffentlicht am 28. März 2014 in drei Teilen: der erste Teil ist online verfügbar unter: https://www.youtube.com/watch?v=ZJ53ApfoiD8
35 Gespräch mit Marc Feldmann, 22. Februar 2016.
36 Gespräch mit Ravinder Maini, 15. Februar 2016.
37 Feldmann und Maini waren nicht die Einzigen, die damals diese Art Forschung betrieben. Mehrere Arbeitsgruppen auf der Welt machten sich daran, mit verschiedenen Methoden die in einem entzündeten Gelenk vorhandenen Zytokine nachzuweisen.
38 TNF-α hätte einen einfacheren Namen bekommen – irgendein anderes nummeriertes Interleukin werden – sollen. Aber genau wie Interferon wurde es entdeckt und benannt, bevor die Interleukin-Klassifikation eingeführt war, und sein unhandlicher Name ist hängen geblieben.
39 Buchan, G., et al., »Interleukin-1 and tumour necrosis factor mRNA expression in rheumatoid arthritis: prolonged production of IL-1 alpha«, *Clinical and Experimental Immunology 73*, S. 449–455 (1988).
40 Carswell, E. A., et al., »An endotoxin-induced serum factor that causes necrosis of tumors«, *Proceedings of the National Academy of Sciences USA 72*, S. 3666–3670 (1975).
41 Vilček, J., *Love and Science: A Memoir* (Seven Stories Press, 2016).

42 Im Jahr 1938, die Sicherheit der Juden in der Tschechoslowakei war bereits nicht mehr gegeben, fasste seine Familie den Plan, den kleinen Vilček zu einer Pflegefamilie in Holland zu geben. Der Plan wurde nie umgesetzt. Wäre er wahr geworden, hätte ihn dasselbe Schicksal ereilt wie die jüdische Familie, bei der er hätte leben sollen und von der niemand den Holocaust überlebte.

43 Zwar waren die Ordensschwestern keine Nazi-Sympathisantinnen – sie halfen jüdischen Kindern –, aber die Regierungsauflagen für das Waisenhaus verlangten, das Vilček Loyalität zum Regime beigebracht wurde.

44 Vilček (2016).

45 Ebenda.

46 Diese Ansicht vertrat Stalins Vertrauter Trofim Lysenko, er ließ Saatgut in Kälte und bei hoher Feuchtigkeit keimen, weil er glaubte, es habe im russischen Dauerfrost dann einen Vorteil, und propagierte, dass diese erworbene Fähigkeit auf die Folgegenerationen an Saatgut weitergegeben würde. Lysenkos Theorien werden heute im Großen und Ganzen als falsch angesehen. Wissenschaftler, die Belege zu deren Unterstützung vorlegten oder fälschten, wurden mit Belohnungen, Anerkennung und Forschungsmitteln begünstigt. Heutzutage gibt es allerdings Belege dafür, dass gewisse sogenannte epigenetische Veränderungen, die durch die Umwelt bewirkt werden, von einer Generation zur nächsten weitergegeben werden können. Das bedeutet nicht, dass Lysenkos Thesen korrekt waren, denn diese Veränderungen sind meist subtil und in ihrer Tragweite begrenzt. Der Wissenschaftler und Rundfunkredakteur Adam Rutherford warnt davor, die Epigenetik auf einen allzu hohen Sockel zu stellen. Siehe »Beware the pseudo gene genies«, *Guardian*, 19. Juli 2015. Online verfügbar unter: https://www.theguardian.com/science/2015/jul/19/all

47 Vilček, J., »From IFN to TNF: a journey into realms of lore«, *Nature Immunology 10*, S. 555–557 (2009). In diesem Artikel erinnert sich Vilček an eine Begegnung mit Isaacs im Jahr 1958. Bei einem Gespräch am 4. Februar 2016 aber kam er zu dem Schluss, dass es wohl eher 1957 gewesen sein muss, denn in diesem Jahr hatte er seinen Abschluss in Bratislava gemacht.

48 Gespräch mit Jan Vilček, 4. Februar 2016.

49 Vilček, J., »An interferon-like substance released from tickborne encephalitis virus-infected chick embryo fibroblast cells«, *Nature 187*, S. 73–74 (1960).

50 Ihm gefielen die Reisebeschränkungen nicht, die das kommunistische Regime ihm auferlegt hatte, und er war mehrmals bei der Geheimpolizei vorgeladen, aber letztlich, so sagt er, war es seine Frau, die ihn drängte, das Land zu verlassen.

51 Gespräch mit Jan Vilček, 4. Februar 2016.

52 Perez-Penauug, R., »Research Scientist Gives $105 Million to NYU«, *New York Times*, 12. August 2005.

53 Gespräch mit Jan Vilček, 4. Februar 2016.

54 Als César Milstein den renommierten Albert Lasker Basic Medical Research Award für seine Arbeit verliehen bekam, erklärte er zusammen mit Georges

Köhler öffentlich, dass »sowohl die Konzeption als auch die Ausführung der Arbeit Ergebnis einer engen Zusammenarbeit zwischen uns und der fachkundigen technischen Assistenz von Shirley Howe war«.

55 Köhler, G. und Milstein, C., »Continuous cultures of fused cells secreting antibody of predefined specificity«, *Nature 256*, S. 495–497 (1975).

56 Margulies, D. H., »Monoclonal antibodies: producing magic bullets by somatic cell hybridization«, *The Journal of Immunology 174*, S. 2451–2452 (2005).

57 Der Originalvertrag mit Centocor sah vor, dass Vilček einen Antikörper gegen Interferon herstellen sollte, den die Firma zu einem diagnostischen Test auf die Interferonkonzentration, etwa in einer Blutprobe, weiterentwickeln wollte.

58 Vilček war höchst verwundert, als er in New York ankam und feststellen musste, dass er seine gesamten Mittel selbst zu beschaffen hatte. In der kommunistischen Tschechoslowakei herrschte in vielem ein eklatanter Mangel an Ausstattung und Zubehör, aber die Forscher erhielten immerhin Geld für ihre Forschungen, ohne dafür extra Mittelanträge stellen zu müssen.

59 Mit Vilček teilte Junming Le auch die Lizenzgebühren, die aus dem anti-TNFα-Antikörper sprudelten. Le gründete 2006 die Iris and Junming Le Foundation, die sich für die Belange von medizinischer Forschung und Pflege einsetzt.

60 Marks, L. V., *The Lock and Key of Medicine: Monoclonal Antibodies and the Transformation of Healthcare* (Yale University Press, 2015).

61 Beutler, B., Milsark, I. W. und Cerami, A. C., »Passive immunization against cachectin/tumor necrosis factor protects mice from lethal effect of endotoxin«, *Science 229*, S. 869–871 (1985).

62 Lagu, T., et al., »Hospitalizations, costs, and outcomes of severe sepsis in the United States 2003 to 2007«, *Critical Care Medicine 40*, S. 754–761 (2012).

63 Marks, L., »The birth pangs of monoclonal antibody therapeutics: the failure and legacy of Centoxin«, *mAbs 4*, S. 403–412 (2012).

64 John Ghrayeb und seine Arbeitsgruppe bei Centocor haben diese Forschungen durchgeführt, die Verfahren dazu wurden in den Jahren 1983–1985 von verschiedenen Arbeitsgruppen unabhängig voneinander entwickelt, unter anderem in Labors in Cambridge (Vereinigtes Königreich), Stanford und Toronto sowie bei der amerikanischen Firma Becton-Dickinson in Kalifornien.

65 Vilček (2009).

66 Ebenda.

67 Brennan, F. M., Chantry, D., Jackson, A., Maini, R. und Feldmann, M., »Inhibitory effect of TNF alpha antibodies on synovial cell interleukin-1 production in rheumatoid arthritis«, *Lancet 2*, S. 244–247 (1989).

68 Gespräch mit Marc Feldmann, 22. Februar 2016.

69 Williams, R. O., Feldmann, M. und Maini, R. N., »Anti-tumor necrosis factor ameliorates joint disease in murine collagen-induced arthritis«, *Proceedings of the National Academy of Sciences USA 89*, S. 9784–9788 (1992).

70 Außer Feldmanns eigenen Arbeiten lieferten auch die Forschungen von George Kollias und dessen Mitarbeitern in Griechenland entsprechende Belege: Sie zeigten, dass Mäuse, die man gentechnisch dazu gebracht hatte, menschliches TNFα zu produzieren, Gelenkentzündungen entwickelten, ein weiterer Beleg für die Annahme, dass dieses Zytokin bei der Entwicklung von Arthritis eine große Rolle spielt.
71 Feldmann (2009).
72 Gespräch mit Jan Vilček, 4. Februar 2016.
73 Gespräch mit Ravinder Maini, 15. Februar 2016.
74 Ebenda.
75 Feldmann (2009).
76 Feldmann, M., »Development of anti-TNF therapy for rheumatoid arthritis«, *Nature Reviews Immunology 2*, S. 364–731 (2002).
77 Gespräch mit Jan Vilček, 4. Februar 2016.
78 Gespräch mit Ravinder Maini, 15. Februar 2016.
79 Feldmann (2009).
80 Ebenda.
81 Gespräch mit Marc Feldmann, 22. Februar 2016.
82 Vilček (2016).
83 Die Firma erlangte zuerst die Erlaubnis, Remicade bei Morbus Crohn, einer chronisch-entzündlichen Darmerkrankung, einzusetzen, später wurde die Zulassung auf rheumatoide Arthritis erweitert. Seit Jahrzehnten waren keine neuen Medikamente gegen Morbus Crohn zugelassen worden, so dass diese Erkrankung als relativ seltene Krankheit mit nur wenigen Therapieoptionen eingestuft wurde, was bedeutete, dass man weniger Patienten für seine klinischen Studien benötigte, bevor das Präparat zugelassen wurde. Der Mangel an Behandlungsoptionen bedeutete auch, dass die Überprüfung durch die Zulassungsbehörde bei diesem Medikament Priorität erhielt. Alles in allem bedeutete dies, dass die Kosten dafür, eine Zulassung des Präparats für Morbus Crohn zu erwirken, weit geringer waren als die für die Zulassung bei rheumatoider Arthritis.
84 Morrow, D. J., »Johnson & Johnson to Acquire Centocor«, *New York Times*, 22. Juli 1999.
85 Vilček (2016).
86 Feldmann (2009).
87 Feldmann (2002).
88 Es gibt verschiedene Möglichkeiten, rein menschliche Antiköper herzustellen. Die eine besteht darin, Mäuse zu verwenden, die genetisch so verändert wurden, dass ihre Antikörper produzierenden Gene durch menschliche ersetzt sind, aber Humira, ein 2002 in den USA zugelassener rein menschlicher Anti-TNFα-Antikörper wurde anders gewonnen: Man selektionierte die entsprechende Sequenz mit Hilfe von speziell konstruierten Bakteriophagen (das sind Viren, die in Bakterien eindringen) aus einer »Bibliothek« von menschlichen

Antikörpersequenzen. Diese Technik bezeichnet man als Phagen-Display, Humira ist damit ein rein menschlicher Antikörper und enthält keine Sequenzen aus anderen Spezies.

89 Die Zahl stammt von der offiziellen Internetseite für Remicade: http://www.remicade.com/

90 White, E. B., *Here is New York* (Harper & Bros., 1949).

91 Vilček (2016).

92 Gespräch mit Ravinder Maini, 15. Februar 2016.

93 Choy, E. H., Kavanaugh, A. F. und Jones, S. A., »The problem of choice: current biologic agents and future prospects in RA«, *Nature Reviews Rheumatology* 9, S. 154–163 (2013).

94 Winthrop, K. L. und Chiller, T., »Preventing and treating biologic-associated opportunistic infections«, *Nature Reviews Rheumatology* 5, S. 405–410 (2009).

95 Choy et al.

96 »Spotlight: Ravinder Maini – A Career in Research. An Interview with Ravinder Maini«, veröffentlicht am 28. März 2014 in drei Teilen: Teil 1 ist online verfügbar unter: https://www.youtube.com/watch?v=ZJ53ApfoiD8

97 Ein weiterer Grund dafür, dass so etwas bei manchen Versionen einer Anti-TNFα-Therapie vorkommen kann, ist, dass der Körper beginnt, Antikörper gegen den therapeutischen Antikörper zu produzieren, und dessen Wirkung so hemmt.

98 Hin und wieder haben Morbus-Crohn-Patienten nach einer Anti-TNFα-Therapie keinen Rückfall erlitten, aber das passiert selten, und warum es so ist, weiß man nicht.

99 Marks (2015).

100 Die letzte Zeile des Artikels von Milstein und Köhler über die Kultur von Hybridomzellen zur Produktion von monoklonalen Antikörpern, 1975 veröffentlicht in *Nature*, lautet lapidar: »Solche Kulturen könnten möglicherweise von Wert sein für den Einsatz in Medizin und Industrie.« In ihrer Schlichtheit erinnert sie an einen anderen zum Klassiker gewordenen Satz in einer epochalen wissenschaftlichen Arbeit: Watson und Cricks bemerken in ihrer Beschreibung der Doppelhelixstruktur von DNA, veröffentlicht in *Nature* im Jahr 1973: »Es ist unserer Aufmerksamkeit nicht entgangen, dass die spezifische Basenpaarung, die wir hier annehmen, zwanglos einen möglichen Mechanismus zur Kopie von genetischem Material nahelegt.«

101 Dorner, T., Radbruch, A. und Burmester, G. R., »B-cell-directed therapies for autoimmune disease«, *Nature Reviews Rheumatology* 5, S. 433–441 (2009).

102 Die Liste der essentiellen Arzneimittel der Weltgesundheitsorganisation kann heruntergeladen werden unter: http://www.who.int/medicines/services/essmedicines_def/en/

103 Battella, S., Cox, M. C., Santoni, A. und Palmieri, G., »Natural killer (NK) cells and anti-tumor therapeutic mAb: unexplored interactions«, *Journal of Leukocyte Biology* 99, S. 87–96 (2016).

104 Rudnicka, D., et al., »Rituximab causes a polarization of B cells that augments its therapeutic function in NK-cell-mediated antibody-dependent cellular cytotoxicity«, *Blood 121*, S. 4694–4702 (2013).

105 »Drug trial victim's ›hell‹ months«, BBC News online, http://news.bbc.co.uk/1/hi/health/5121824.stm

106 Vince, G., »UK drug trial disaster – the official report«, *New Scientist*, 25. Mai 2006.

107 Horvath, C. J. und Milton, M. N., »The TeGenero incident and the Duff Report conclusions: a series of unfortunate events or an avoidable event?«, *Toxicologic Pathology 37*, S. 372–383 (2009).

TEIL ZWEI
Die Galaxie in unserem Inneren

5 Fieber, Stress und die Macht des Geistes

1 Strominger, J. L., »The tortuous journey of a biochemist to immunoland and what he found there«, *Annual Review of Immunology 24*, S. 1–31 (2006).

2 Bauer, S., et al., »Activation of NK cells and T cells by NKG2D, a receptor for stress-inducible MICA«, *Science 285*, S. 727–729 (1999).

3 Van der Zee, J., »Heating the patient: a promising approach?«, *Annals of Oncology 13*, S. 1173–1184 (2002).

4 Shen, R. N., Hornback, N. B., Shidnia, H., Shupe, R. E. und Brahmi, Z., »Whole-body hyperthermia decreases lung metastases in lung tumor-bearing mice, possibly via a mechanism involving natural killer cells«, *Journal of Clinical Immunology 7*, S. 246–253 (1987).

5 Kokolus, K. M., et al., »Baseline tumor growth and immune control in laboratory mice are significantly influenced by subthermoneutral housing temperature«, *Proceedings of the National Academy of Sciences USA 110*, S. 20176–20181 (2013).

6 Evans, S. S., Repasky, E. A. und Fisher, D. T., »Fever and the thermal regulation of immunity: the immune system feels the heat«, *Nature Reviews Immunology 15*, S. 335–349 (2015).

7 Elinav, E., et al., »Inflammation-induced cancer: crosstalk between tumours, immune cells and microorganisms«, *Nature Reviews Cancer 13*, S. 759–771 (2013).

8 Zelenay, S., et al., »Cyclooxygenase-Dependent Tumor Growth through Evasion of Immunity«, *Cell 162*, S. 1257–1270 (2015).

9 Groh, V., Wu, J., Yee, C. und Spies, T., »Tumour-derived soluble MIC ligands impair expression of NKG2D and T-cell activation«, *Nature 419*, S. 734–738 (2002).

10 Deng, W., et al., »Antitumor immunity. A shed NKG2D ligand that promotes natural killer cell activation and tumor rejection«, *Science 348*, S. 136–139 (2015).

11 Evans et al.
12 Ebenda.
13 Ebenda.
14 Lafrance, A., »A cultural history of the fever«, *Atlantic*, 16. September 2015.
15 Evans et al.
16 Rice, P., et al., »Febrile-range hyperthermia augments neutrophil accumulation and enhances lung injury in experimental gram-negative bacterial pneumonia«, *The Journal of Immunology 174*, S. 3676–3685 (2005).
17 In manchen Situationen verlangt Fieber ein fachkundiges Auge – beispielsweise bei Neugeborenen. Im Internet gibt es Unmengen an Ratschlägen zum Thema Fieber, halten Sie sich am besten an offizielle Seiten wie die der Bundeszentrale für gesundheitliche Aufklärung: https://www.kindergesundheit-info.de/themen/krankes-kind/krankheitszeichen/fieber/, die sich am wissenschaftlichen Sachstand ausrichten.
18 Woolf, V., *On Being Ill* (Hogarth Press, 1930). Auf Deutsch erschienen in: Woolf, Virginia, *Das große Lesebuch*, Frankfurt am Main, 2005, S. 163.
19 Gespräch mit Luke O'Neill, 16. März 2016.
20 Kalinski, P., »Regulation of immune responses by prostaglandin E2«, *The Journal of Immunology 188*, S. 21–28 (2012).
21 Furuyashiki, T. und Narumiya, S., »Stress responses: the contribution of prostaglandin E(2) and its receptors«, *Nature Reviews Endocrinology 7*, S. 163–175 (2011).
22 Der International Aspirin Foundation zufolge ist Aspirin eines der am häufigsten verwendeten Arzneimittel weltweit und wird in Größenordnungen von »100 Milliarden Tabletten pro Jahr« hergestellt. Die Geschichte des Aspirins allein ist faszinierend genug und würde ein eigenes Buch füllen. In Kürze: Der aktive Wirkstoff des Aspirins ist eine synthetische Version einer Substanz aus der Weide (die auch in anderen Pflanzen zu finden ist). Im Jahr 1823 wurde eine Form des Aspirins aus Weidenrinde isoliert, 1897 stellte das Pharmaunternehmen Bayer die erste synthetische Version her, und die klinischen Studien nahmen ihren Lauf. Auf den Markt kam das Präparat 1899, und es war tatsächlich das allererste Medikament, das von der pharmazeutischen Industrie in großem Stil produziert wurde. In den 1930er Jahren lief Bayers Patent aus und Aspirin wurde zum Generikum. Seit 1969 wurde in einer Reihe von Experimenten von John Vane in London gezeigt, dass Aspirin die Produktion von Prostaglandinen hemmt. Vane berichtete darüber in seinem Nobelpreisvortrag 1982, online verfügbar unter: http://www.nobelprize.org/mediaplayer/index.php?id=1615
23 Slocumb, C. H., »Philip Showalter Hench, 1896–1965. In Memoriam«, *Arthritis and Rheumatism 8*, S. 573–576 (1965).
24 Hench, P. S., »The reversibility of certain rheumatic and non-rheumatic conditions by the use of cortisone or of the pituitary adrenocorticotropic hormone« (Nobelpreisvortrag 1950), in *Nobel Lectures, Physiology or Medicine 1942–1962* (Elsevier, 1964).

25 Tata, J. R., »One hundred years of hormones«, *EMBO Reports 6*, S. 490–496 (2005).

26 Reichstein tüftelte auch eine Möglichkeit aus, Vitamin C zu synthetisieren, die den Weg frei machte zur Massenproduktion der Substanz, Kendall isolierte Schilddrüsenhormone, unter anderem das Thyroxin, manchmal kurz T4 genannt.

27 Reichstein, T., »Chemistry of the Adrenal Cortex Hormones« (Nobelpeisvortrag 1950) in *Nobel Lectures, Physiology or Medicine 1942–1962* (Elsevier, 1964).

28 Kendall, E. C., *Cortisone: Memoirs of a Hormone Hunter* (Charles Scribner's Sons, 1971).

29 Rooke, T., *The Quest for Cortisone* (Michigan State University Press, 2012).

30 Hench.

31 Saenger, A. K., »Discovery of the wonder drug: from cows to cortisone. The effects of the adrenal cortical hormone 17–hydroxy-11–dehydrocorticosterone (Compound E) on the acute phase of rheumatic fever; preliminary report. *Maio Clinic Proceedings* 1949; 24: 277–297«, *Clinical Chemistry 56*, S.1349–1350 (2010).

32 Le Fanu, J., *The Rise and Fall of Modern Medicine* (überarbeitete Neuauflage, Abacus, 2011).

33 Rooke.

34 Ebenda.

35 Ebenda.

36 Hench.

37 Rooke.

38 Le Fanu.

39 Rooke.

40 Le Fanu.

41 Cortisol ist ein Steroidhormon aus der Familie der Glucocorticoide und unterscheidet sich von den als Anabolika verwendeten Steroiden, die ihrer Struktur nach näher mit dem männlichen Geschlechtshormon Testosteron verwandt sind und oft illegal im Sport eingesetzt werden. Auch für Anabolika gibt es therapeutische Anwendungsgebiete, beispielsweise, um das Muskelwachstum bei manchen Formen von Muskelschwund anzuregen, und in manchen Fällen auch bei der Behandlung von Brustkrebs.

42 Chrousos, G. P., »Stress and disorders of the stress system«, *Nature Reviews Endocrinology 5*, S. 374–381 (2009).

43 Cortisol und Cortison werden beide in der Nebenniere produziert, ein zusätzliches Wasserstoffatom macht aus Cortison Cortisol, Letzteres ist die wirksamere Version des Hormons.

44 Maisel, A. Q., *The Hormone Quest* (Random House, 1965).

45 »MRC Streptomycin in Tuberculosis Trials Committee. Streptomycin treatment of pulmonary tuberculosis«, *British Medical Journal 2*, S.769–782 (1948).

46 Gespräch mit David Ray, 15. April 2016.

47 Paget, S. A., Lockshin, M. D. und Loebl, S., *The Hospital for Special Surgery Rheumatoid Arthritis Handbook* (John Wiley & Sons, 2002).

48 Große Mengen Cortisol führen zu Symptomen wie beim Cushing-Syndrom: Muskelschwäche, Müdigkeit und Gewichtszunahme, Hautveränderungen, rötlich-bläuliche Flecken auf Armen und Beinen, Fettpolster im Gesicht und eine verringerte Libido. Diese Symptome kommen nicht nur bei Menschen vor, die über längere Zeit Cortisol oder einen Abkömmling davon einnehmen müssen, sondern können auch entstehen, wenn sich in einem der Drüsengewebe, die an der Bildung von Cortisol beteiligt sind, ein Tumor entwickelt.

49 Rooke.

50 Die 153 von Philip Hench gesammelten Schachteln mit Gegenständen, Fotos und Schriftstücken zur Geschichte des Gelbfiebers lagern an der University of Virginia. Das Archiv enthält auch viele persönliche Gegenstände, beispielsweise Fotografien von Philip Hench und seiner Frau Mary in Havanna, sowie viele persönliche Briefe und Telegramme. Einiges davon ist digitalisiert und online verfügbar unter: https://search.lib.virginia.edu/catalog/uva-lib:2513789

51 Kendall.

52 Selye, H., »A syndrome produced by diverse nocuous agents«, *Nature 138* (1936).

53 Hans Selye wurde über Jahre hinweg immer wieder für den Nobelpreis nominiert, er hatte mindestens siebzehn Fürsprecher, bekam ihn aber nie verliehen. Einzelheiten dazu finden sich in der »Nomination Database« unter nobelprize.org. Nobel Media AB 2014. http://www.nobelprize.org/nomination/archive/show_people.php?id=8395.

54 »Obituary. Dr Hans Selye dies in Montreal; studied effects of stress on body«, *New York Times*, 22. Oktober 1982.

55 Fink, G., »In retrospect: Eighty years of stress«, *Nature 539*, S. 175–176 (2016).

56 Selye, H., *The Stress of Life* (McGraw-Hill, 1956), deutsche Ausgabe: *Stress beherrscht unser Leben*, Düsseldorf, 1957, S. 15.

57 »Obituary«, *New York Times*, 22. Oktober 1982.

58 Ebenda.

59 Es gibt eine Riesenbandbreite an Situationen, die mit dem Begriff »Stress« belegt werden, und auch wenn manche Aspekte der verschiedenen Stressoren gleich sind, so gibt es doch große Unterschiede. Stress aufgrund einer Scheidung beispielsweise hat nicht denselben Einfluss auf den Körper wie Stress, den man empfindet, wenn man im Stau steht. Nicht übersichtlicher wird das Ganze dadurch, dass jeder Mensch anders auf einen bestimmten Stressor reagiert. Dennoch gibt es Gemeinsamkeiten, was die am Stress beteiligten Hormone angeht, und daher lautet eine moderne Definition von Stress, dass es sich dabei um eine Form von Belastung handelt, die die Hypothalamus-Hypophysen-Nebennieren-Achse anregt und so zur Produktion des Stresshormons Cortisol führt.

60 Gamble, K. L., Berry, R., Frank, S. J. und Young, M. E., »Circadian clock control of endocrine factors«, *Nature Reviews Endocrinology 10*, S. 466–475 (2014).

61 Webster, J. I., Tonelli, L. und Sternberg, E. M., »Neuroendocrine regulation of immunity«, *Annual Review of Immunology 20*, S. 125–163 (2002).

62 Ironson, G., et al., »Posttraumatic stress symptoms, intrusive thoughts, loss, and immune function after Hurricane Andrew«, *Psychosomatic Medicine 59*, S. 128–141 (1997).

63 Padgett, D. A. und Glaser, R., »How stress influences the immune response«, *Trends in Immunology 24*, S. 444–448 (2003).

64 Ich schreibe dies als Tatsache, nicht als Befürworter von Tierversuchen, dieses Thema wird andernorts ausführlich debattiert.

65 Glaser, R. und Kiecolt-Glaser, J. K., »Stress-induced immune dysfunction: implications for health«, *Nature Reviews Immunology 5*, S. 243–251 (2005).

66 Rodriguez-Galan, M. C., et al., »Immunocompetence of macrophages in rats exposed to Candida albicans infection and stress«, *American Journal of Physiology. Cell Physiology 284*, C111–118 (2003).

67 Vedhara, K., et al., »Chronic stress in elderly carers of dementia patients and antibody response to influenza vaccination«, *Lancet 353*, S. 627–631 (1999).

68 Leserman, J., et al., »Progression to AIDS: the effects of stress, depressive symptoms, and social support«, *Psychosomatic Medicine 61*, S. 397–406 (1999).

69 Cole, S. W., Kemeny, M. E., Taylor, S. E., Visscher, B. R. und Fahey, J. L., »Accelerated course of human immunodeficiency virus infection in gay men who conceal their homosexual identity«, *Psychosomatic Medicine 58*, S. 219–231 (1996).

70 Glaser und Kiecolt-Glaser.

71 Brod, S., Rattazzi, L., Piras, G. und D'Acquisto, F., »›As above, so below‹ examining the interplay between emotion and the immune system«, *Immunology 143*, S. 311–318 (2014).

72 Pesce, M., et al., »Positive correlation between serum interleukin-1beta and state anger in rugby athletes«, *Aggressive Behaviour 39*, S. 141–148 (2013).

73 Hayashi, T., et al., »Laughter up-regulates the genes related to NK cell activity in diabetes«, *Biomedical Research 28*, S. 281–285 (2007).

74 Das Phänomen Lachen im Allgemeinen ist nicht sonderlich gut verstanden, es handelt sich um eine komplexe Interaktion, die wir mit allen Säugetieren gemein haben. Siehe beispielsweise den Vortrag von Sophie Scott »Why we laugh« auf der TED-Konferenz 2015: https://www.ted.com/talks/sophie_scott_why_we_laugh?language=en

75 Fransen, M., Nairn, L., Winstanley, J., Lam, P. und Edmonds, J., »Physical activity for osteoarthritis management: a randomized controlled clinical trial evaluating hydrotherapy or Tai Chi classes«, *Arthritis and Rheumatism 57*, S. 407–414 (2007).

76 Yang, Y., et al., »Effects of a traditional Taiji/Qigong curriculum on older adults« immune response to influenza vaccine«, *Medicine and Sport Science 52*, S. 64–76 (2008).

77 Ho, R. T., et al., »The effect of t'ai chi exercise on immunity and infections: a systematic review of controlled trials«, *Journal of Alternative and Complementary Medicine 19*, S. 389–396 (2013).

78 Ebenda.

79 Ebenda.

80 Ebenda.

81 Morgan, N., Irwin, M. R., Chung, M. und Wang, C., »The effects of mind–body therapies on the immune system: meta-analysis«, *PLoS One 9*, e100903 (2014).

82 NIH and NHS diskutieren über die Auswirkungen von T'ai Chi unter https://nccih.nih.gov/health/taichi/introduction.htm und http://www.nhs.uk/Livewell/fitness/Pages/taichi.aspx

83 Bhattacharya, A., McCutcheon, E. P., Shvartz, E. und Greenleaf, J. E., »Body acceleration distribution and O_2 uptake in humans during running and jumping«, *Journal of Applied Physiology: Respiratory, Environmental and Exercise Physiology 49*, S. 881–887 (1980).

84 Briskin, S. und LaBotz, M., »Trampoline safety in childhood and adolescence«, *Pediatrics 130*, S. 774–779 (2012).

85 Saxon, W., »Elvin Kabat, 85, Microbiologist Known for Work in Immunology«, *New York Times*, 22. Juni 2000.

86 Wax, R., *A Mindfulness Guide for the Frazzled* (Penguin, 2016).

87 Goyal, M., et al., »Meditation programs for psychological stress and well-being: a systematic review and meta-analysis«, *JAMA Internal Medicine 174*, S. 357–368 (2014).

88 Kuyken, W., et al., »Effectiveness and cost-effectiveness of mindfulness-based cognitive therapy compared with maintenance antidepressant treatment in the prevention of depressive relapse or recurrence (PREVENT): a randomised controlled trial«, *Lancet 386*, S. 63–73 (2015).

89 Pickert, K., »The art of being mindful«, *Time*, 3. Februar 2014.

90 Black, D. S. und Slavich, G. M., »Mindfulness meditation and the immune system: a systematic review of randomized controlled trials«, *Annals of the New York Academy of Sciences* (2016).

91 Ebenda.

92 O'Leary, K., O' Neill, S. und Dockray, S., »A systematic review of the effects of mindfulness interventions on cortisol«, *Journal of Health Psychology* (2015).

6 Zeit und Raum

1 Loudon, A. S., »Circadian biology: a 2.5 billion-year-old clock«, *Current Biology 22*, R570–571 (2012).

2 Cutolo, M., »Chronobiology and the treatment of rheumatoid arthritis«, *Current Opinion in Rheumatology 24*, S. 312–318 (2012).

3 Foster, R. G. und Kreitzman, L., *The Rhythms of Life: The Biological Clocks That Control the Daily Lives of Every Living Thing* (Profile Books, 2004).

4 Folkard, S., Lombardi, D. A. und Spencer, M. B., »Estimating the circadian rhythm in the risk of occupational injuries and accidents«, *Chronobiology International 23*, S. 1181–1192 (2006).

5 Foster & Kreitzman (2004).

6 Foster, R. G. und Kreitzman, L., »The rhythms of life: what your body clock means to you!«, *Experimental Physiology 99*, S. 599–606 (2014).

7 Wright, M. C., et al., »Time of day effects on the incidence of anesthetic adverse events«, *Quality & Safety in Health Care 15*, S. 258–263 (2006).

8 Bellet, M. M., et al., »Circadian clock regulates the host response to salmonella«, *American Journal of Physiology. Cell Physiology 110*, S. 9897–9902 (2013).

9 Gibbs, J., et al., »An epithelial circadian clock controls pulmonary inflammation and glucocorticoid action«, *Nature Medicine 20*, S. 919–926 (2014).

10 Scheiermann, C., Kunisaki, Y. und Frenette, P. S., »Circadian control of the immune system«, *Nature Reviews Immunology 13*, S. 190–198 (2013).

11 E-Mail-Korrespondenz mit David Ray, 20. April 2016.

12 E-Mail-Korrespondenz mit Eleanor Riley, 27. Mai 2016, und Robert Sinden, 10.–11. Juni 2016.

13 Sinden, R. E., Butcher, G. A., Billker, O. und Fleck, S. L., »Regulation of infectivity of Plasmodium to the mosquito vector«, *Advances in Parasitology 38*, S. 53–117 (1996).

14 Gespräch mit Andrew Loudon, 6. Mai 2016.

15 Till Roenneberg auf dem Euroscience Open Forum, 27. Juli 2016. Roenneberg ist einer der führenden Schlafforscher, arbeitet gegenwärtig an der Ludwig Maximilian Universität München und ist Autor des Buches *Internal time: Chronotypes, Social Jet Lag, and Why You're So Tired* (Harvard University Press, 2012), ursprünglich auf Deutsch erschienen unter dem Titel *Wie wir ticken. Die Bedeutung der Chronobiologie für unser Leben*, Köln 2010.

16 Durrington, H. J., Farrow, S. N., Loudon, A. S. und Ray, D. W., »The circadian clock and asthma«, *Thorax 69*, S. 90–92 (2014).

17 Foster & Kreitzman (2004).

18 Cutolo.

19 Foster & Kreitzman (2004).

20 Litinski, M., Scheer, F. A. und Shea, S. A., »Influence of the Circadian System on Disease Severity«, *Sleep Medicine Clinics 4*, S. 143–163 (2009).

21 Filipski, E., et al., »Effects of chronic jet lag on tumor progression in mice«, *Cancer Research 64*, S. 7879–7885 (2004).

22 Grundy, A., et al., »Increased risk of breast cancer associated with long-term shift work in Canada«, *Occupational and Environmental Medicine 70*, S. 831–838 (2013).

23 Der Nationale Gesundheitsdienst des Vereinigten Königreichs diskutiert das Thema hier: https://www.nhs.uk/news/cancer/can-night-shifts-give-you-breast-cancer/

24 Cuesta, M., Boudreau, P., Dubeau-Laramee, G., Cermakian, N. und Boivin, D. B., »Simulated Night Shift Disrupts Circadian Rhythms of Immune Functions in Humans«, *The Journal of Immunology 196*, S. 2466–2475 (2016).

25 Foster, R. G., et al., »Circadian photoreception in the retinally degenerate mouse (rd/rd)«, *Journal of Comparitive Physiology A 169*, S. 39–50 (1991).

26 Russell Foster im Interview mit Marie McNeely für »People behind the science«, 7. März 2016, Online verfügbar unter: http://www.peoplebehindthescience.com/dr-russell-foster/

27 Freedman, M. S., et al., »Regulation of mammalian circadian behavior by non-rod, non-cone, ocular photoreceptors«, *Science 284*, S. 502–504 (1999); Lucas, R. J., Freedman, M. S., Munoz, M., Garcia-Fernandez, J. M. und Foster, R. G., »Regulation of the mammalian pineal by non-rod, non-cone, ocular photoreceptors«, *Science 284*, S. 505–507 (1999).

28 »Newswalk: Sleep scientist Russell Foster on how he stopped seeing life in black and white«, *Newsweek*, 6. Mai 2015.

29 O'Neill, J. S. und Reddy, A. B., »Circadian clocks in human red blood cells«, *Nature 469*, S. 498–503 (2011).

30 Barger, L. K., et al., »Prevalence of sleep deficiency and use of hypnotic drugs in astronauts before, during, and after spaceflight: an observational study«, *Lancet Neurol 13*, S. 904–912 (2014).

31 Crucian, B. E., et al., »Plasma cytokine concentrations indicate that in vivo hormonal regulation of immunity is altered during long-duration spaceflight«, *Journal of Interferon and Cytokine Research 34*, S. 778–786 (2014).

32 Crucian, B., et al., »Alterations in adaptive immunity persist during long-duration spaceflight«, *npj Microgravity 1*, S. 15013 (2015).

33 Die Prognose ist, dass die erfahrene Strahlung bei den Astronauten das Lebensrisiko, an Krebs zu erkranken, leicht erhöht, allerdings basiert diese Prognose auf der Krebsrate bei Überlebenden der Atombombenabwürfe in Japan, die sicher keinen direkten Vergleich zulässt.

34 Chang, K., »Beings not made for space«, *New York Times*, 27. Januar 2014.

35 Gespräch mit Brian Crucian, 24. Juni 2016.

36 Mehta, S. K., et al., »Reactivation of latent viruses is associated with increased plasma cytokines in astronauts«, *Cytokine 61*, S. 205–209 (2013).

37 Crucian, B., et al., »A case of persistent skin rash and rhinitis with immune system dysregulation onboard the International Space Station«, *Journal of Allergy and Clinical Immunology: In Practice 4*, S. 759–762 (2016).

38 Ebenda.

39 Ebenda.

40 Gespräch mit Brian Crucian, 24. Juni 2016.

41 Ebenda.

42 Durrington et al.

43 Wallace, A., Chinn, D. und Rubin, G., »Taking simvastatin in the morning compared with in the evening: randomised controlled trial«, *The British Medical Journal 327*, S. 788 (2003).

44 Zhang, R., Lahens, N. F., Ballance, H. I., Hughes, M. E. und Hogenesch, J. B., »A circadian gene expression atlas in mammals: implications for biology and medicine«, *Proceedings of the National Academy of Sciences USA 111*, S. 16219–16224 (2014).

45 Brown, M. T., und Bussell, J. K., »Medication adherence: WHO cares?«, *Maio Clinic Proceedings 86*, S. 304–314 (2011).

46 Lin, S., et al., »Stretchable Hydrogel Electronics and Devices«, *Advanced Materials* (2015).

47 In manchen Ländern ist es ohne Frage noch immer ein Problem, überhaupt die Menschen zu erreichen, die geimpft werden sollten, von einer Impfung zu einer bestimmten Tageszeit ganz zu schweigen. Ein Blogeintrag von Jo Revill, der Geschäftsführerin der British Society for Immunology, »Polio vaccination: Real world challenges and solutions«, vom 7. Juni 2016, beschreibt anschaulich die Schwierigkeit, den Polioimpfstoff zu Menschen in entlegenen Gegenden zu bringen. Online verfügbar unter: https://www.immunology.org/news/polio-vaccination-real-world-challenges-and-solutions

48 Phillips, A. C., Gallagher, S., Carroll, D. und Drayson, M., »Preliminary evidence that morning vaccination is associated with an enhanced antibody response in men«, *Psychophysiology 45*, S. 663–666 (2008).

49 Es gibt zahlreiche Hinweise darauf, dass das Immunsystem bei Männern und Frauen leicht unterschiedlich reagiert. Einige Autoimmunerkrankungen beispielsweise sind bei Frauen deutlich häufiger. Das kann mit der Wirkung von Hormonen auf das Immunsystem zu tun haben, aber das zu erforschen ist nicht einfach, denn geschlechtsspezifische Unterschiede können auch durch jede Menge andere Faktoren – sozialer, ökonomischer oder kultureller Art – bedingt sein.

50 Karabay, O., et al., »Influence of circadian rhythm on the efficacy of the hepatitis B vaccination«, *Vaccine 26*, S. 1143–1144 (2008).

51 Silver, A. C., Arjona, A., Walker, W. E. und Fikrig, E., »The circadian clock controls toll-like receptor 9–mediated innate and adaptive immunity«, *Immunity 36*, S. 251–261 (2012).

52 »Global Health and Aging«, ein Bericht des National Institute on Aging (USA) und der Weltgesundheitsorganisation, online verfügbar unter: https://www.nia.nih.gov/research/publication/global-health-and-aging/preface

53 Das Office for National Statistics (der statistische Dienst in Großbritannien) gibt die jährlichen Bevölkerungsdaten für das Vereinigte Königreich heraus, sie sind online verfügbar unter: https://www.ons.gov.uk/peoplepopulationandcommunity/populationandmigration/populationestimates. Die Wohlfahrtsorganisation Age UK veröffentlicht darüber hinaus monatlich eine

Sammlung von Statistiken speziell über Ältere, diese sind online verfügbar unter: http://www.ageuk.org.uk/professional-resources-home/

54 Shaw, A. C., Goldstein, D. R. und Montgomery, R. R., »Age-dependent dysregulation of innate immunity«, *Nature Reviews Immunology 13*, S. 875–887 (2013).

55 Dorshkind, K., Montecino-Rodriguez, E. und Signer, R. A., »The ageing immune system: is it ever too old to become young again?«, *Nature Reviews Immunology 9*, S. 57–62 (2009).

56 Treanor, J. J., et al., »Effectiveness of seasonal influenza vaccines in the United States during a season with circulation of all three vaccine strains«, *Clinical Infectious Diseases: An official publication of the Infectious Diseases Society of America 55*, S. 951–959 (2012).

57 Um die Lebensmitte sind die Telomere unserer DNA ungefähr nur noch halb so lang wie bei der Geburt, bis zum Alter von 65 Jahren schrumpfen sie noch einmal um die Hälfte.

58 Harley, C. B., »Telomerase and cancer therapeutics«, *Nature Reviews Cancer 8*, S. 167–179 (2008).

59 Blackburn, E. und Epel, E., *The Telomere Effect: A Revolutionary Approach to Living Younger, Healthier, Longer* (Orion Spring, 2017).

60 Carlson, L. E., et al., »Mindfulness-based cancer recovery and supportive-expressive therapy maintain telomere length relative to controls in distressed breast cancer survivors«, *Cancer 121*, S. 476–484 (2015).

61 Es gibt viele verschiedene Subtypen der Apoptose, und die Erforschung des Zelltods ist eines der wichtigsten Gebiete der aktuellen Forschung.

62 Munoz-Espin, D. und Serrano, M., »Cellular senescence: from physiology to pathology«, *Nature Reviews Molecular Cell Biology 15*, S. 482–496 (2014).

63 Baker, D. J., et al., »Clearance of p16Ink4a-positive senescent cells delays ageing-associated disorders«, *Nature 479*, S. 232–236 (2011).

64 Kirkwood, T. B. und Austad, S. N., »Why do we age?«, *Nature 408*, S. 233–238 (2000).

65 Shaw et al.

66 Gespräch mit Steve Marsh, 29. April 2016.

67 Sapey, E., et al., »Phosphoinositide 3–kinase inhibition restores neutrophil accuracy in the elderly: toward targeted treatments for immunosenescence«, *Blood 123*, S. 239–248 (2014).

68 Shaw et al.

69 Jamieson, B. D., et al., »Generation of functional thymocytes in the human adult«, *Immunity 10*, S. 569–575 (1999).

70 Gespräch mit Janet Lord, 23. Juni 2016.

71 Mark Davis gehört zu den Pionieren der T-Zell-Forschung und hat sich mit der Frage befasst, wie T-Zellen krankhafte Veränderungen im Körper erkennen. Ich habe über seine Arbeit in meinem ersten Buch *The Compatibility Gene* (Allen Lane, 2013) berichtet.

72 Brodin, P., et al., »Variation in the human immune system is largely driven by non-heritable influences«, *Cell 160*, S. 37–47 (2015).

73 Brodin, P. und Davis, M. M., »Human immune system variation«, *Nature Reviews Immunology 17*, S. 21–29 (2017).

74 Furman, D., et al., »Cytomegalovirus infection enhances the immune response to influenza«, *Science Translational Medicine* 7, 281ra243 (2015).

75 Leng, J., et al., »Efficacy of a vaccine that links viral epitopes to flagellin in protecting aged mice from influenza viral infection«, *Vaccine 29*, S. 8147–8155 (2011).

76 Taylor, D. N., et al., »Induction of a potent immune response in the elderly using the TLR-5 agonist, flagellin, with a recombinant hemagglutinin influenza-flagellin fusion vaccine (VAX125, STF2.HA1 SI)«, *Vaccine 29*, S. 4897–4902 (2011).

77 Long, J. E., et al., »Morning vaccination enhances antibody response over afternoon vaccination: A cluster-randomised trial«, *Vaccine 34*, S. 2679–2685 (2016).

78 Gespräch mit Janet Lord, 23. Juni 2016.

79 Gespräch mit Akhilesh Reddy, 1. August 2016.

80 Gespräch mit Janet Lord, 23. Juni 2016.

81 Gespräch mit Arne Akbar, 29. April 2016.

82 Aldrin, B. und Abraham, K., *No Dream is Too High: Life Lessons From a Man Who Walked on the Moon* (National Geographic, 2016).

7 Die Wächterzellen

1 »Autoimmune disease«, *Nature Biotechnology 18 Suppl*, IT7–9 (2000).

2 Davis, D. M., *The Compatibility Gene* (Allen Lane, 2013).

3 Anderson, W. und Mackay, I. R., *Intolerant Bodies: A Short History of Autoimmunity* (Johns Hopkins University Press, 2014).

4 Mackay, I. R., »Travels and travails of autoimmunity: a historical journey from discovery to rediscovery«, *Autoimmunity Reviews 9*, A251–258 (2010).

5 Aoki, C. A., et al., »NOD mice and autoimmunity«, *Autoimmunity Reviews 4*, S. 373–379 (2005).

6 Gespräch mit Shimon Sakaguchi, 14. Juli 2016.

7 Nishizuka, Y. und Sakakura, T., »Thymus and reproduction: sex-linked dysgenesia of the gonad after neonatal thymectomy in mice«, *Science 166*, S. 753–755 (1969).

8 Kojima, A. und Prehn, R. T., »Genetic susceptibility to post-thymectomy autoimmune diseases in mice«, *Immunogenetics 14*, S. 15–27 (1981).

9 Gespräch mit Shimon Sakaguchi, 14. Juli 2016.

10 Sakaguchi, S., Takahashi, T. und Nishizuka, Y., »Study on cellular events in post-thymectomy autoimmune oophoritis in mice. II. Requirement of Lyt-1

cells in normal female mice for the prevention of oophoritis«, *The Journal of Experimental Medicine 156*, S. 1577–1586 (1982).

11 Germain, R. N., »Special regulatory T-cell review: A rose by any other name: from suppressor T cells to Tregs, approbation to unbridled enthusiasm«, *Immunology 123*, S. 20–27 (2008).

12 Benacerraf, B., »Obituary: Richard Gershon, 1932–1983«, *The Journal of Immunology 131*, S. 3096–3097 (1983).

13 Gershon, R. K., Cohen, P., Hencin, R. und Liebhaber, S. A., »Suppressor T cells«, *The Journal of Immunology 108*, S. 586–590 (1972).

14 Gespräch mit Shimon Sakaguchi, 14. Juli 2016.

15 Benacerraf.

16 Waggoner, W. H., »Dr Richard Gershon, leader in research on immune system«, *New York Times*, 13. Juli 1983.

17 Germain.

18 Gespräch mit Shimon Sakaguchi, 14. Juli 2016.

19 Ebenda.

20 Der berühmte erste Satz von *The Go-Between* von L. P. Hartley (Hamish Hamilton, 1953), auf Deutsch erschienen als *Der Zoll des Glücks*, Darmstadt, Wien 1958.

21 Kronenberg, M., et al., »RNA transcripts for I-J polypeptides are apparently not encoded between the I-A and I-E subregions of the murine major histocompatibility complex«, *Proceedings of the National Academy of Sciences USA 80*, S. 5704–5708 (1983).

22 Germain.

23 Green, D. R. und Webb, D. R., »Saying the ›S‹ word in public«, *Immunology Today 14*, S. 523–525 (1993).

24 Bloom, B. R., Salgame, P. und Diamond, B., »Revisiting and revising suppressor T cells«, *Immunology Today 13*, S. 131–136 (1992).

25 Gespräch mit Fiona Powrie, 16. September 2016.

26 Powrie, F. und Mason, D., »OX-22high CD4+ T cells induce wasting disease with multiple organ pathology: prevention by the OX-22low subset«, *The Journal of Experimental Medicine 172*, S. 1701–1708 (1990).

27 Das war ein sinnvoller Schritt, da Mäuse sehr viel häufiger als Versuchsorganismen verwendet werden als Ratten und weit mehr Möglichkeiten zur Verfügung stehen, das angeborene Immunsystem von Mäusen zu untersuchen.

28 Powrie, F., Leach, M. W., Mauze, S., Caddle, L. B. und Coffman, R. L., »Phenotypically distinct subsets of CD4+ T cells induce or protect from chronic intestinal inflammation in C. B-17 scid mice«, *International Immunology 5*, S. 1461–1471 (1993).

29 Morrissey, P. J., Charrier, K., Braddy, S., Liggitt, D. und Watson, J. D., »CD4+ T cells that express high levels of CD45RB induce wasting disease when transferred into congenic severe combined immunodeficient mice. Disease develop-

ment is prevented by cotransfer of purified CD4+ T cells«, *The Journal of Experimental Medicine 178*, S. 237–244 (1993).

30 Sakaguchi, S., Sakaguchi, N., Asano, M., Itoh, M. und Toda, M., »Immunologic self-tolerance maintained by activated T cells expressing IL-2 receptor alpha-chains (CD25). Breakdown of a single mechanism of self-tolerance causes various autoimmune diseases«, *The Journal of Immunology 155*, S. 1151–1164 (1995).

31 Der Artikel darüber gehört zu den meistzitierten wissenschaftlichen Arbeiten im seit 1916 erscheinenden *The Journal of Immunology*: http://www.jimmunol.org/articles/most-cited

32 Shevach, E. M., »Special regulatory T cell review: How I became a T suppressor/regulatory cell maven«, *Immunology 123*, S. 3–5 (2008).

33 Shevach verfügte über eine längerfristig angelegte Förderung durch die NIH, so dass er nicht darauf angewiesen war, jede neue Idee Fachkollegen zur Begutachtung vorzulegen, wie es der Fall gewesen wäre, wenn er sämtliche Mittel für seine Arbeit über Förderanträge hätte einwerben müssen.

34 Von 1987 bis 1992 war Shevach Chefherausgeber des *The Journal of Immunology*. Er erläutert in einem Interview für die American Association of Immunologists, aufgezeichnet am 16. Dezember 2015, warum er den Posten angenommen hat und welche Herausforderungen man als Herausgeber einer Wissenschaftszeitschrift zu bestehen hat. Das Gespräch ist online verfügbar unter: https://vimeo.com/158976383. Shevach betont darin, wie wichtig es sei, dass ein Herausgeber unparteiisch bleibt. Er vermied es nach Möglichkeit, mit Wissenschaftlern informell am Telefon zu reden, und zu den Grundsätzen der Zeitschrift gehörte es damals, deren Telefonnummer nicht zu veröffentlichen. Aber natürlich wusste jeder, dass er der Herausgeber war, und so mancher Wissenschaftler, dessen Beitrag abgelehnt worden war, rief sogar bei ihm zu Hause an, um sich darüber zu beklagen. Schließlich wurde die Nummer der Zeitschrift an gut sichtbarer Stelle gedruckt, damit dies ein Ende hatte.

35 Gespräch mit Shimon Sakaguchi, 14. Juli 2016.

36 Thornton, A. M. und Shevach, E. M., »CD4+CD25+ immunoregulatory T cells suppress polyclonal T cell activation in vitro by inhibiting interleukin 2 production«, *The Journal of Experimental Medicine 188*, S. 287–296 (1998); Takahashi, T., et al., »Immunologic self-tolerance maintained by CD25+CD4+ naturally anergic and suppressive T cells: induction of autoimmune disease by breaking their anergic/suppressive state«, *International Immunology 10*, S. 1969–1980 (1998).

37 Shevach, E. M., »The resurrection of T cell-mediated suppression«, *The Journal of Immunology 186*, S. 3805–3807 (2011).

38 Shevach, E. M., »Certified professionals: CD4(+)CD25(+) suppressor T cells«, *The Journal of Experimental Medicine 193*, F41–46 (2001).

39 Germain.

40 Ebenda.

41 Einige Publikationen vertreten einen etwas anderen Standpunkt und sagen, dass es sich streng genommen nicht um eine Umbenennung von Suppressor-T-Zellen gehandelt habe. Letztere seien vielmehr Zellen mit bestimmten Merkmalen gewesen, deren Existenz man widerlegen konnte, so gesehen sind regulatorische T-Zellen nicht dasselbe wie Suppressor-T-Zellen, sondern vielmehr Zellen mit anderen Merkmalen, deren Existenz sich belegen lässt.

42 2016 fragte ich Sakaguchi, ob ihm die Zeit lieber gewesen sei, da er an einer Idee arbeitete, die gegen die herrschende Lehrmeinung verstieß, oder die Zeit, ab der jeder auf dem neuesten Stand war und das Gebiet zum Mainstream-Forschungszweig wurde. Er gab zur Antwort, dass es sehr schön sei, dass jedermann nun die Bedeutung von regulatorischen T-Zellen anerkenne, es aber auf der anderen Seite leichter war, immer im Auge zu haben, was es Neues gab, als nur wenige Wissenschaftler daran glaubten. »Jetzt kann ich die vielen Veröffentlichungen nicht mehr verfolgen.«

43 Russell, L. B., »The Mouse House: a brief history of the ORNL mouse-genetics program, 1947–2009«, *Mutation Research 753*, S.69–90 (2013).

44 Ramsdell, F. und Ziegler, S. F., »FOXP3 and scurfy: how it all began«, *Nature Reviews Immunology 14*, S. 343–349 (2014).

45 Godfrey, V. L., Wilkinson, J. E., Rinchik, E. M. und Russell, L. B., »Fatal lymphoreticular disease in the scurfy (sf) mouse requires T cells that mature in a sf thymic environment: potential model for thymic education«, *Proceedings of the National Academy of Sciences USA 88*, S. 5528–5532 (1991).

46 Brunkow, M. E., et al., »Disruption of a new forkhead/winged-helix protein, scurfin, results in the fatal lymphoproliferative disorder of the scurfy mouse«, *Nature Genetics 27*, S. 68–73 (2001).

47 Ramsdell & Ziegler.

48 Bennett, C. L., et al., »The immune dysregulation, polyendocrinopathy, enteropathy, X-linked syndrome (IPEX) is caused by mutations of FOXP3«, *Nature Genetics 27*, S. 20–21 (2001).

49 Sakaguchi, S., Wing, K. und Miyara, M., »Regulatory T cells – a brief history and perspective«, *European Journal of Immunology 37 Suppl 1*, S116–123 (2007).

50 Diese drei Wissenschaftler wurden 2017 gemeinsam für ihre Arbeit mit dem renommierten Crafoord Prize geehrt, verliehen von der Königlich Schwedischen Akademie der Wissenschaften, das Preisgeld beträgt 6 Million Schwedische Kronen (das entspricht ungefähr 570 000 Euro): https://www.crafoordprize.se/pressroom

51 Hori, S., Nomura, T. und Sakaguchi, S., »Control of regulatory T cell development by the transcription factor Foxp3«, *Science 299*, S. 1057–1061 (2003); Fontenot, J. D., Gavin, M. A. und Rudensky, A. Y., »Foxp3 programs the development and function of CD4+CD25+ regulatory T cells«, *Nature Immunology 4*, S. 330–336 (2003); Khattri, R., Cox, T., Yasayko, S. A. und Ramsdell, F., »An essential role for Scurfin in CD4+CD25+ T regulatory cells«, *Nature Immunology 4*, S. 337–342 (2003).

52 Ramsdell & Ziegler.

53 Aus Fiona Powries Vortrag vor der Academy of Medical Sciences, London, 2. Dezember 2014, in Erinnerung an Jean Shanks. Online verfügbar unter: https://www.youtube.com/watch?v=rvEdEw0CU80

54 Sender, R., Fuchs, S. und Milo, R., »Revised Estimates for the Number of Human and Bacteria Cells in the Body«, *PLoS Biology 14*, e1002533 (2016).

55 Zeevi, D., Korem, T. und Segal, E., »Talking about cross-talk: the immune system and the microbiome«, *Genome Biology 17*, S. 50 (2016).

56 Arpaia, N. und Rudensky, A. Y., »Microbial metabolites control gut inflammatory responses«, *Proceedings of the National Academy of Sciences USA 111*, S. 2058–2059 (2014).

57 Chang, P. V., Hao, L., Offermanns, S. und Medzhitov, R., »The microbial metabolite butyrate regulates intestinal macrophage function via histone deacetylase inhibition«, *Proceedings of the National Academy of Sciences USA 111*, S. 2247–2252 (2014).

58 Chan, J. K., et al., »Alarmins: awaiting a clinical response«, *Journal of Clinical Investigation 122*, S. 2711–2719 (2012).

59 1997 gab es in der »Horizon«-Reihe eine BBC-Sendung über Polly Matzinger, *Turned On By Danger.*

60 Matzinger, P., »Tolerance, danger, and the extended family«, *Annual Review of Immunology 12*, S. 991–1045 (1994).

61 Gespräch mit Polly Matzinger, 14. Dezember 2011.

62 Silverstein, A. M., »Immunological tolerance«, *Science 272*, S. 1405–1408 (1996).

63 Cooper, G., »Clever bunny«, *Independent*, 17. April 1997.

64 Matzinger, P., und Mirkwood, G., »In a fully H-2 incompatible chimera, T cells of donor origin can respond to minor histocompatibility antigens in association with either donor or host H-2 type«, *The Journal of Experimental Medicine 148*, S. 84–92 (1978).

65 Vance, R. E., »Cutting edge commentary: a Copernican revolution? Doubts about the danger theory«, *The Journal of Immunology 165*, S. 1725–1728 (2000).

66 Schiering, C., et al., »The alarmin IL-33 promotes regulatory T-cell function in the intestine«, *Nature 513*, S. 564–568 (2014).

67 Martin, N. T. und Martin, M. U., »Interleukin 33 is a guardian of barriers and a local alarmin«, *Nature Immunology 17*, S. 122–131 (2016).

68 Aune, D., et al., »Dietary fibre, whole grains, and risk of colorectal cancer: systematic review and dose-response meta-analysis of prospective studies«, *The British Medical Journal 343*, d6617 (2011).

69 Bollrath, J. und Powrie, F., »Feed your Tregs more fiber«, *Science 341*, S. 463–464 (2013).

70 Furusawa, Y., et al., »Commensal microbe-derived butyrate induces the differentiation of colonic regulatory T cells«, *Nature 504*, 446–450 (2013); Arpaia, N., et al., »Metabolites produced by commensal bacteria promote peripheral regulatory T-cell generation«, *Nature 504*, S. 451–455 (2013).

71 Ohnmacht, C., et al., »The microbiota regulates type 2 immunity through RORgammat(+) T cells«, *Science 349*, S. 989–993 (2015).
72 Strachan, D. P., »Hay fever, hygiene, and household size«, *The British Medical Journal 299*, S. 1259–1260 (1989).
73 Chatila, T. A., »Innate Immunity in Asthma«, *New England Journal of Medicine 375*, S. 477–479 (2016).
74 Stein, M. M., et al., »Innate Immunity and Asthma Risk in Amish and Hutterite Farm Children«, *New England Journal of Medicine 375*, S. 411–421 (2016).
75 Ebenda.
76 Tanner, L., »Can house dust explain why Amish protected from asthma?«, *Washington Post*, 3. August 2016.
77 Blaser, M., *Missing Microbes: How Killing Bacteria Creates Modern Plagues* (Oneworld Publications, 2014).
78 Korpela, K., et al., »Intestinal microbiome is related to lifetime antibiotic use in Finnish pre-school children«, *Nature Communications 7*, 10410 (2016).
79 Ortqvist, A. K., et al., »Antibiotics in fetal and early life and subsequent childhood asthma: nationwide population based study with sibling analysis«, *The British Medical Journal 349*, g6979 (2014).
80 Vatanen, T., et al., »Variation in Microbiome LPS Immunogenicity Contributes to Autoimmunity in Humans«, *Cell 165*, S. 842–853 (2016).
81 Hofer, U., »Microbiome: Is LPS the key to the hygiene hypothesis?«, *Nature Reviews Microbiology 14*, S. 334–335 (2016).
82 Bollrath & Powrie.
83 Wie Gabriel Núñez von der University of Michigan es ausdrückt: »Die Gabe von Probiotika hat im klinischen Alltag häufig zweifelhafte oder negative Auswirkungen. Meiner Ansicht nach spiegeln diese enttäuschenden Ergebnisse die Tatsache wider, dass die Wahl der entsprechenden Präparate meist auf empirischen Ergebnissen mit wenig oder gar keiner wissenschaftlichen Aussagekraft in Bezug auf die Eignung einzelner Bakterienarten oder -stämme fußt.« In Underhill, D. M., Gordon, S., Imhof, B. A., Núnez, G. und Bousso, P., »Elie Metchnikoff (1845–1916): celebrating 100 years of cellular immunology and beyond«, *Nature Reviews Immunology* (2016).
84 Steidler, L., et al., »Treatment of murine colitis by Lactococcus lactis secreting interleukin-10«, *Science 289*, S. 1352–1355 (2000).
85 Horowitz, A., et al., »Genetic and environmental determinants of human NK cell diversity revealed by mass cytometry«, *Science Translational Medicine 5*, 208ra145 (2013).

8 Medikamente der Zukunft

1 Grady, D., »Harnessing the immune system to fight cancer«, *New York Times*, 30. Juli 2016.

2 Sharma, P. und Allison, J. P., »The future of immune checkpoint therapy«, *Science 348*, S. 56–61 (2015).

3 Sharon Belvin in »Advancing the next wave of cancer therapy«, einem Video des Krebsforschungsinstituts Cancer Research Institute, New York. Online verfügbar unter: https://www.youtube.com/watch?v=0Yw0GaKTkxE

4 »A Scientist's Dream Fulfilled: Harnessing the Immune System to Fight Cancer«, National Public Radio, USA, 9. Juni 2016. Online verfügbar unter: http://www.npr.org/sections/health-shots/2016/06/09/480435066/a-scientists-dream-fulfilled-harnessing-the-immune-system-to-fight-cancer

5 Ihr Arzt Jedd Wolchok bat Allison, sie in seiner Klinik aufzusuchen.

6 Video über die Forschung, die mit dem Lasker DeBakey Clinical Medical Research Award 2015 geehrt wurde, veröffentlicht am 7. September 2015. Online verfügbar unter: https://www.youtube.com/watch?v=W8fUAvENkCo&feature=youtu.be

7 Gross, L., »Intradermal Immunization of C3H Mice against a Sarcoma That Originated in an Animal of the Same Line«, *Cancer Research 3*, S. 326–333 (1943).

8 Schon in den 1930er und Anfang der 1940er Jahre hatten Peter Gorer, George Snell und andere gezeigt, dass Tumorgewebe, das man einer Maus entnommen hatte, abgetötet wird, wenn man es einer anderen (nicht verwandten) Maus implantiert, aber die Überlegungen kreisten seinerzeit eher um die Abstoßung von Transplantaten und weniger um eine spezifische Immunantwort auf Krebs.

9 Shankaran, V., et al., »IFNgamma and lymphocytes prevent primary tumour development and shape tumour immunogenicity«, *Nature 410*, S. 1107–1111 (2001).

10 Coulie, P. G., Van den Eynde, B. J., van der Bruggen, P. und Boon, T., »Tumour antigens recognized by T lymphocytes: at the core of cancer immunotherapy«, *Nature Reviews Cancer 14*, S. 135–146 (2014).

11 Wenig später – 1896 – wurde die Strahlentherapie eingeführt, einfacher in der Anwendung und konsistenter in ihren Ergebnissen. Dies war vermutlich einer der Gründe dafür, dass Coleys Toxine nicht so verbreitet eingesetzt oder untersucht wurden, wie es unter anderen Umständen der Fall gewesen wäre.

12 Engelking, C., »Germ of an idea: William Coley's cancer-killing toxins«, *Discover Magazine*, April 2016.

13 Cancer Research UK, »What is Coley's toxins treatment for cancer?« Online verfügbar unter: http://www.cancerresearchuk.org/about-cancer/cancers-in-general/cancer-questions/coleys-toxins-cancer-treatment

14 »Science Webinar: Targeting Cancer Pathways, Part 5: Understanding Immune Checkpoints«, 19. Januar 2016. Online verfügbar unter: http://webinar.sciencemag.org/webinar/archive/part-5–targeting-cancer-pathways
15 Video zu Ehren der Forschung, die 2015 mit dem Lasker DeBakey Clinical Medical Research Award 2015 geehrt wurde, veröffentlicht am 7. September 2015. Online verfügbar unter: https://www.youtube.com/watch?v=W8fUAvENkCo&feature=youtu.be
16 »The *Journal of Clinical Investigations* Conversations with Giants in Medicine: James Allison«, 4. Januar 2016. Online verfügbar unter: https://www.youtube.com/watch?v=yCi0bUDR7KA
17 Zitat, dem chinesischen Philosophen Lao-Tse zugeschrieben.
18 Ohne dieses zweite Signal costimulatorischer Proteine, das das Vorhandensein von Erregern anzeigt, reagieren T-Zellen, die über ihren T-Zell-Rezeptor ein Signal empfangen, nicht einfach nur nicht – sie werden unempfänglich und unfähig, sich an einer Immunreaktion zu beteiligen. Das hilft T-Zelle davor zu bewahren, auf gesunde Zellen und Gewebe zu reagieren. Ronald Schwartz und Marc Jenkins von den National Institutes of Health in den USA und viele andere konnten dies zeigen.
19 Grady.
20 Brunet, J. F., et al., »A new member of the immunoglobulin superfamily – CTLA-4«, *Nature 328*, S. 267–270 (1987).
21 Bluestone, J. A., »CTLA-4Ig is finally making it: a personal perspective«, *American Journal of Transplantation 5*, S. 423–424 (2005).
22 Prasad, V., »The Folly of Big Science Awards«, *New York Times*, 3. Oktober 2015.
23 Littman, D. R., »Releasing the Brakes on Cancer Immunotherapy«, *Cell 162*, S. 1186–1190 (2015).
24 Price, P., »Tested: A reboot for the immune system«, *Popular Science*, 15. März 2010.
25 Walunas, T. L., et al., »CTLA-4 can function as a negative regulator of T cell activation«, *Immunity 1*, S. 405–413 (1994).
26 Gespräch mit Jeffrey Bluestone, 23. November 2016.
27 Laurie Glimcher und Abul Abbas.
28 Gespräch mit Jeffrey Bluestone, 23. November 2016.
29 Gespräch mit Matthew »Max« Krummel, 21. September 2016.
30 Gespräch mit Matthew »Max« Krummel, 28. Oktober 2016.
31 Krummel, M. F. und Allison, J. P., »CD28 and CTLA-4 have opposing effects on the response of T cells to stimulation«, *The Journal of Experimental Medicine 182*, S. 459–465 (1995).
32 Als technisches Detail an dieser Stelle sei gesagt, dass Bluestones and Allisons Arbeitsgruppen versucht haben, diese Frage zu klären, indem sie verglichen, was passiert, wenn sie verschiedene Formen des Antikörpers verwenden, unter anderem Fragmente wie die sogenannten Fab-Fragmente, die den Rezeptor mit großer Wahrscheinlichkeit eher blockieren als aktvieren.

33 Tivol, E. A., et al., »Loss of CTLA-4 leads to massive lymphoproliferation and fatal multiorgan tissue destruction, revealing a critical negative regulatory role of CTLA-4«, *Immunity 3*, S. 541–547 (1995); Waterhouse, P., et al., »Lymphoproliferative disorders with early lethality in mice deficient in Ctla-4«, *Science 270*, S. 985–988 (1995).

34 Krummel, M. F., Sullivan, T. J. und Allison, J. P., »Superantigen responses and co-stimulation: CD28 and CTLA-4 have opposing effects on T cell expansion in vitro and in vivo«, *International Immunology 8*, S. 519–523 (1996).

35 Allison, J. P., »Checkpoints«, *Cell 162*, S. 1202–1205 (2015).

36 Leach, D. R., Krummel, M. F. und Allison, J. P., »Enhancement of antitumor immunity by CTLA-4 blockade«, *Science 271*, S. 1734–1736 (1996).

37 »*The Journal of Clinical Investigations* Conversations with Giants in Medicine: James Allison«, 4. Januar 2016. Online verfügbar unter: https://www.youtube.com/watch?v=yCi0bUDR7KA

38 Allison.

39 »The 2013 Novartis Prize for Clinical Immunology«, *Cancer Immunology Research 1*, S.285–287 (2013).

40 Video über die Forschung, die 2015 mit dem Lasker DeBakey Clinical Medical Research Award geehrt wurde, veröffentlicht am 7. September 2015. Online verfügbar unter: https://www.youtube.com/watch?v=W8fUAvENkCo&feature=youtu.be

41 »The *Journal of Clinical Investigations* Conversations with Giants in Medicine: James Allison«, 4. Januar 2016. Online verfügbar unter: https://www.youtube.com/watch?v=yCi0bUDR7KA

42 Littman.

43 Ebenda.

44 Hoos, A., »Development of immuno-oncology drugs – from CTLA-4 to PD1 to the next generations«, *Nature Reviews Drug Discovery 15*, S.235–247 (2016).

45 Wolchok, J. D., et al., »Guidelines for the evaluation of immune therapy activity in solid tumors: immune-related response criteria«, *Clinical Cancer Research 15*, S. 7412–7420 (2009).

46 Hoos.

47 Littman.

48 Hoos.

49 »OncoImmune Announces Option and License Agreement with Pfizer Inc.«, company announcement, 15. September 2016. Online verfügbar unter: http://announce.ft.com/detail?dockey=600–201609150900BIZWIRE_USPRX_BW5151–1

50 Morse, A., »Bristol to Acquire Medarex«, *Wall Street Journal*, 23. Juli 2009.

51 Hodi, F. S., et al., »Improved survival with ipilimumab in patients with metastatic melanoma«, *New England Journal of Medicine 363*, S. 711–723 (2010).

52 Schadendorf, D., et al., »Pooled Analysis of Long-Term Survival Data From Phase II and Phase III Trials of Ipilimumab in Unresectable or Metastatic Melanoma«, *Journal of Clinical Oncology 33*, S. 1889–1894 (2015).
53 Sondak, V. K., Smalley, K. S., Kudchadkar, R., Grippon, S. und Kirkpatrick, P., »Ipilimumab«, *Nature Reviews Drug Discovery 10*, S. 411–412 (2011).
54 Die von Bristol-Myers Squibb angegebenen Verkaufszahlen von Yervoy im Jahr 2015 sind online verfügbar unter: https://www.bms.com/ourcompany/Pages/keyfacts.aspx
55 Hoos.
56 Video über die Forschung, die mit dem Lasker DeBakey Clinical Medical Research Award 2015 geehrt wurde, veröffentlicht am 7. September 2015. Online verfügbar unter: https://www.youtube.com/watch?v=W8fUAvENkCo&feature=youtu.be
57 Ishida, Y., Agata, Y., Shibahara, K. und Honjo, T., »Induced expression of PD-1, a novel member of the immunoglobulin gene superfamily, upon programmed cell death«, *EMBO Journal 11*, S. 3887–3895 (1992).
58 Nishimura, H., Nose, M., Hiai, H., Minato, N. und Honjo, T., »Development of lupus-like autoimmune diseases by disruption of the PD-1 gene encoding an ITIM motif-carrying immunoreceptor«, *Immunity 11*, S. 141–151 (1999).
59 Okazaki, T. und Honjo, T., »PD-1 and PD-1 ligands: from discovery to clinical application«, *International Immunology 19*, S. 813–824 (2007).
60 Hoos.
61 Robert, C., et al., »Pembrolizumab versus Ipilimumab in Advanced Melanoma«, *New England Journal of Medicine 372*, S. 2521–2532 (2015).
62 Ansell, S. M., et al., »PD-1 blockade with nivolumab in relapsed or refractory Hodgkin's lymphoma«, *New England Journal of Medicine 372*, S. 311–319 (2015).
63 Long, E. O., »Negative signaling by inhibitory receptors: the NK cell paradigm«, *Immunolical Reviews 224*, S. 70–84 (2008).
64 Gespräch mit Eric Vivier, 4. Oktober 2016.
65 Meng, X., Huang, Z., Teng, F., Xing, L. und Yu, J., »Predictive biomarkers in PD-1/PD-L1 checkpoint blockade immunotherapy«, *Cancer Treatment Reviews 41*, S. 868–876 (2015).
66 Qureshi, O. S., et al., »Trans-endocytosis of CD80 and CD86: a molecular basis for the cell-extrinsic function of CTLA-4«, *Science 332*, S. 600–603 (2011).
67 Schneider, H., et al., »Reversal of the TCR stop signal by CTLA-4«, *Science 313*, S. 1972–1975 (2006).
68 Davis, D. M., »Mechanisms and functions for the duration of intercellular contacts made by lymphocytes«, *Nature Reviews Immunology 9*, S. 543–555 (2009).
69 E-Mail-Korrespondenz mit Christopher Rudd, 25. Oktober 2016.
70 Schneider, H. und Rudd, C. E., »Diverse mechanisms regulate the surface expression of immunotherapeutic target ctla-4«, *Frontiers in Immunology 5*, S. 619 (2014).

71 Moynihan, K. D., et al., »Eradication of large established tumors in mice by combination immunotherapy that engages innate and adaptive immune responses«, *Nature Medicine* (2016).

72 Sean Parker im Interview in »NBC Dateline On Assignment: Hacking Cancer«, 22. Mai 2016. Online verfügbar unter: http://www.nbcnews.com/feature/on-assignment/hacking-cancer-n575756

73 Tom Hanks im Interview für 1WMN TV in »Sean Parker and the Parker Foundation Launch the Parker Institute For Cancer Immunotherapy«, 14. April 2016. Online verfügbar unter: https://www.youtube.com/watch?v=-guVIGDc4z6o

74 Cha, A. E., »Sean Parker, Silicon Valley's bad boy genius, wants to kick the *!$% out of cancer«, *Washington Post*, 15. April 2016.

75 Leaf, C., »Can Sean Parker hack cancer?«, *Fortune* magazine, 22. April 2016. Online verfügbar unter: http://fortune.com/digital-health-sean-parker-cancer/

76 Parker, S., »Sean Parker: Philanthropy for Hackers«, *Wall Street Journal*, 26. Juni 2015.

77 Gespräch mit Lewis Lanier, 8. November 2016.

78 Gespräch mit Jeffrey Bluestone, 23. November 2016.

79 Gespräch mit Lewis Lanier, 8. November 2016.

80 Jeff Bluestone während eines Vortrags in Dreamtalk, »Using Yourself to Beat Cancer and How We Will Beat Zika«, 16. Oktober 2016. Online verfügbar unter: https://www.youtube.com/watch?v=eXAcSloGVGA

81 Rosenberg, S. A. und Restifo, N. P., »Adoptive cell transfer as personalized immunotherapy for human cancer«, *Science 348*, S. 62–68 (2015).

82 Porter, D. L., Levine, B. L., Kalos, M., Bagg, A. und Juni, C. H., »Chimeric antigen receptor-modified T cells in chronic lymphoid leukemia«, *New England Journal of Medicine 365*, S. 725–733 (2011).

83 Zelig Eshar war der Erste, der über den Einsatz von genetisch veränderten T-Zellen mit einem antikörperähnlichen Rezeptor schrieb, das war 1989, kurz darauf – 1990 – folgten die Arbeiten von Leroy Hood und seinen Mitstreitern. Eshar vom Weizmann Institute in Israel entwickelte in der Folge CAR-T-Zellen, nachhaltig beeinflusst unter anderem durch ein Sabbatjahr, dass er 1990 bei Steven Rosenberg an den National Institutes of Health in den USA verbrachte.

84 Gill, S. und Juni, C. H., »Going viral: chimeric antigen receptor T-cell therapy for hematological malignancies«, *Immunological Reviews 263*, S. 68–89 (2015).

85 Anonym: »Penn Medicine Patient Perspective: I was sure the war was on. I was sure CLL cells were dying«, 10. August 2011. Online verfügbar unter: https://www.pennmedicine.org/news/news-releases/2011/august/perspective-from-a-patient

86 Ellebrecht, C. T., et al., »Reengineering chimeric antigen receptor T cells for targeted therapy of autoimmune disease«, *Science 353*, S. 179–184 (2016).

87 Zum Beispiel mit Hilfe des revolutionären neuen Systems zum Maßschneidern von Genomen namens CRISPR–Cas9. Doudna, J. und Sternberg, S., *A Crack in Creation: The New Power to Control Evolution* (The Bodley Head, 2017).

88 Brynner, R. und Stephens, T., *Dark Remedy: The Impact of Thalidomide and its Rival as a Vital Medicine* (Basic Books, 2001).

89 Kurz darauf – in den 1970er Jahren – zeigte sich, dass andere Medikamente wirksamer sind. Die Weltgesundheitsorganisation empfiehlt zwar, vom Einsatz von Thalidomid bei Lepra unter bestimmten Umständen abzusehen, dennoch kommen leider durch die unsachgemäße Gabe des Präparats noch immer jedes Jahr thalidomidgeschädigte Babys zur Welt. Genaueres hierzu unter: http://www.who.int/lep/research/thalidomide/en/

90 Zeldis, J. B., Knight, R., Hussein, M., Chopra, R. und Muller, G., »A review of the history, properties, and use of the immunomodulatory compound lenalidomide«, *Annals of the New York Academy of Sciences 1222*, S. 76–82 (2011).

91 Lagrue, K., Carisey, A., Morgan, D. J., Chopra, R. und Davis, D. M., »Lenalidomide augments actin remodeling and lowers NK-cell activation thresholds«, *Blood 126*, S. 50–60 (2015).

92 Aus der Reaktion der Welt auf die Ebola-Epidemie 2013–2016 lässt sich eine Menge lernen. Es gibt eine Reihe von Artikeln und Büchern, die sich damit befassen, unter anderem: Evans, N. G., Smith, T. C. und Majumder, M. S. (Hrsg.), *Ebolas Message* (MIT Press, 2016).

REGISTER